危险化学品从业人员安全培训系列教材

危险化学品设备安全

方文林　主　编

中国石化出版社

内 容 提 要

本书从危险化学品生产、经营、储运、使用等涉危企业所使用的设备设施、安全附件出发，介绍了设备设施的安全管理、检测诊断技术、完整性管理，讲述了通用动设备、静设备的安全技术，全面讲解了特种设备、电气设备、仪表设备的安全监督管理要求，从最新的要求出发重点概述了生产、经营、储运、使用单位特有设备设施的安全技术和管理要求。

本书可作为危险化学品使用单位管理人员和作业人员培训用书，可作为高等院校相关专业师生的教材，也可作为危险化学品监管部门、危险化学品安全监管人员参考用书。

图书在版编目(CIP)数据

危险化学品设备安全 / 方文林主编. —北京：中国石化出版社，2019.3
危险化学品从业人员安全培训系列教材
ISBN 978-7-5114-5277-1

Ⅰ.①危… Ⅱ.①方… Ⅲ.①化工产品-危险物品管理-设备管理-安全培训-教材 Ⅳ.①TQ086.5

中国版本图书馆 CIP 数据核字(2019)第 059395 号

中国石化出版社出版发行
地址：北京市朝阳区吉市口路 9 号
邮编：100020 电话：(010)59964500
发行部电话：(010)59964526
http://www.sinopec-press.com
E-mail：press@sinopec.com
北京科信印刷有限公司印刷
全国各地新华书店经销
*
787×1092 毫米 16 开本 17.75 印张 445 千字
2019 年 7 月第 1 版 2019 年 7 月第 1 次印刷
定价：59.00 元

《危险化学品设备安全》

编 委 会

主　　编　　方文林

编写人员　　孟庆武　　方文林　　马洪金

　　　　　　田刚毅　　贾国良　　王　雷

　　　　　　綦长茂　　陈凤棉　　张鲁涛

　　　　　　程　军

审稿专家　　李东洲　　常云海

前　言

《危险化学品安全管理条例》要求危险化学品生产、经营、储存、使用、运输和废弃企业，应当根据其生产的危险化学品的种类和危险特性，在作业场所设置相应的监测、监控、通风、防晒、调温、防火、灭火、防爆、泄压防毒、中和、防潮、防雷、防静电、防腐、防泄漏以及防护围堤或者隔离操作等安全设施、设备，并应按照国家标准、行业标准或者国家有关规定对安全设施、设备进行经常性维护、保养，保证安全设施、设备的正常使用。

近年来发生的大量生产安全事故，充分反映出设备设施本身还存在一些缺陷，安全设备设施还存在安装不到位、检维修不到位及稳定性、可靠性等问题。江苏响水"3·21"事故再次表明，设计问题、监控问题及设备设施隐患若长期得不到解决，将会酿成滔天大祸、人间灾难。

这就要求危险化学品企业充分认识到设备设施不论在设计制造、采购选型、安装调试阶段还是在使用操作、检修维护等环节，都要靠工作人员来严格验收、检查和把关。要牢固树立任何设备设施的可靠性都要通过工作人员的全过程、全方位安全管理来实现的理念，从而确保设备设施在特定的寿命周期内完成应有的功能。进一步将设备设施安全管理理念融入到企业文化中，加强操作人员和检维修人员的针对性培训教育，提高全体员工对设备设施安全管理理念的认识。

危险化学品企业应开展全面隐患排查，并进行风险分析和评估，对不符合要求的设备设施一律检修或更换。其他运行的设备设施尤其是涉及易燃易爆、有毒有害和腐蚀环境的，要重点从选型匹配、选材要求、适用范围、参数设置、寿命管理、运行状况、操作资格、操作规范、巡检质量、巡检记录、维护保养、档案管理以及同类型或同厂家的设备有无发生事故等方面进行全方位排查，对查出的隐患，要按规定立即进行整改，对一时难以完成整改的重大隐患必须做到整改责任、措施、资金、期限和应急预案五落实。

危险化学品企业必须遵守国家有关设备安全的法律、法规和制度，严格执行专业化安全管理要求，加强设备安全管理，努力实现设备本质安全，减少和避免设备事故的发生。根据设备的结构、性能和运行特点，制定和执行设备安全操作规程、维护保养规程和检修规程。特种设备的设计、制造、安装、使用、检测、维修、改造和报废，必须按照国家有关法律、法规执行。生产、储存、运输易燃易爆危险品的场所使用的设备，必须具备相应防爆性能。定期进行电气设备的检查和试验，定期检测安全保护装置，确保工作可靠，不准擅自对其拆除或闲置。联锁自保设施应完好投用，特殊情况下拆除(恢复)时必须严格按程序审批，确保生产安全。

因此，本书的编写力图以最新的视角、最新的高度、最新的要求，全面介绍设备设施基础安全管理、动设备静设备、电气设备、仪表设备安全管理要求和技术管控措施，特别是安全仪表系统方面的工艺过程安全分析、保护层分析、安全仪表定级、设计、安装、调试等内容。目的是为了提高危险化学品企业设备设施的安全管理水平，提升自动化监测监控的本质安全度，确保设备设施在其特定的生命周期内完成应有的功能，降低设备设施事故的发生概率，确保企业安稳长满优生产。

由于水平有限和时间仓促，书中不妥之处请读者提出宝贵意见和建议，以便再版时修正。

目　录

第1章 设备安全管理与检测诊断技术

设备管理的对象是指用于危险化学品生产、公用系统供给、产品输送和物资储存的机器、工艺设备、动力设备、管道、起重运输设备、电气仪表、工业建筑物和构筑物等。主要任务是：遵照国家有关设备管理工作的方针、政策及相关法律、法规，从技术、经济、组织等方面采取措施，对设备从规划、设计、选型、制造、购置、安装、使用、维护、修理、改造、报废和更新的全过程进行科学的综合安全管理，保证设备的安全完好和经济有效使用。设备安全管理应当贯彻安全第一、预防为主，确保设备安全可靠运行的原则。要做到统筹规划，合理配置，择优选购，正确使用，精心维护，科学检修，适时更新和改造，安全运行和保护环境。不断改善和提高技术装备水平，满足设备长周期运行要求，努力实现寿命周期安全可靠性最高的目标。

设备前期管理是设备全过程管理的重要环节。设备前期安全管理指的是在投资、更新、技改技措等项目中涉及设备的规划、设计、选型、制造、购置、安装以及投运等环节的安全管理。设备的设计和选型必须有危险化学品单位设备专业人员参加论证，相关图纸由专业人员参加审查会签。在设备选型中应遵循标准化、系列化、通用化的原则，确保"生产上适用、技术上先进、经济合理、性能可靠"。禁止选用国家明令淘汰的设备。

危险化学品企业要严把进厂设备的质量验收关。检修设备到货后的开箱验货工作，组织使用单位、施工单位和供应厂商人员共同参加。验货时除了要重点检查设备组件的数量、型号、质量状况(外观质量、必要时进行尺寸复核及材质复验等)，还要检查图纸资料、质量证明文件、说明书、合格证、出厂检验报告是否齐全，协议的备件和专用工具是否配备。进口设备应有必备的维修配件并按规定进行商检。验货发现问题时，与供应商进行交涉和追溯，在问题解决前暂缓付款。

施工单位对设备的安装施工要制定严格的安全施工方案，认真落实安全保证体系，安装队伍须具有相应资质。设备安装必须执行相关规定和标准，并按规定进行调试，方可投用并达到完好要求。

在工程建设完工后由项目主管部门组织专业人员进行设备验收，验收合格后方可向使用单位进行资产移交，同时移交相应的竣工图纸资料。

设备投产前，各单位应组织技术人员和有经验的操作人员全面掌握设备的性能和使用维护方法，制定试运行方案和安全措施，并对操作人员进行专门的安全生产教育和设备操作、维护技术培训，使其了解和掌握设备的安全技术性能。

建立健全设备的使用维护管理实施细则，制定设备操作和维护规程，建立故障预知维修体系，对设备缺陷及隐患的发现、分析、报告、处理等实行闭环管理。设备管理部门组织、安排好设备的日常维护保养工作，掌握设备运行状况，并根据设备的实际运行状况安排设备的修理工作。坚持定期对备用设备进行检查和维护保养，确保设备处于完好备用状态。

设备维护人员是设备运行和日常维护保养的责任者，必须遵守设备操作、维护制度和规程，认真控制操作指标，严禁设备超温、超压、超负荷和超过其他设计参数运行。维修人员

(机、电、仪)要明确分工，对分工负责的设备，做好维修工作，主要、关键设备必须执行点检制度，有详细记录并定期进行分析。

设备管理部门应认真执行设备管理岗位责任制，积极开展"完好设备""完好房间区""无泄漏"以及"关键机组特级维护"等活动。做到每台设备、每条管线、每个阀门都有人负责管理，及时做好设备的防尘、防潮、防冻、防凝、防腐、绝热等维护工作。保持设备、管线整洁，油漆、绝热完好，及时消除跑、冒、滴、漏。

设备操作人员严格执行操作规程以及巡回检查制度，认真填写设备运行记录。采用先进的监测仪器和设备，加强设备的运行状态与腐蚀状况监测，提高缺陷的预警能力和突发事件的应急保障能力。编制关键设备(如公司级关键机组、特种设备)的应急抢修预案并定期组织演练，不断提高处理突发事故的能力。设备操作人员应配合设备维修人员对负责区域内的设备做好维护和修理工作。对工作区域内的建筑物、构筑物、设备基础经常检查，发现腐蚀、下沉、裂纹、破损应立即报告，并作好记录和标志。

特种设备作业人员及其相关管理人员，按国家质量检验检疫总局颁布的《特种设备作业人员监督管理办法》的规定，经考核合格取得《特种设备作业人员证》，方可从事相应的作业和管理工作。

由于设计、制造、安装、施工、使用、检维修、管理等原因引起机械、电气、仪表等设备损坏造成损失或影响生产的事故称为设备事故。一旦发生设备事故，必须及时采取有效措施，防止事故扩大和再次发生，并按"四不放过"的原则从设备事故中吸取经验教训，以达到消灭事故和安全运行的目的。

1.1 设备安全管理

设备的安全管理是防止事故发生，保证正常生产，提高经济效益的重要手段。加强设备综合管理，既是设备综合管理内在规律的客观体现，更是在市场经济条件下企业生存和发展的迫切要求。

设备的安全管理应该贯穿于设备寿命周期的整个过程，其实质就是对设备全生命周期管理的全过程，即设备的设计、造型、采购、安装到投产、运行维护、改造直至报废处置的寿命周期的各阶段，设备、生产、销售等各个部门，都能从企业的全局利益、总体效益出发，进行有效分析与控制，使企业投入的总体成本最经济，获得的效益最佳。

(1) 全效益的管理

全效益的管理，要求设备管理工作在追求质量效益、品种效益、技术效益和社会效益的基础上，全面实现企业的最佳经济效益。全效益的管理目标，是设备综合管理的核心，我们必须树立强烈的效益观念，在设备管理上突出全效益的管理。

以提高设备运营效率与效益为宗旨，加强设备的维护保养，确保设备安全高效运行，杜绝设备资源的低效与浪费。坚持设备的"全员化"管理，全面开展预防性维修和采用状态监测技术，扩大自检自修，节约维修费用。设备运营体现了高效率与高效益。

在对设备一生管理的过程中，加强对设备寿命周期费用经济性的研究与应用。无论是自行设计、制造设备还是从市场上选购设备，都不能只着眼于初期投入费用的高低，而更要注意分析、研究设备在使用阶段维持费用的大小。在考虑寿命周期费用的同时，还需要考虑设备的产出即设备使用效果。在使用效果上，一要考虑设备系统所取得的效果；二要考虑费用效率，即设备系统所获得的系统效果与所支付的寿命周期费用的比值。只有费用与效果两者之间保持最佳匹配，才能获得良好的经济效益。因此，我们应当高度重视、大力提倡对设备寿命周期费用、设备系统效果和费用效率的研究与应用，使设备综合管理产生更大的经济效益。

（2）全过程的管理

全过程的管理范围，就是不仅对设备的使用维修期进行管理，而且对设备的一生进行管理，包括从规划方案论证研究、设计、制造或购置到安装、使用、维修、改造、报废直至更新的全过程。加强设备的全过程管理，应注意以下问题：

① 把技术管理与经济管理有机地结合起来。设备一生的运行过程，存在两种形态：一种是实物形态，另一种是价值形态。两种形态的两种管理要求取得两个方面的成果，一方面要求保持设备良好的技术状态，不断提高设备的技术水平，另一方面要求节约设备的各项投资和费用支出，取得最好的经济效益。因此，设备管理部门和设备管理者要重视设备一生中的两方面管理，二者不可偏废，忽视了哪方面最终都会导致费用高、效益差。

② 设备全过程的管理是项系统工程，应该注意用系统工程的理论来管理设备。其一，设备管理是企业管理大系统中的一个子系统，设备管理工作必须服务于全局。其二，设备管理的子系统与生产、技术、质量、财务等管理子系统间有着密不可分的关系，必须加强协作，密切配合，进行综合管理。其三，设备综合管理是从工程技术、经济管理、组织管理三个方面进行管理的结合，技术管理是设备管理的基础，组织管理是实现设备管理目标的有效手段，以经济的寿命周期费用获得最佳的设备综合效率，是设备管理的核心。这三个方面构成了对设备系统的整体性管理，缺一不可。

③ 设备的全过程管理还要重点地抓好设备管理各阶段中的关键环节。如设备前半生管理，关键在于方案的论证，技术、经济的可行性研究。

设备后半生的管理关键要强化设备的现场管理。无论是设备管理者，还是设备操作者，都要把设备现场管理摆到突出位置认真抓细抓好。将设备的用、管、修有机地结合起来，精心维护，精细保养，健全设备现场维护保养管理体系和实行规范化管理，使所有的运行设备都处于良好的技术状态。同时把设备的维护与技术进步结合起来，特别是对一些陈旧设备，技术性能低下、有跑冒滴漏、有安全隐患的设备更要加强维护保养，进行必要的技术改造，直到适时地进行更新。

④ 要建立设备技术与经济管理档案，加强基础性工作与规范化管理。设备一生的管理，涉及到设备管理的诸多环节和各个方面，要经历几年甚至十几年的管理过程，必须建立一套完备的设备技术经济管理档案和台账资料。同时，应尽量采用微机化管理。目前，一些公司开发应用的设备管理软件，可以对设备的全过程进行静态与动态管理，从而提高设备管理工作的质量、效率和科学化管理水平。只有这样，设备一生的管理才能系统化、规范化，科学化，也才能情况明、资料全、不断档、不漏项，任何人接管都能很快全面掌握情况，有利于设备的全过程管理。

（3）全员的管理

专业管理与群众管理相结合，是我国设备管理的优良传统。全员的管理组织就是要建立一个上至企业的主管领导下至每个操作、维修人员参加的设备管理组织体系，形成一个分级管理全员参与各负其责的管理网络。建立了完备的设备管理组织体系，明确了领导层、管理层、操作层的各自职责，增强了全员参加管理的主人翁责任感，调动了大家积极性，使设备管理由少数人管理变为全员的自觉管理。

坚持三定(定人、定设备、定维修项目)挂牌制，做到使用、管理、维护保养专人负责，分工明确；认真落实巡回检查制，做到职责分明，层层把关；坚持专业人员维修与操作人员的自修紧密结合。在实践工作中坚持做到"四抓四带动"，即抓制度落实带动全员化设备管理，抓专业维修带动设备的全员维护保养，抓关键设备带动其他设备的正常运行，抓革新改造带动设备的维修。

广泛发动群众，扩大自检自修，既是全员设备管理的重要内容，也是降低生产成本的有效措施。

(4) 全手段的管理技术

全手段的管理主要包括三个方面：一是科技手段，加以微电子为主的设备改造技术、表面工程技术、设备诊断工程技术和计算机辅助设备管理技术等；二是调控手段，如经济、行政、法律(或法规)手段；三是现代化管理方法，如决策技术、预测技术和排队论等。这些手段综合加以运用，定会促进设备综合管理水平和设备综合效率的提高。

在设备管理的实践中，设备状态监测与故障诊断技术是一项针对性和应用性很强的技术，是从事后维修到预知维修，管理维修制度的重大改变。大力推进、广泛采用这一新技术，必将使设备维修方式发生根本性的变化，使传统维修逐步转向以状态维修为主的维修方式，将会大大提高设备管理的综合效益。

调控手段是设备综合管理运行的重要条件之一，是增强设备综合管理生机与活力的源泉，是建立设备管理约束机制与激励机制的一个重要组成部分，实行法规(制度)、行政和经济手段的三管齐下、有机结合的方式是行之有效的。

(5) 全社会的管理

对设备实行全社会管理，是企业开展设备综合管理不可缺少的外部条件和重要保证。只要企业主体、社会团体、各级政府各司其职，三位一体，就可以实现全社会的设备管理良性循环。要搞好设备管理，就应该借助各级设备管理协会、学会和设备管理培训中心以及有关高等院校的优势，来加强设备管理人员现代化管理理论与技术的培训，并积极参与经验交流活动与技术讲座，以提高管理人员的整体素质。进一步规范设备维修队伍，走向市场；促进设备维修专业化、社会化。

1.1.1　设备设计管理

(1) 石油化工设备设计的管理程序

设备设计大致可按如下步骤进行：①调查研究；②拟订方案；③审批设计方案；④结构设计及计算；⑤零件图设计与编写技术文件；⑥样机试制和鉴定。

以上各阶段既有相对独立性，但又密切联系。每个阶段的具体内容可有所不同，也可以根据设计工作的需要而划分为较少或较多的阶段，以使设计周密、全面、有秩序地进行，确保设计质量和进度。

(2) 石油化工设备设计的基本要求

① 满足生产性能要求

设备的主要用途就是为了生产，因此，设计人员首先应详细了解生产上的各种要求，主要有：产量要求；加工的质量要求；设备的运动性能要求。

② 满足可靠性要求

可靠性设计应考虑的项目包括应力、可靠性预测与分配、裕量、大安全系统设计、冗余性设计、环境设计、维修设计、安全性设计、联锁可靠性、人机因素、经济性等。

③ 满足维修性要求

影响维修性的因素的很多，从设计方面考虑，主要影响因素有：可达性；标准化和互换性；装配性；更换性；检测监控性、调整校对性和可诊断性；安全性；专用工具和试验装置；技术资料。

④ 满足经济性要求

经济性是从设计、制造和使用等方面来考虑的。

提高设计及制造的经济性，具体的措施有：注意采用"三化"（零件标准化、部件通用化、产品系列化）和"四新"（新产品、新技术、新结构、新材料）；在满足使用要求的前提下，尽量简化结构；零件的形状要设计得合理，工艺性要好，装配容易；在强度和刚度允许下尽量减薄减小零件尺寸；选用廉价的国产材料。

提高使用的经济性，具体的措施有：驱动设备的动力机，应选用既省电（节能）又性能良好的；提高关键零件（如主轴轴承和导轨等）的耐磨性，从而提高设备的使用寿命；所设计的设备应注意原材料的利用率要高；选用效率高的传动系统及支承装置。

⑤ 满足操作安全要求

设计设备时，要时时考虑劳动保护和操作安全问题。

安全设施应齐全，应设置可靠的安全泄放装置、安全联锁装置和安全防护装置；操纵应简便省力，容易掌握，不易发生操作错误而产生故障现象，但也不要有过于简单单调的反复动作，对这类动作要设法利用设备本身中的机构来完成；设备的设计要适合操作者的身体特征，即身高、腕力及其他部位的能力等，尽量使操作者长期处于舒适状态，不易疲劳；改善操作者的工作环境，应尽量减少造成错误判断和错误操作的因素，如减轻设备的噪声、防止产生污染、设备的外形要美观大方、色泽要协调舒适、照明要良好等。

⑥ 满足其他要求

对不同用途的设备还需满足其特殊要求，如对一些化纤机械要求能消除有害气体；有些设备要求质量轻、体积小、占地面积小等。

⑦ 应遵守国家和引进的有关设计标准和规定

特别是锅炉、压力容器，必须遵守有关的法规。

1.1.2　设备制造管理

设备制造管理工作的主要内容包括：生产技术准备、外购外协件管理、生产计划的编制和执行、日程计划和调度、装配和调试，以及制造过程中的质量管理等。

设备制造准备工作主要包括以下几个方面：

（1）设计图纸的工艺分析与审查

工艺分析与审查的目的是根据工艺技术上的要求来评定设备的设计是否合理，是否能保证设计的设备既能满足使用要求，又能符合工艺上和经济上的要求。其主要内容有：①零件的精度、粗糙度及技术要求是否经济合理，尺寸和公差配合是否选得恰当。②选用的工艺基准面、加工顺序和方法是否合理。③在加工、装配、拆卸、运输等方面是否方便，是否适合本企业生产设备的条件，能否充分利用标准工装或现有技术力量进行加工和装配。④所选用的材料及毛坯是否经济合理，以及代用问题。⑤设备所用的零部件决定自制、外协还是外购等。

（2）制定工艺方案

工艺方案是工艺准备工作的总纲，也是工艺准备工作的指导性文件。其主要内容是：根据设备的性能、用途和规格，确定关键性工艺的解决方法；确定工艺设备系数和工艺设备的设计，提出装配与调试的要求等。

（3）编制工艺文件

工艺文件有工艺规程、检验规程、工艺装配图、工时定额表、原材料及工具消耗定额表以及其他表格卡片等。工艺规程是反映工艺过程的文件，是组织生产的基础资料。它包括：设备及其各部分的制造方法与顺序，选择机床及切削用量，确定工艺设备和劳动量，设备装配与零件加工的技术条件等。因此工艺规程是最基本的工艺文件，它主要有工艺路线卡、工艺卡、工序卡三种文件形式。

（4）设计和制造工艺设备

工艺设备是用以保证设备加工质量和生产率的重要手段。它可分为通用（准）的和专用的两种。通用的可以外购，专用的都由企业自行设计制造。专用的工艺设备比通用的工艺设备具有更高的生产率和更有利于加工零件的质量提高。由于设计制造专用工艺设备将花费较大的劳动量和费用，因此要考虑采用后带来的好处能否补偿使用这些工艺设备所需增加的投资费用来决定是否采用。

（5）设备的制造工艺

为保证石油化工设备的质量，必须严格遵守国家行业的有关标准和法规。压力容器的制造应遵守 GB/T 150.1~4《压力容器》的有关规定，焊接则应遵守 NB/T 47014《承压设备焊接工艺评定》及《锅炉压力容器焊工考试规则》等有关标准。

1.1.3　设备安装工程管理

（1）安装工程计划的编制

① 编制安装计划的依据；②计划编制程序及安装费用预算。

（2）安装计划的实施

① 设备管理部门提出安装工程计划及安装作业进度表，各环节的衔接按照设备安装工作程序执行，并以安装工程派工单来实现。

② 设备的入库、出库、移装等按有关规定执行。

③ 工艺技术部门负责提供安装平面位置图；设备管理部门根据设计要求和有关规定负责提供基础图及施工技术要求；动力管理部门负责动力配套线和水、气等管网图及施工技术要求；修建部门负责基础施工；设备管理部门安装技术人员及基础设计人员负责安装技术指导，并有责任对现场施工质量提出意见。

④ 设备安装部门负责安装工程的组织和协调工作，并具体实施设备搬运、定位、找平、配电及配水管、气管等工作(配管路、配电工作或由动力部门实施)。安装质量的验收由安装部门提出，会同设备管理部门(或调试单位)和使用部门共同进行。

⑤ 设备的调试，一般设备的调试工作(包括清洗、检查、调整，试车)原则上由使用部门组织进行。精、大、稀、关设备及特殊情况下的调试由设备管理部门与工艺技术部门协同组织。自制设备由制造单位调试，设计、工艺、设备、使用部门参加。

⑥ 设备调试的辅助材料(包括油料、清洗剂擦拭材料等)其费用可在设备安装费专项内支付，一般零星安装项目可在生产费用中摊销，辅料的领用由使用部门负责。

⑦ 设备安装计划的执行情况由设备管理部门会同生产部门进行检查。

(3) 设备安装工程的验收

① 设备基础的施工验收由修建部门质量检查员会同土建施工员进行验收，填写施工验收单。基础的施工质量必须符合基础图和技术要求，符合《设备安装基础施工规范》。

② 设备安装工程的最后验收在设备调试合格后进行，由设备管理部门及安装单位负责组织，检查部门、使用部门等有关人员参加，共同作出鉴定，填写有关施工质量、精度检验、试车运转记录等凭证和验收移交单。设备管理部门主管领导签字同意启用，使用部门负责人签"同意接收"，方告竣工。

1.1.4 设备的试车管理

试车是设备在安装之后、正式运行之前进行的一项重要工作，也可以说是对设备的设计、制造、安装等各项工作的全面检验，是竣工验收和交付使用的必备工序。

在设备大修或停车检修之后也应进行试车。根据大修或检修的范围不同，试车可以在总体或局部等相应的范围内进行。

试车工作一般由设计施工承包单位(或检修承包单位)全面负责；也可以由设计施工承包单位(或检修承包单位)负责指挥，由用户选派有经验的人员进行；也可以根据协议由用户负责进行，由设计施工承包单位(或检修承包单位)予以协助指导。但最终必须由设计、施工和用户共同认可，有的还需由上级主管部门认可。从生产的角度考虑，不论由谁负责，用户都应选派一定的生产管理人员和操作人员参加试车的全过程。

1.1.5 设备使用初期管理

设备使用初期管理是指设备正式投产运行后到稳定生产这一初期使用阶段(一般约为6个月)的管理。也就是对这一观察期内的设备调整试车、使用、维护、状态监测、故障诊断、操作人员培训维修技术信息的收集与处理等全部工作的管理。

使用初期管理的内容主要有：①设备初期使用中的调整试车，使其达到原设计预期的功能。②操作工人使用维护的技术培训工作。③对设备使用初期的运转状态变化观察、记录和分析处理。④稳定生产、提高设备生产效率方面的改进措施。⑤开展使用初期的信息管理，制定信息收集程序，做好初期故障的原始记录，填写设备初期使用鉴定书及调试记录等。⑥使用部门要提供各项原始记录，包括实际开动台时、使用范围、使用条件；零部件损伤和失效记录；早期故障录及其他原始记录。⑦对典型故障和零部件失效情况进行研究，提出改善措施和对策。⑧对设备原设计或制造上的缺陷提出合理化改进建议，采取改善性维修的措施。⑨对使用初期的费用与效果进行技术经济分析，并作出评价。⑩对使用初期所收集的信息进行分析处理：属于设计、制造上的问题，向设计、制造位反馈；属于安装、调试上的问题，向安装、试车单位反馈；属于需采维修对策的，向设备维修部门反馈；属于设备规划、采购方面的信息，向规划、采购部门反馈并储存备用。

1.1.6 设备运行安全管理

设备经过试车和初期使用阶段，即进入运行阶段。在运行阶段，一般应注意以下几点：

7

（1）定人定机制度

定人定机的目的是确保每台设备都有专人负责，专人操作和维护。

（2）操作证管理制度

设备操作证是准许操作工人独立使用设备的证明文件，是生产设备的操作工人通过技术基础理论和实际操作技能培训，经考试合格后所取得的。凭证操作是保证正确使用设备的基本要求。

（3）设备操作维护规程

设备操作维护规程是设备操作人员正确掌握设备操作技能与维护的技术性规范，它是根据设备的结构和运转特点，以及安全运行的要求，规定设备操作人在其全部操作过程中必须遵守的事项、程序及动作等基本规则，操作人员认真执行设备操作维护规程，可保证设备正常运行，减少故障，防止事故发生。

（4）设备使用岗位责任制

为了加强设备操作工人的责任心，避免发生设备事故，必须建立设备使用者的岗位责任制。主要内容如下：

① 设备操作工人必须遵守"定人定机""凭操作证操作"制度，严格按有关规定和设备操作维护规程，正确使用与精心维护设备。

② 必须对设备进行日常点检，并认真作好记录。做好润滑工作，班前加油，班后及时清扫、擦拭、涂油。

③ 掌握基本功，搞好日常维护、周末清洗和定期维护工作。配合维修工人检查和修理自己所操作的设备。

④ 管好设备附件。当更换操作设备或工作调动时，必须将完整的设备和附件办理移交手续。

⑤ 认真执行交接班制度和填写交接班记录。

⑥ 参加所操作设备的修理和验收工作。

⑦ 设备发生事故时，应按操作维护规程规定采取措施，切断电源，保持现场，及时向班组长或车间机械员报告，等候处理。分析事故时应如实说明经过。对违反操作维护规程等主观原因所造成的事故，应负直接责任。

（5）交接班制度

企业主要生产设备为多班制生产时，须执行严格的交接班制度，其内容大致如下：

①多班制使用设备均应有"设备交接班记录簿"，交班人在下班前完成日常维护作业外，必须将本班设备运转情况、运行中发现的问题、故障维修情况等详细记录在该簿上，并应主动向接班人介绍设备运行情况，双方当面检查，交接完毕后在记录簿上签字。如系连续生产设备或加工时不允许中途停机，可在运行中完成交接班手续。

② 如接班工人因故未能按时上班时，交班工人必须将"设备交接班记录簿"交给下一班的生产组长或班组设备员签字，办清交班手续后才能离开工作岗位。

③ 接班工人应适当提前到达接班地点，接班时应认真检查设备各部分情况，对照交班记录核对有无差异，确认设备情况正常，交班清楚无疑，方能接班生产。若发现问题，应及时报告本班生产组长或班组设备员作处理，必要时可拒绝接班。

④ 如因交班不清，设备在接班后发生问题应由接班工人负责。

⑤ "设备交接班记录簿"应保持清洁、完整，不准撕毁、涂改或丢失，用完后交车间机

械员换取新的。车间机械员应定期(约三个月)交设备主管部门。由设备主管部门保存一段时期后再予销毁。

设备维修组应随时查看交接班簿,以便分析设备的技术状态,为状态管理和维修提供信息。维修组内也应建立交接班簿,以便记录设备故障检查和维修情况,为下一班维修人员提供信息。设备管理部门和使用单位负责人要随时抽查交接班制度的执行情况。对一班制的主要生产设备,虽不进行交接班手续,但也在设备(尤其是重点设备)发生异常时,填写运行记录和故障情况,以掌握其技术状态信息,为检修提供依据。

1.1.7 设备的维护

设备的维护是保证设备安全运行的一项重要的措施,常分日常维护(保养)和定期维护(保养)两类,另对一些特殊的设备应注意其特殊要求。

(1)日常维护(日常保养)

设备日常维护包括每班维护和周末维护两种,由操作人员负责进行。

① 每班维护(每班保养)要求操作人员在每班生产中必须做到:班前对设备各部位进行检查,按规定进行加油润滑;对需进行点检的设备,检查结果应记录在点检卡上,确认正常后才能使用设备。班中要严格按操作维护规程使用设备,时刻注意其运行情况,发现异常要及时处理,不能排除的故障应通知维修人员进行检修,维修工人应在"故障修理"上做好检修记录。下班前应对设备进行认真清扫擦拭,并将设备状况记录在变接班记录簿上,办理交接班手续。

② 周末维护(周末保养)主要是在周末和节假日前对设备进行较彻底的清扫擦拭和涂油,并按设备维护要求进行检查评定,予以考核。

日常维护是设备维护的基础工作,因此必须做到经常化、制度化和规范化。

(2)定期维护(定期保养)

它是在维修工人配合之下,由操作工人进行的定期维护工作。是由设备主管部门以计划形式下达执行的。两班制连续生产的一般设备2~3个月进行一次;干磨多尘设备则需每月进行一次。其作业停机时间须按照相应修理复杂系数(0.3~0.5,视设备的结构情况而定)乘以时间计算。精密、重型、稀有设备另有规定。

各类设备的定期维护一般包含定期检查的内容,它的具体内容和要求,须根据设备的特点和参照有关规定要求来制定。设备经定期维护后,操作工人应填"设备定期维护记录卡",由车间维修组检查验收签字后,交机械员汇总审查,机械员对存在问题提出处理意见后,返回设备主管部门作为考核的依据。设备定期维护记录卡的格式由设备主管部门根据企业的实际情况拟定,其内容应包括:

定期维护的项目、内容及要求;实施情况;验收评价;发现待处理的问题;维护人、验收人及机械员签字等。

(3)使用维护上的特殊要求

① 要严格按使用说明书上的规定安装设备,并且要求每半年检查调整一次安装水平和精度,做好详细记录,存档备查。

② 对环境有特殊要求(恒温、恒湿、防震、防尘等)的设备,应采取相应措施,确保设备的性能和精度不受影响。

③ 严格按照设备说明书所规定的加工工艺规范操作,严禁超负荷超性能使用。

④ 精、大、稀、关设备在日常维护中一般不允许拆卸，尤其是光学部件，必要时应由专职修理工进行。

⑤ 按规定的部位和规定的范围内容，认真做好日常维护工作，发现有异常，应立即停车，通知检修人员，绝不允许带病运转。

⑥ 润滑油料、擦拭材料以及清洗剂必须严格按说明书的规定使用，不得随意代用。尤其是润滑油和液压油，必须经化验合格后才能使用。在加入油箱前必须进行过滤。

⑦ 非工作时间应加防护罩。如长期停歇，应定期进行擦拭润滑、空运转。

⑧ 附件和专用工具应有专用柜架搁置，保持清洁，妥善保管，不得损坏、外借和丢失。

为有效搞好设备的维护工作，应该根据具体情况制定维护责任制和维护操作规程。

1.1.8 设备的检查

(1) 设备检查的分类

设备检查是及时掌握设备技术状况的有效手段。常可分为日常检查和定期检查两类。

① 日常检查

日常检查是一项由操作工人和维修工人每天执行的例行维护工作中的一项主要工作，其目的是及时发现设备运行的不正常情况，并予以排除。检查手段是利用人的感官、简单的工具或装在设备上的仪表和信号标志，如压力、温度、电压、电流的检测仪表和油标等。检查时间，班内在设备运行中对设备运行状况进行随机检查，在交接班时，由交接双方按交接规定内容共同进行。

另外日常点检是日常检查的一种好方法。所谓点检是指：为了维持设备规定的机能，按照标准要求(通常是利用点检卡)，对设备的某些指定部位，通过人的感觉器官(目视、手触、问诊、听声、嗅诊)和检测仪器，进行有无异状的检查，使各部分的不正常现象能够及早发现。

点检内容一般以选择对产品产量、质量、成本以及对设备维修费用和安全卫生这五个方面会造成较大影响的部位为点检项目较为恰当。如：影响人身或设备安全的保护、保险装置。直接影响产品质量的部位。在运行过程中需要经常调整的部位。易于堵塞、污染的部位。易磨损、损坏的零部件。易老化、变质的零部件。需经常清洗和更换的零部件。应力特大的零部件。经常出现不正常现象的部位。运行参数、状况的指示装置。

为便于检查，可以编制点检卡，标明检查项目内容、检查方法、判别标准，检查结果标记等，以作为检查的依据，并作为检查记录。

② 定期检查

定期检查是以维修工人为主，操作工人参加，定期地对设备的检查。其目的是发现并记录设备的隐患、异常、损坏及磨损情况，记录的内容，作为设备档案资料，经过分析处理后，以便确定修理的部位、更换的零部件、修理的类别和时间，据此安排计划修理。

定期检查是种有计划的预防性检查，检查间隔期一般在一个月以上。检查的手段除用人的感官外，主要是用检查工具和测试仪器，按定期检查卡中要求逐条执行；在检查过程中，凡能通过调整予以排除的缺陷，应边检查边排除，并配合进行清除污垢及清洗换油，因此在生产实际中，定期检查往往与定期维护同时结合进行。若定期检查或日常检查发现有紧急问题时，可口头及时地向设备管理部门反映，然后补办手续，以便短期安排修理任务。

（2）检查记录和报告

危险化学品单位所进行的每项设备检查工作，其结果最终都要通过检查记录和报告而体现出来。通常，除了检查者本人了解掌握被检查项目的结果外，通过设备检查记录和报告的信息传递，能使更多与设备有关的人员也都能了解和掌握，对管好、用好、修好设备有着重要的作用。因而，设备检查记录和报告已成为危险化学品单位搞好生产和维修，加强设备管理的一项十分重要、必不可少的信息资料。

根据对设备的检查记录，应形成检查报告，其主要内容应包括设备的名称、检查的内容、发现的问题、建议修复的方法和需要更换的部件、材料等。一般可用文字、图表等形式表明。

检查记录应该有一定的格式，列出应填写的项目。这样做，一方面可提醒检查人员，防止检查时疏忽漏项；另一方面也便于检查人员做记录时填写方便。

有些检查记录报告，如受劳动部门安全监察的锅炉和压力容器等，有规定格式；而大部分的检查记录和报告，均由各石油化工企业根据本单位的设备具体情况，结合检查和管理的需要自行设计，不必强求一致。

① 设备运行期间的检查记录

在设备运行期间，除了日常进行的岗位巡回检查外，每月对设备要定期进行一次运行期间的全面检查。每次均按照表格规定的项目，逐项检查，将检查结果作好记录。记录中应记有设备标明的检查项目、检查内容、检查方法、检查结果及异常情况说明，并有处理措施的建议以及检查人的签名等。

② 设备停运期间的检查记录

"设备停运期间的检查"是指装置停工大检修期间对设备进行的内外部全面检查。当然，重点是装置运行期间无法进行检查的部位。装置在停工以后，一些工艺装置和容器在放空、置换、吹扫、打开人孔符合安全进入条件后，立即要进行的工作就是要进入对设备和容器的全面的检查。这时车间应组成强有力的检查小组，进行检查时，要作好检查记录。这时的检查记录作为第一手资料，为进一步确定修理的部位和检修的范围，研究落实检修方案和计划，更换必要的件及材料，开展整个检修工作，提供具体可靠的依据，因而事先准备好一套带有图表的检查记录空白表格，便于检查人员填写是十分必要的。

（3）检查报告

检查报告应根据有关检验规程或主管部门的规定，按照规定的格式填报。现以压力容器为例，《在用压力容器检验规程》中规定了《在用压力容器检验报告书》的统一格式。其中，对压力容器检查和检验包括以下 15 项报告：①在用压力容器检验结论报告；②在用压力容器原始资料审查报告；③在用压力容器内外部表面检查报告及缺陷部位图(报告附录)；④在用压力容器壁厚测定报告；⑤在用压力容器磁粉探伤报告及探伤部位图(报告附录)；⑥在用压力容器渗透探伤报告及探伤部位图(报告附录)；⑦在用压力容器射线探伤报告及探伤部位图(报告附录)；⑧在用压力容器超声探伤报告及探伤部位图(报告附录)；⑨在用压力容器化学成分分析报告；⑩在用压力容器硬度测定报告；⑪在用压力容器金相分析报告；⑫在用压力容器安全附件检验报告(一)；⑬在用压力容器安全附件检验报告(二)；⑭在用压力容器耐压试验报告；⑮在用压力容器气密性试验报告。

凡从事该规程范围内检验工作的检验单位和检验人员，应经过资格认可和鉴定的考核合格，方可从事允许范围内相应项目的检验工作。检验单位应保证检验(包括缺陷处理后的检验)质量，检验时应有详细记录，检验后应出具《在用压力容器检验报告书》。凡明确有检验员签字的检验报告书，必须由持证检验员签字方为有效。

1.2 基于风险的设备检验（RBI）管理

每个 RBI 项目都要求成立项目组，按以下程序开展工作：

召开项目启动会，明确项目负责人及小组成员职责与分工，制定项目实施计划。进行基础数据、资料的采集和整理。包括工艺流程数据、历年检维修记录、失效分析记录、工艺介质分析数据及相关设计资料等。进行存量组与腐蚀回路划分。利用 RBI 软件进行风险分析与风险排序。根据风险分析结果，制定在线降险措施和检验策略。完成 RBI 报告的编制、审定。依据检验策略，实施在线降险措施，制定检验、检修计划。开展验证检验工作。根据验证检验结果进行再评估，更新风险排序，调整检验与维护策略。

在 RBI 项目的实施过程中，要从以下几个方面提高风险分析结果与实际的符合程度：

(1) 提供完整、可靠的基础数据和资料。

(2) 将验证检验的结果与上次评估结果进行对比、分析，进行差异评价。

(3) 在首次评估或再评估之前，开展装置腐蚀调查工作，将腐蚀调查的结果应用到风险分析中。

(4) 将原料变化、工艺方案变更以及流程中腐蚀成分、含量改变等影响设备或系统风险状况的情况，及时告知评估单位，调整风险水平。

(5) 做好典型故障的记录、分析与处理工作。

生产单位主管设备工作的厂领导应是本单位 RBI 工作的负责人，要指派有经验的设备和工艺技术人员全程参与风险分析工作，处理问题、协调进度，审核 RBI 报告并结合装置运行实际提出修改意见，以《RBI 报告审查意见表》(表 1.2-1)的形式反馈给评估单位。报告审定通过后，将《RBI 报告审查意见表》和《RBI 报告审查验收单》(表 1.2-2)备案。正式报告交一份予公司用于存档。

RBI 项目从风险评估、在线降险、检验验证到再评估是一套完整的工作程序，执行中要重视在线降险措施的落实和验证检验工作的实施，并据此对数据库和检验策略进行修正和完善，使基于风险的检验这种方法、体系持续有效的运行下去，符合生产实际和安全管理的要求。

表 1.2-1 RBI 报告审查意见表

单位名称(盖章)：

项目名称：
报 告 中 存 在 的 问 题
审 核 及 更 改 意 见

主管领导：　　　　　　　　项目负责人：　　　　　　　　审核日期：

表 1.2-2　RBI 报告审查验收单

单位名称(盖章)：

项目名称：

序号	审查内容	审查意见	确认人签字
1	原始数据、基本参数的选取是否合理、符合装置运行实际		
2	物流回路划分、PFD 图绘制是否准确		
3	腐蚀回路划分、PFD 图绘制是否准确		
4	对风险分析结果的确认意见		
5	检验策略的制定是否合理、具有针对性和可实施性		
6	对风险分析总结论的确认意见		
7	其他意见和建议		

主管领导：　　　　　　　项目负责人：　　　　　　　　　审核日期：

1.2.1　设备检测及诊断技术

无损检测是保证设备质量的有效检测方法。无损检测是在不损坏试件的前提下，以物理或化学方法为手段，借助先进的技术和设备器材，对试件的内部及表面的结构、性质、状态进行检查和测试的方法。

无损检测技术分类及应用，如下：

在无损检测技术发展过程经历了三个阶段：无损探伤阶段、无损检测阶段和无损评价阶段。第一阶段是无损探伤，主要是探测和发现缺陷；第二阶段是无损检测，不仅仅是探测缺陷，还包括探测试件的一些其他信息，例如结构、性质、状态等，并试图通过测试，掌握更多的信息；第三阶段是无损评价，它不仅要求发现缺陷，探测试件的结构、性质、状态，还要求获取更全面、更准确的综合信息，例如缺陷的形状、尺寸、位置、取向、内含物、缺陷部位的组织、残应力等，结合成像技术、自动化技术、计算机数据分析和处理等技术，将材料学、断裂力学等知识综合应用，对试件或产品的质量和性能给出全面、准确评价。

常用的无损检测方法有：射线检测、超声波检测、磁粉检测、渗透检测、涡流检测、声发射检测。为满足生产的需求，并伴随着现代科学技术的进展，无损检测的方法和种类日益繁多，除了上述提到的几种方法外，激光、红外、微波、液晶等技术都被应用于无损检测。无损检测技术的产生有现代科学技术发展的基础。例如，用于探测工业产品缺陷的 X 射线照相法是在德国物理学家伦琴发现射线后才产生的；超声波检测是在二战中迅速发展的声呐技术和雷达技术的基础上开发出来的；磁粉检测建立在电磁学理论的基础上；而渗透检测得益于物理化学的进展等。

随着现代工业的发展，对产品质量和结构安全性，使用可靠性提出了越来越高的要求，由于无损检测技术具有不破坏试件，检测灵敏度高等优点，所以其应用日益广泛。目前，无损检测技术在国内许多行业和部门，例如机械、冶金、石油天然气、石化、化工、航空航天、船舶、铁道、电力、核工业、兵器、煤炭、有色金属、建筑等，都得到广泛应用。

应用无损检测技术优点有：

(1)及时发现缺陷，提高产品质量

应用无损检测技术，可以探测到肉眼无法看到的试件内部的缺陷；在对试件表面质量进行检验时，通过无损检测方法可以探测出许多肉眼很难看见的细小缺陷。由于无损检测技术对缺陷检测的应用范围广、灵敏度高、检测结果可靠性好，因此在容器和其他产品制造的过程检验和最终质量检验中普遍采用。

采用破坏性检测，在检测完成的同时，试件也被破坏了，因此破坏性检测只能进行抽样检验。与破坏性检测不同，无损检测不需损坏试件就能完成检测过程，因此无损检测能够对产品进行百分之百检验或逐件检验。许多重要的材料、结构或产品，都必须保证万无一失，只有采用无损检测手段，才能为质量提供有效保证。

（2）设备安全运行的有效保证

即使是设计和制造质量完全符合规范要求的容器，在经过一段时间使用后，也有可能发生破坏事故。这是由于苛刻的运行条件使设备状态发生变化，例如由于高温和应力的作用导致材料蠕变；由于温度、压力的波动产生交变应力，使设备的应力集中部位产生疲劳；由于腐蚀作用使壁厚减薄或材质劣化等。上述因素有可能使设备中原来存在的、制造规范允许的小缺陷扩展开裂，或使设备中原来没有缺陷的地方产生这样或那样的新生缺陷，最终导致设备失效。为了保障使用安全，对在用锅炉压力容器，必须定期进行检验，及时发现缺陷，避免事故发生。

（3）促进制造工艺的改进

在产品生产中，为了了解制造工艺是否适宜，必须事先进行工艺试验。在工艺试验中，经常对工艺试样进行无损检测，并根据检测结果改进制造工艺，最终确定理想的制造工艺。例如，为了确定焊接工艺规范，在焊接试验时对焊接试样进行射线照相。随后根据检测结果修正焊接参数，最终得到能够达到质量要求的焊接工艺。又如，在进行铸造工艺设计时，通过射线照相探测试件的缺陷发生情况，并据此改进浇口和冒口的位置，最终确定合适的铸造工艺。

（4）节约资金，降低生产成本

在产品制造过程中进行无损检测，往往被认为要增加检测费用，从而使制造成本增加。可是如果在制造过程中间的适当环节正确地进行无损检测，就可以防止以后的工序浪费、减少返工、降低废品率，从而降低制造成本。例如，在厚板焊接时，如果在焊接全部完成后再无损检测，发现超标缺陷需要返修，要花许多工时或者很难修补。因此可以在焊至一半时先进行一次无损检测，确认没有超标缺陷后再继续焊接，这样虽然无损检测费用有所增加，但总的制造成本降低了。又如，对铸件进行机械加工，有时不允许机加工后的表面上出现夹渣、气孔、裂纹等缺陷，选择在机加工前对要进行加工的部位实施无损检测，对发现缺陷的部位就不再加工，从而降低了废品率，节省了机加工工时。

应用无损检测时，应注意的问题有：

（1）与破坏性检测相配合

无损检测的最大特点是能在不损伤材料、工件和结构的前提下进行检测，所以实施无损检测后，产品的检查率可以达到100%。但是，并不是所有需要测试的项目和指标都能进行无损检测，无损检测技术自身还有局限性。某些试验只能采用破坏性检测，因此，在目前无损检测还不能完全代替破坏性检测。也就是说，对一个工件、材料、机器设备的评价，必须把无损检测的结果与破坏性检测的结果互相对比和配合，才能作出准确的评定。例如液化石油气钢瓶除了无损检测外还要进行爆破试验。锅炉管子焊缝，有时要切取试样做金相和断口检验。

（2）正确选择检测时机

在进行无损检测时，必须根据无损检测的目的，正确选择无损检测实施的时机。例如，锻件的超声波探伤，一般安排在锻造完成且进行过粗加工后，钻孔、铣槽、精磨等最终机加工前，因为此时扫查面较平整，耦合较好，有可能干扰探伤的孔、槽、台还未加工，发现质量问题处理也较容易，损失也较小；又例如，要检查高强钢焊缝有无延迟裂纹，无损检测实施的时机，就应安排在焊接完成 24h 以后进行。要检查热处理工艺是否正确，就应将无损检测实施时机放在热处理之后进行。只有正确地选用实施无损检测的时机，才能顺利地完成检测，正确评价产品质量。

（3）合理选择无损检测方法

无损检测在应用中，由于检测方法本身有局限性，不能适用于所有工件和所有缺陷，为了提高检测结果的可靠性，必须在检测前，根据被检物的材质、结构、形状、尺寸，预计可能产生什么种类，什么形状的缺陷，在什么部位、什么方向产生；根据以上种种情况分析，然后根据无损检测方法各自的特点选择最合适的检测方法。例如，钢板的分层缺陷因其延伸方向与板平行，就不适合射线检测而应选择超声波检测。检查工件表面细小的裂纹就不应选择射线和超声波检测，而应选择磁粉和渗透检测。此外，选用无损检测方法和应用时还应充分地认识到，检测的目的不是片面的追求那种过高要求的产品"高质量"，而是在保证充分安全性的同时要保证产品的经济性。只有这样，无损检测方法的选择和应用才会是正确的、合理的。

（4）各种无损检测方法综合应用

在无损检测应用中，必须认识到任何一种无损检测方法都不是万能的，每种无损检测方法都有它自己的优点，也有它的缺点。因此，在无损检测的应用中，如果可能，不要只采用一种无损检测方法，而尽可能多地同时采用几种方法，以便保证各种检测方法互相取长补短，从而取得更多的信息。另外，还应利用无损检测以外的其他检测所得的信息，利用有关材料、焊接、加工工艺的知识及产品结构的知识，综合起来进行判断，例如，超声波对裂纹缺陷探测灵敏度较高，但定性不准是其不足，而射线的优点是对缺陷定性比较准确，两者配合使用，就能保证检测结果既可靠又准确。

1.2.2 超声波检测

超声波检测主要用于探测试件的内部缺陷，它的应用十分广泛。超声波检测属于反射波检测法，即根据反射波的强弱和传播时间来判断缺陷的大小和位置。超声波检测的频率范围为 0.4~25MHz，其中用得最多的是 1~5MHz。

1.2.2.1 超声波检测的分类及特点

超声波检测有多种分类方法：

（1）按原理分类

超声波检测按原理来分，有脉冲反射法、穿透法和共振法三种。目前用得最多的是脉冲反射法。

（2）按显示方式分类

按超声波探伤图形的显示方式来分，有 A 型显示、B 型显示、C 型显示等。用得最多的是 A 型显示探伤法。

（3）按探伤波形分类

按超声波的波形来分，脉冲反射法大致可分为直射探伤法(纵波探伤法)、斜射探伤法

（横波探伤法）、表面波探伤法和板波探伤法 4 种。用得较多的是纵波和横波探伤法。

（4）按探头数目分类。

按探伤时使用的探头数目来分，有单探头法、双探头法、多探头法 3 种。用得最多的是单探头法。

（5）按接触方法分类。

按接触方法分类有直接接触法和水浸法两种。直接接触法的操作要领是，在探头和试件表面之间要涂上耦合剂，以消除空隙，让超声波能顺利地进入被检件。耦合剂可以用机油、水、甘油和水玻璃等。用水浸法时，探头和试件之间水层超声通过水层传播，受表面状态影响不大，可以进行稳定的探伤。

在金属的探测中，超声波检测具有如下特点：①面积型缺陷的检出率较高，耐体积型缺陷的检出率较低。②适宜检验厚度较大的工件，例如直径达几米的锻件，厚度选几百毫米的焊缝。不适宜检验较薄的工件，例如对厚度小于 8mm 的焊缝和 6mm 的板材的检验是困难的。③适用于各种试件，包括对焊缝、角焊缝、板材、管材、棒材、锻件，以及复合材料等。④检验成本低、速度快、检测仪器体积小、质量轻，现场使用较方便。⑤无法得到缺陷直观图像、定性困难，定量精度不高。⑥检测结果无直接见证记录。⑦对缺陷在工件厚度方向上定位较准确。⑧材质、晶粒度对探伤有影响，例如铸钢材料和奥氏体不锈钢焊缝，因晶粒粗大不宜用超声波进行探伤。

1.2.2.2　超声波检测原理

超声波检测可以分为超声波探伤和超声波测厚，以及超声波测晶粒度、测应力等。在超探伤中，有脉冲反射法、穿透法和共振法。脉冲反射法是根据缺陷的回波和底面的回波进行判断；穿透法是根据缺陷的阴影来判断缺陷情况；而共振法是根据被检物产生驻波来判断缺陷情况或者判断板厚。目前用得最多的方法是脉冲反射法。脉冲反射法在垂直探伤时用纵波，在斜射探伤时用横波。把超声波射入被检物的一面，然后在同一面接收从缺陷处反射回来的回波，根据回波情况来判断缺陷的情况。脉冲反射法有纵波探伤和横波探伤。

（1）垂直探伤法

把脉冲振荡器发生的电压加到晶片上时，晶片振动，产生超声波脉冲。超声碰到缺陷时，一部分从缺陷反射回到晶片。而另一部分未碰到缺陷的超声波继续前进，直到被检物底面才反射回来。因此，缺陷处反射的超声波先回到晶片。回到晶片的超声波又反过来被转换成高频电压，通过接收、放大进入示波器，示波器将缺陷回波和底面回波显示在荧光屏。

（2）斜射探伤法

超声波的垂直入射纵波探伤和倾斜入射的横波探伤是超声波探伤中的两种主要探伤方法。两种方法各有用途互为补充，纵波探伤主要能发现与探测面平行或稍有倾斜的缺陷，主要用于钢板、锻件、铸件的探伤，而斜射的横波探伤，主要能发现垂于探测面或倾斜较大的缺陷，主要用于焊缝的探伤。

1.2.2.3　超声波检测仪器

（1）超声波厚度计

超声波厚度计是利用该仪器具有精确测量返回波时间的能力来测量部件的厚度。根据大部分被检验材料的弹性模量和密度，即可知道其传声的速度。把这种材料的弹性模量和密度两个因素结合起来，乘以传递的时间和速度，即可算出到缺陷的距离或部件厚度的比较精确的数值。要测量管子、压力容器或铸件的厚度，可从其一侧某一部分进行。超声波仪器是比测仪器，必须按已知的设定值来标定，才能得出有意义的结果。必须引起注意的是，不锈钢铸件的晶粒通常粗大，因而超声波方法不实用。

超声波厚度计一般采用数字直接读出以显示壁厚，其速度也可按材料性来调节。在测量厚度小于6.5mm较薄的壁厚时，必须仔细小心，因为读出的数字是较高反射波，而不是初始返回波，因而读出数字比实际的要大。

在高温下测厚不能用普通的厚度计，而要采用高温压电测厚仪。国外炼油厂及石油化工工厂采用压电设备在线检测十分普遍。高温厚度测量一般必须要有一个给定的校正系数。由于测试件的速度随温度而变化，其实际厚度也随温度而变化。这两种变化的联合效应增加了声波的传递时间，相应地增大了厚度的读数，因而这种误差需要进行校正。常用的经验校正方法是测试件每高于室温38℃，便减少超声波的读数大约1%，高温测厚也必须使用特殊的超声波耦合剂。

电磁式声波发射器，可用于高温在线检测。用这种专门的发射器系统，可以实实在在地在测试件表面层产生声脉冲，不再需要液体耦合剂来减少探头和部件之间表面的空气间隙。这种变送器探头与测试件作瞬时接触时，可以达到650℃。

（2）超声波缺陷探测仪

超声波缺陷探测仪，或称超声波探伤仪，用以探测试件中不连续性的缺陷，提供不连续三维位置的信息，并给出可用来评估产品质量的数据。选择使用仪器时，要使声波进入怀疑有缺陷的区域，引导声波射向垂直于缺陷平面的可疑缺陷，或贯穿缺陷和几何表面形成的夹角，把大部分声波返回到用来发射和接收的单一发射器上来，同时还应考虑到扫描的覆盖面的大小。一个非常重要的因素是要选好适当的耦合剂，使声音可以连续地从发射器传送到测试件并返回。根据简单的几何比例关系可以确定缺陷的空间位置，根据反射波的强弱，采用当量法或半波法可以确定缺陷的大小和范围。

超声波缺陷探测仪通常是用于探测焊接的裂纹。焊接裂纹可以出现在焊接金属任何区域。裂纹通常平行于焊缝的中心线方向。高强度螺栓、压缩机驱动轴以及其他工艺设备的部件，都容易在正常操作的寿命周期内产生疲劳裂纹。疲劳裂纹常位于高应力区，出现在横截面变化处，横截于部件轴的平面内和主应力的方向。

1.2.3　射线检测

射线的种类很多，其中易于穿透物质的有X射线、γ射线、中子射线三种，这三种射线都被用于无损检测，其中X射线和γ射线广泛用于锅炉压力容器焊缝和其他工业产品、结构材料的缺陷检测，而中子射线仅用于某些特殊场合。

射线检测最主要的应用是探测试件内部的宏观几何缺陷（探伤）。按照不同特征（例如使用的射线种类、记录的器材、工艺和技术特点等）可将射线检测分为许多种不同的方法。

射线照相法是指用X射线或γ射线穿透试件，以胶片作为记录信息的器材的无损检测方法。该方法是最基本的，应用最广泛的一种射线检测方法。

1.2.3.1　射线照相法原理

X射线是从X射线管中产生的，X射线管是一种两极电子管。将阴极灯丝通电使之白炽，电子就在真空中放出，如果两极之间加几十千伏以至几百千伏的电压（叫作管电压）时，电子就从阴极向阳极方向加速飞行、获得很大的动能，当这些高速电子撞击阳极时。与阳极金属原子的核外库仑场作用，放出X射线。电子的动能部分转变为X射线能，其中大部分都转变为热能。电子是从阴极移向阳极的，而电流则相反，是从阳极向阴极流动的，这个电流叫作管电流，要调节管电流只要调节灯丝加热电流即可，管电压的调节是靠调整 X 射线装置主变压器的初级电压来实现的。

射线照相法是利用射线透过物体时，会发生吸收和散射这一特性，通过测量材料中因缺陷存在影响射线的吸收来探测缺陷的。X 射线和 γ 射线通过物质时，其强度逐渐减弱。射线还有个重要性质，就是能使胶片感光，当 X 射线或 γ 射线照射胶片时，与普通光线一样，能使胶片乳剂层中的卤化银产生潜像中心，经过显影和定影后就黑化，接收射线越多的部位黑化程度高，这个作用叫作射线的照相作用。因为 X 射线或 γ 射线的使卤化银感光作用比普通光线小得多，所以必须使用特殊的 X 射线胶片，这种胶片的两面都涂敷了较厚的乳胶，此外，还用一种能加强感光作用的增感屏，增感屏通常用铅箔做成。

把这种曝过光的胶片在暗室中经过显影、定影、水洗和干燥，再将干燥的底片放在观片灯上观察，根据底片上有缺陷部位与无缺陷部位的黑度图像不一样，就可判断出缺陷的种类、数量、大小等，这就是射线照相探伤的原理。

1.2.3.2　射线检测设备

射线照相设备可分为：X 射线探伤机；高能射线探伤设备（包括高能直线加速器、电子回旋加速器）；γ 射线探伤机三大类。X 射线探伤机管电压在 450kV 以下。高能加速器的电压一般在 2~24MeV，而 γ 射线探伤机的射线能量取决于放射性同位素。

（1）X 射线探伤机

X 射线机主要由机头、高压发生装置、供电及控制系统、冷却和防护设施四部分组成。可分为携带式，移动式两类，移动式 X 射线机用在透照室内的射线探伤，它具有较高的管电压和管电流，管电压可达 450kV，管电流可达 20mA，最大穿透厚度约 100mm，它的高压发生装置、冷却装置与 X 射线机头都分别独立安装。X 射线机头通过高压电缆与高压发生装置连接。机头可通过带有轮子的支在小范围内移动，也可固定在支架上。携带式 X 射线机主要用于现场射线照相管电压一般小于 320kV，最大穿透厚度约 50mm。其高压发生装置和射线管在一起组成机头，通过低压电缆与控制箱连接。

（2）高能射线探伤设备

为了满足大厚度工件射线探伤的要求，20 世纪 40 年代以来，设计制造了多种高能 X 射线探伤装置，使对钢件的 X 射线探伤厚度扩大到 500mm 它们是直加速器、电子回旋加速器，其中直线加速器可产生大剂量射线，探伤效率高，透照厚度大，目前应用最多。

（3）γ 射线探伤机

γ 射线机由射线源、盛装源容器、操作机构、支撑和移动机构四部分组成。γ 射线探伤机射线源体积小，可在狭窄场地、高空、水下工作，并可全景曝光等特点，已成为射线探伤重要组成部分。

① γ 源

常用 γ 源由小锈钢外壳严密封装，与操作机构的导索间有牢固连接，通过自动与手动机构拖动导索进退，实现对源由存储容器到工作位置的传递，源的尺寸与源的强度和比活度有关。

② 源容器

源容器的作用是屏蔽，使处于非工作状态的源不会对人体和照相工作有影响，其材料用铅或贫化铀制成，用贫化铀可大大减轻源容器质量。当源置于容器内时，为确保安全，便于移动、运输，容器上有锁紧装置，避免事故的发生。

③ 操作、支撑、移动机构

操作机构的作用是将源推至工作位置或送回容器中，强度较大的源一般有机械和电动两套操作机构。电动操作可在远离源的地方使用和操作，有源位指示灯和延时装置；手动操作可在无电场合使用，也可远距离操作。移动和支撑机构的作用承载射线源容器，调整和固定射线源的工作位置，它们虽然是 γ 射线探伤机的辅助性装置，但对于方便工作，降低劳动强度，提高探伤工作效率是十分必要的。

1.2.3.3 射线安全防护

射线具有生物效应，超辐射剂量可能引起放射性损伤，破坏人体的正常组织出现病理反应。辐射具有积累作用，超辐射剂量照射是致癌因素之一，并且可能殃及下一代，造成婴儿畸形和发育不全等。由于射线具有危害性，所以在射线照相中，防护是很重要的。我国对职业放射性工作人员剂量当量限值做了规定：从事放射性的人员年剂量当量限值为 50mSv。

射线防护，就是在尽可能的条件下采取各种措施，在保证完成射线探伤任务的同时，使操作人员接受的剂量当量不越过限值，并且应尽可能地降低操作人和其他人员的吸收剂量，主要的防护措施有以下三种：屏蔽防护、距离防护和时间防护。

屏蔽防护就是在射线源与操作人员及其他邻近人员之间加上有效合理的屏蔽物来降低辐射的方法。屏蔽防护应用很广泛，如射线探伤机体衬铅，现场使用流动铅房和建立固定曝光室等都是屏蔽防护。

距离防护是用增大射线源距离的办法防止射线伤害的防护方法。因为射线强度与距离的平方成反比，所以在没有屏蔽物或屏蔽物厚度不够时，用增大射线源距离的办法也能达到防护的目的。尤其是在野外进行射线探伤时，距离防护更是一种简便易行的方法。

时间防护就是减少操作人员与射线接触的时间，以减少射线损伤的防护方法，因为人体吸收射线量是与人接触射线的时间成正比的。

在实际探伤中，可根据当时的条件选择具体的防护方法。为了得到更好的效果，往往是三种防护方法同时使用。

1.2.3.4 射线照相法特点

射线照相法的特点如下：①可以获得缺陷的直观图像，定性准确，长度、宽度尺寸的定量也比较准确。②检测结果可以直接记录，并可长期保存。③对体型缺陷(气孔、夹渣类)检出率很高，对面积型缺陷(如裂纹、未熔合类)，如果照相角度不适当，容易漏检。④适宜检验厚度较薄的工件而不适宜较厚的工件，因为检验厚工件需要高能量的射线探伤设备，一般厚度大于 100mm 的工件照相是比较困难的。此外，板厚增大，射线照相绝对灵敏度是下降的，也就是说对厚板射线照相，小尺寸缺陷以及一些面积型缺陷漏检的可能增大。⑤适宜检验对接焊缝，不适宜检验角焊缝以及板材、棒材、锻件等。⑥对缺陷在工件中厚度方向的位置、尺寸(高度)的确定比较困难。⑦检测成本高、速度慢。⑧射线对人体有伤害。

1.2.4 磁粉检测

磁粉检测方法应用比较广泛，主要用以探测磁性材料中表面或表面附近的缺陷，一般用以检测焊缝和铸件或锻件，如阀门、泵和压缩机部件、法兰、喷嘴以及类似设备等。探测更深一层内表面的缺陷，则需要用射线照相或超声波的方法。

磁粉检测所用仪器材料包括磁化被检测区域的设施和仪器以及可查出缺陷的各种颜色的

磁粉等。检测时先将工件的表面磁化，然后用干的或液态悬浮液的磁粉覆盖在检测区的表面。加在有裂纹等缺陷处的磁粉，因磁场破坏，磁力线使磁粉堆积显示出来。但如果裂纹平行于磁力线就显示不出来。因而，必须改变磁力线的方向，以探测出不同走向的裂纹。由于用这种方法会产生残作磁力，对某些设备可能不利。因而，有的还应进行消磁。

用于磁检测的磁粉有多种颜色，一般应比照被检测的部件来选择。对于比较重要的检测，可使用荧光染色的粉末。这种粉末一般作为液体悬浮使用，可在黑暗的房间并配以紫外光线来分析结果。

应用磁粉检测应按以下步骤进行：①待检测的表面要用硬钢丝刷刷洗或用喷砂的方法全面清洗，除去油泥，清理干净。②诱发磁场。③施加磁粉。④轻轻吹去多余的粉末。如果有磁粉堆积，堆积处表明存在缺陷，可用粉笔将缺陷的位置及长短、大小范围标出。然后除去磁物，刷掉或洗去粉末；再做肉眼检测。缺陷的类型可根据磁粉的堆积形状来确定。表面裂纹显示出来磁粉沿裂纹的纹路堆积成一条细线，表面下的裂纹显示出粉末堆积得又粗又宽；孔隙显示出粉末在缺陷上分散堆积；其孔隙度显示出粉末堆积的数量及面积大小。

磁粉检测有一定的局限性，主要有两点：一是它很能用于可以磁化的材料，不可用于多孔材料，否则可能获得错误的结果；二是能探知缺陷，但无法检测出缺陷的深度。在确定有缺陷存在后，有必要通过刨削、磨削或电弧气刨等手段做进一步检测。在缺陷所有可见部分全部刨去后，应再作磁粉检测，以确定在进行任何修复之前，所有缺陷是否已全部除掉。

1.2.4.1　磁粉检测原理

铁磁性材料被磁化后，其内部产生很强的磁感应强度，磁力线密度增大几百倍到几千倍，如果材料中存在不连续性(包括缺陷造成的不连续性和结构、形状、材质等原因造成的不连续性)磁力线会发生畸变，部分磁力线有可能选出材料表面，从空间穿过，形成漏磁场，漏磁场的局部磁极能够吸引铁磁物质。

试件中裂纹造成的不连续性使磁力线畸变，由于裂纹中空气介质的磁导率远低于试件的磁导率，使磁力线受阻，一部分磁力线挤到缺陷的底部，一部分穿过裂纹，一部分排挤出工件的表面后再进入工件。如果这时在工件上撒上磁粉，漏磁场就会吸附磁粉，形成与缺陷形状相近的磁粉堆积。我们称其为磁痕，从而显示缺陷。当裂纹方向平行于磁力线的传播方向时，磁力线的传播不会受到影响，这时缺陷不能检出。

影响漏磁场的几个因素有：①外加磁场强度越大，形成的漏磁场强度也越大。②在一个外加磁场强度下，材料的磁导率越高，工件越易被磁化，材料的磁感应强度越大，漏磁场强度也越大。③当缺陷的延伸方向与磁力线的方向 90°时，由于缺陷阻挡磁力线穿过的面积最大，形成的漏磁场强度也最大。随着缺陷的方向与磁力线的方向从 90°逐渐减小（或增大）漏磁场强度明显下降；因此，磁粉探伤时，通常需要在两个（两次磁力线的方向互相垂直）或多个方向上进行磁化。④随着缺陷的埋藏深度增加，溢出工件表面的磁力线迅速减少。缺陷的埋藏深度越大，漏磁场就越小。因此，磁粉探伤只能检测出铁磁材料制成的工件表面或近表面的裂纹及其他缺陷。

1.2.4.2　磁粉检测设备器材

磁力探伤机分类，按设备体积和质量，磁力探伤机可分为固定式、移动式、携带式三类。

（1）固定式探伤机

最常见的固定式探伤机为卧式湿法探伤机，设有放置工件的床身，可进行包括通电法、中心导体法、线圈法多种磁化，配置了退磁装置和磁悬液搅拌喷洒装置，紫外线灯，最大磁化电流可达 12kA，主要用于中小型工件探伤。

（2）移动式探伤机

体积质量中等，配有滚轮，可运至检验现场作业，能进行多种方式磁化输出电流为 3～6kA。检验对象为不易搬运的大型工件。

（3）便携式探伤机

体积小、质量轻；适合野外和高空作业，多用于锅炉压力容器焊缝和大型工件局部探伤，最常使用的是电磁轭探伤机。电磁轭探伤机是一个绕有线圈的 U 形铁芯。当线圈中通过电流，铁芯中产生大量磁力线，轭铁放在工件上，两极之间的工件局部被磁化，轭铁两极可做成活动式的，极间距和角度可调，磁化强度指标是磁轭能吸起的铁块质量，标准要求交流电磁轭的提升力至少 44N，直流电磁轭的提升力至少 177N。

常用的磁化方法有：①线圈法；②磁轭法；③轴向通电法；④触头法；⑤中心导体法；⑥平行电缆法。

按磁力线方向分类①、②称为纵向磁化，③～⑥称为周向磁化。实际工作中可根据试件的情况选择适当的磁化方法。

磁粉探伤方法有多种分类方式——

按检验时机可分为连续法和剩磁法：磁化、施加磁粉和观察同时进行的方法称为连续法；先磁化，后施加磁粉和检验的方法称为剩磁法，后者只适用于剩磁很大的硬磁材料。

按使用的电流种类可分为交流法、直流法两大类。交流电因有集肤效应，对表面缺陷检测灵敏度较高。

按施加磁粉的方法分类可分为湿法和干法，其中湿法采用磁悬液，干法则直接喷洒干粉。前者适宜检测表面光滑的工件上的细小缺陷，后者多用于粗糙表面。

1.2.4.3 磁粉检测特点

磁粉检测的特点如下：①适宜铁磁材料探伤，不能用于非铁磁材料检验。②可以检出表面和近表面缺陷，不能用于检查内部缺陷。可检出的缺陷埋藏深度与工件状况、缺陷状况以及工艺条件有关，一般为 1～2mm，较深者可达 3～5mm。③检测灵敏度很高，可以发现极细小的裂纹以及其他缺陷。④检测成本很低，速度快。⑤工件的形状和尺寸有时对探伤有影响，因其难以磁化而无法探伤。

1.2.5 渗透检测

渗透检测可以检测非磁性材料的表面缺陷，从而对磁粉检测不能检测非磁性材料，提供了一项补充的手段。渗透检测方法是这样的：先将工件的表面清洗干净。待干燥后，用刷涂或喷涂的方法把渗透剂涂到表面上，使染料渗透到缺陷里，大约 5min 后，将多余的染料用水或用溶剂洗去。接着在其表面喷一层白色滑石显色剂。显色剂一接触上，就干燥成白色，裂纹等缺陷很快就显示出来。也可用一种干的显色剂，通过其吸附性能和毛细管作用，显色剂把渗透到缺陷里的染料抽吸出来，即可显示出表面缺陷的范围和大小。如果没缺陷，则什么也不会发生，最后将部件上的显色剂清洗掉，准备使用。工件的表面越接近 38℃，显色剂的作用就越快。然而，如果表面超过 120℃，显色剂就可能蒸发，而得不到令人满意的效果。不过，目前已有新型的渗透剂材料可以成功地用于 288℃。

1.2.5.1　渗透检测分类

（1）根据渗透液所含染料成分分类

根据渗透液所含染料成分，可分为荧光法、着色法两大类。渗透液内含有荧光物质，缺陷图像在紫外线下能激发荧光的为荧光法。渗透液内含有有色染料，缺陷图像在白光或日光下显色的为着色法。此外，还有一类渗透剂同时加入荧光和着色染料，缺陷图像在白光或日光下能显色，在紫外线下又激发出荧光。

（2）根据渗透液去除方法分类

根据渗透液去除方法，可分为水洗型、后乳化型和溶剂去除型三大类。水洗型渗透法是渗透液内含有一定量的乳化剂，零件表面多余的渗透液可直接用水洗掉。有的渗透液虽不含乳化剂，但溶剂是水，即水基渗透液，零件表面多余的渗透液也可直接用水洗掉，它也属于水洗渗透法。后乳化型渗透法的渗透液不能直接用水从零件表面洗掉。必须增加一道乳化工序，即零件表面上多余的渗透液要用乳化剂"乳化"后方能用水洗掉。溶剂去除型渗透法是用有机溶剂去除零件表面多余的渗透液。

（3）显像法的种类

在渗透探伤中，显像的方法有湿式显像、快干式显像、干式显像和无显像剂式显像四种。

① 湿式显像法

湿式显像法是把白色细粉末状的显像材料调匀在水中作为显像剂的一种方法。把试件浸渍在显像剂中或用喷雾器把显像剂喷在试件上，当显像剂干燥时，在试件上就形成白色显像薄膜，由白色显像薄膜吸出缺陷中的渗透液而形成显示痕迹。这种方法适合于大批量工件探伤，其中水洗型荧光渗透探伤法用得最多。但必须注意缺陷显示痕迹是会扩散的，所以随着时间的推移、痕迹大小和形状会发生变化。

② 快干式显像法

快干式显像法是把白色细粉末状的显像材料调匀在高挥发性的有机溶剂中作为显像剂的一种方法。将显像剂喷涂到试件上，在试件表面快速形成白色显像薄膜，由白色显像薄膜吸出缺陷中的渗透液而形成显示痕迹。因这种显像方法，操作简单，在溶剂去除型荧光渗透探伤和着色渗透探伤法中用得最多。本方法与湿式显像法一样随着时间的推移，缺陷显示痕迹会扩散，因此必须注意显示痕迹的大小和形状变化。

③ 干式显像法

干显像法是直接使用干燥的白色显像粉末作为显像剂的一种方法。显像时，直接把白色显像粉末喷洒到试件表面，显像剂附着在试件表面上并从缺陷中吸出渗透度形成显示痕迹。用这种方法，缺陷部位附着的显像剂粒子全部附在渗透剂上，而没有渗透剂的部分就不附着显像剂。因此，显像痕迹不会随着时间的推移发生扩散而能显示出鲜明的图像。这种显像方法在后乳化型荧光渗透探伤和水洗型荧光渗透探伤中用得较多。而着色渗透探伤法，因为显示痕迹的识别性能很差，所以不适于干式显像法。

④ 无显像剂式显像法

无显像剂式显像法是在清洗处理之后，不使用显像剂来形成缺陷显示痕迹的一种方法。它在用高辉度荧光渗透液水洗型荧光渗透探伤法中，或者在把试件加交变应力的同时做渗透探伤显示痕迹的方法中使用。这种方法与干式显像法一样，其缺陷显示痕迹是不会扩散的。

1.2.5.2 渗透检测的安全管理

渗透探伤所用的探伤剂，几乎都是油类可燃性物质。喷罐式探伤剂有时是用强燃性的丙烷气充装的，使用这种探伤剂时，要特别注意防火，它是属于消防法规所规定的危险品，因此，必须遵守有关法规规定的储存和使用要求。

渗透探伤所用的探伤剂一般是无毒或低毒的，但是如果人体直接接触和吸收渗透液、清洗剂等，有时会感到不舒服，会出现头痛和恶心。尤其是在密封的容器内或室内探伤时，容易聚集挥发性的气体和有毒气体，所以必须充分地进行通风。关于有机溶剂的使用，应根据有机溶剂预防中毒的规则，限定工作环境有机溶剂的浓度。

在规定波长范围内的紫外线对眼睛和皮肤是无害的，但必须注意，如果长时间地直接照射眼睛和皮肤，有时会使眼睛疲劳和灼红皮肤；所以在探伤操作时，必须注意眼睛和皮肤的保护。

1.2.5.3 渗透检测的特点

渗透检测具有如下特点：①除了疏松多孔性材料外任何种类的材料，如钢铁材料，有色金属、陶瓷材料和塑料等材料的表面开口缺陷都可以用渗透探伤。②形状复杂的部件也可用渗透探伤，并一次操作就可大致做到全面检测。③同时存在几个方向的缺陷，用一次探伤操作就可完成检测，形状复杂的缺陷，也很容易观察出显示痕迹。④不需要大型的设备，携带式喷罐着色渗透探伤，不需水、电，十分便于现场使用。⑤试件表面光洁度影响大，探伤结果往往容易受操作人员技术的影响。⑥可以检出表面张口的缺陷，但对埋藏缺陷或闭合型的表面缺陷无法检出。⑦检测程序多，速度慢。⑧检测灵敏度比磁粉探伤低。⑨材料较贵、成本较高。⑩有些材料易燃、有毒。

1.2.6 涡流检测

1.2.6.1 涡流检测原理

涡流检测是建立在电磁感应原理基础之上的一种无损检测方法，它适用于导电材料。如果我们把一块导体置于交变磁场之中，在导体中就有感应电流存在，即产生涡流。由于导体自身各种因素(如电导率、磁导率、形状、尺寸和缺陷等)的变化，会导致感应电流的变化，利用这种现象而判知导体性质、状态的检测方法，叫作涡流检测方法。

由涡流所产生的交流磁场也产生磁力线，其磁力线也是随时间而变化，它穿过激磁线圈时又在线圈内感生出空流电。因为这个电流方向与涡流方向相反，结果就与激磁线圈中原来的电流方向相同了。这就是说线圈中的电流由于涡流的反作用而增加了。假如涡流变化，这个增加的部分(反作用电流)也变化。测定这个电流变化，就可以测得涡流的变化，从面可得到试件的信息。涡流的分布及其电流大小，是由线圈的形状和尺寸，交流频率(试验频率)，导体的电导率、磁导率、形状和尺寸，导体与线圈间的距离，以及导体表面缺陷等因素所定的。因此，根据检测到的试件中的涡流，就可以取得关于试件材质、缺陷和形状尺寸等信息。

1.2.6.2 涡流检测方法

涡流检测是把导体接近通有交流电的线圈，由线圈建立交变磁场，该交变磁场通过导体，并与之发生电磁感应作用，在导体内建立涡流。导体中的涡流也会产生自己的磁场，涡流磁场的作用改变了原磁场的强弱，进而导致线圈电压和阻抗的改变。当导体表面或近表面出现缺陷时，将影响到涡流的强度和分布，涡流的变化又引起了检测线圈电压和阻抗的变化，根据这一变化，就可以间接地知道导体内缺陷的存在。

由于试件形状的不同，检测部位的不同，所以检验线圈的形状也接近试件的方式也不尽相同。为了适应各种检测需要，人们设计了各种各样的检测线圈和涡流检测仪器。

（1）检测线圈及其分类

在涡流探伤中，是靠检测线圈来建立交变磁场，把能量传递给被检导体；同时又通过涡流所建立的交变磁场来获得被检测导体中的质量信息。所以说，检测线圈是一种换能器。

检测线圈的形状、尺寸和技术参数对于最终检测是至关重要的。在涡流探伤中，往往是根据被检测的形状、尺寸、材质和质量要求（检测标准）等来选定检测线圈的种类。常用的检测线圈有三类。

① 穿过式线圈

穿过式线圈是将检测测试样放在线圈内进行检测的线圈，适用于管、棒、线材的探伤。由于线圈产生的磁场首先作用在试样外壁，因此检出外壁缺陷的效果较好，内壁缺陷的检测是利用渗透来进行的。一般来说，内壁缺陷检测灵敏度比外壁低。厚壁管材的缺陷是不能使用外穿式线圈来检测出来的。

② 内插式线圈

内插式线圈是放在管子内部进行检测的线圈，专门用来检查厚壁或钻孔内壁的缺陷，也用来检查成套设备中管子的质量，如热交换器管的在役检验。

③ 探头式线圈

探头式线圈是放置在试样表面上进行检测的线圈，它不仅适用于形状简单的板材、板坯、方坯、圆坯、棒材及大直径管材的表面扫描探伤，也适用于形状较复杂的机械零件的检查。与穿过式线圈相比，由于探头式线圈的体积小、场作用范围小，所以适于检出尺寸较小的表面缺陷。

（2）检测线圈的结构

由于使用对象和目的的不同，检测线圈的结构往往不一样。有时检测由 4 只线圈组成，即绝对检测方式；但更多的是由 2 只反相连接的线圈组成，即差动检测方式；有时为了达到某种检测目的，检测线圈还可以由多只线圈串联、并联或相关排列组成。这些线圈有时绕在一个骨架上，即所谓自比较方式；有时则绕在 2 个骨架上，其中一个线圈中放入样品，另一个用来进行实际检测，即所谓他比较方式（或标准比较方式）。

检测线圈的电气连接也不尽相同，有的检测线圈使用一个绕组，既起激励作用又起检测作用，称为自感方式；有的由激励绕组与检测绕组分别绕制，称为互感方式；有的线圈本身就是电路和一个组成部分，称为参数型线圈。

（3）涡流检测显示方式

涡流检测的显示与用途关系很大，一般小型便携式仪器（如裂纹检测仪、测厚仪等）多采用表头显示方式，小巧轻便。在冶金企业中使用的在线涡流检测设备大多采用示波器，记录仪加声、光报警多种显示方法。示波器显示又有时基式、椭圆式和光点式几种，这些显示一般在现场用样件调试设备时使用。其中矢量光点式更多地用于科研及在役设备（如热交换器管道）的检查，以便利用阻抗变化判断伤的大小和深浅；记录仪则可对样件或可疑件留下永久性的显示，以便记录存档；而声光报警则往往是和自动分选配合使用，以便提醒操作人员注意。

1.2.6.3 涡流检测的应用范围

因为涡流检测方法是以电磁感应为基础的检测方法，所以原则上说，所有与电磁感应有关的因素，都可以作为涡流检测方法的检测对象。下面列出的就是影响电磁感应的因素及可能作为涡流检测的应用对象。

①不连续性缺陷：裂纹、夹杂物、材质不均匀等。②电导率：化学成分、硬度、应力、温度、热处理状态等。③磁导率：铁磁性材料的热处理、化学成分、应力、温度等。④试件几何尺寸、形状、大小、膜厚等。⑤被检件与检测线圈之间的距离(提离间隙)、覆盖层厚度等。

1.2.6.4 涡流检测的特点

涡流检测的特点如下：

① 对于金属管、棒、线材的检测，不需要接触，也无需耦合介质，所以检测速度高，易于实现自动化检测，特别适合在线普检。

② 对于表面缺陷的探测灵敏度很高，且在一定范围内具有良好的线性指示，可对大小不同缺陷进行评价，所以可以用作质量管理与控制。

③ 影响涡流的因素很多，如裂纹、材质、尺寸、形状及电导率和磁导率等。采用特定的电路进行处理，可筛选出某一因素而抑制其他因素，由此有可能对上述某一单独影响因素进行有效的检测。

④ 由于检查时不需接触工件又不用耦合介质，所以可进行高温下的检测。由于探头可伸入到远处作业，所以可对工件的狭窄区域及深孔壁(包括管壁)等进行检测。

⑤ 由于采用电信号显示，所以可存储、再现及进行数据比较和处理。

⑥ 涡流探伤的对象必须是导电材料，且由于电磁感应的原因，只适用于检测金属表面缺陷，不适用检测金属材料深层的内部缺陷。

⑦ 金属表面感应的涡流的渗透深度随频率而异，激励频率高时金属表面涡流密度大，随着激励频率的降低，涡流渗透深度增加，但表面涡流密度下降，所以探伤深度与表面检测灵敏度是相互矛盾的，很难两全。当对一种材料进行涡流探伤时，需要根据材质、表面状态、检测标准作综合考虑，然后再确定检测方案与技术参数。

⑧ 采用穿过式线圈进行涡流探伤时，线圈覆盖的是管、棒或线材上一段长度的圆周，获得的信息是整个圆环上影响因素的累积结果，对缺陷所处圆周上的具体位置无法判定。

⑨ 旋转探头式涡流探伤方法可准确探出缺陷位置，灵敏度和分辨率也很高，但检测区域狭小；在检验材料需作全面扫查时，检验速度较慢。

⑩ 涡流探伤至今还是处于当量比较检测阶段，对缺陷作出准确的定性定量判断尚待开发。

1.2.7 声发射检测

声发射是一种常见的物理现象。20世纪50年代初，德国人Kaiser对多种金属材料的声发射现象进行了详尽研究并发现了声发射不可逆效应Kaiser效应，即声发射现象仅在第一次加载时产生，第二次加载及以后各次加载所产生的声发射变得微不足道，除非后来所加外应力超过前面各次加载的最大值。这一效应在工业上得到广泛应用成为用声发射技术监测结构完整性的依据。随着计算机和信号处理技术的迅速发展，声发射技术已日趋成熟，声发射技术应用范围已覆盖航空、航天、石油化工、铁路、汽车、建筑、电力等几乎国民经济的所有领域。

1.2.7.1　声发射检测的原理

声发射是指物体在受到形变或外界作用时，因迅速释放弹性能量而产生瞬态应力波的一种物理现象。各种材料声发射的频率范围很宽，从次声频、声频到超声频，所以，声发射也称为应力波发射。声发射是一种常见的物理现象，如果释放的应变能足够大，就产生可以听得见的声音。如折断树枝，就可以听见噼啪声。大多数金属材料塑性变形和断裂时也有声发射产生，但声发射信号的强度很弱，人耳不能直接听见，需要借助灵敏的电子仪器才能检测出来。用仪器检测、分析声发射信号和利用声发射信号推断声发射源的技术称为声发射技术。

声发射检测是一种动态无损检测方法，即：使构件或材料的内部结构、缺陷或潜在缺陷处在运动变化的过程中进行无损检测。因此，裂纹等缺陷在检测中主动参与了检测过程。如果裂纹等缺陷处于静止状态，没有变化和扩展，就没有声发射产生，也就不可能实现声发射检测。而且由于声发射信号来自缺陷本身，因此，可用声发射法判断缺陷的严重性。

声发射检测到的是一些电信号，根据这些电信号来解释结构内部的缺陷变化往往比较复杂，需要丰富的知识和其他试验手段的配合。另一方面，声发射检测环境常常有强的噪声干涉，虽然声发射技术中已有多种排除噪声的方法，但在某些情况下还会使声发射技术的应用受到限制。

1.2.7.2　声发射检测仪器

声发射仪器可分为两种基本类型，即单通道声发射检测仪和多通道声发射源定位和分析系统。单通道声发射检测仪一般由换能器、前置放大器、衰减器、主放大器门槛电路、声发射率计数器以及数模转换器组成。多通道的声发射检测系统则是在单通道的基础上增加了数字测定系统以及计算机数据处理和外围显示系统。

（1）换能器

声发射装置使用的换能器与超声波检测的换能器相似，也是由壳体、保护膜、压电元件、阻尼块、连接导线及高频插座组成。压电元件通常使用锆钛铅、钛酸钡和铌酸锂等。但一般灵敏度比超声波换能器的灵敏度要高。

裂纹形成和扩展发出的声发射信号由换能器将弹性波变成电信号输入前置放大器。

（2）前置放大器

声发射信号经换能器转换成电信号，其输出可低至十几微伏，这样微弱的信号若经过长电缆输送，可能无法分辨出信号和噪声。设置低噪前置放大器其目的是为了增大信噪比，增加微弱信号的抗干扰能力，前置放大器的增益为 40～60dB。

（3）滤波器

声发射信号是宽频谱的信号，频率范围可从几赫兹到几兆赫兹，为了消除噪声，选择需要的频率范围来检测声发射信号，目前一般选样的频率范围为 60kHz～2MHz。

（4）主放大器和阈值整形器

信号经前述处理之后，再经过主放大器放大，整个系统的增益可达到 80～100dB。为了剔除背景噪声，设置适当的阈值电压，低于阈值电压的噪声被割除，高于阈值电压的信号则经数据处理，形成脉冲信号，包括振铃脉冲和事件脉冲。

（5）信号计数

声发射信号的计数包括事件计数和振铃计数。一个突发信号波形进行包络检波后，信号电压超过了设定的阈值电压后形成一个矩形脉冲，一个矩形脉冲叫一个事件，这些事件脉冲数就是事件计数。单位时间的事件计数称为事件计数率，其计数的累积就称为事件总数。

当振铃波形超过这个阈值电压时，超过的部分就形成矩形脉冲，对这些矩形脉冲计数就是振铃计数。单位时间的振铃计数称为声发射率，累加起来称为振铃总数。

1.2.7.3　声发射检测技术的应用

声发射检测方法在许多方面不同于其他常规无损检测方法，其优点主要表现为：

① 声发射是一种动态检验方法，声发射探测到的能量来自被测试物体本身，而不是像超声或射线探伤方法一样由无损检测仪器提供；

② 声发射检测方法对线性缺陷较为敏感，它能探测到在外加结构应力下些缺陷的活动情况，稳定的缺陷不产生声发射信号；

③ 在一次试验过程中，声发射检验能够整体探测和评价整个结构中活性缺陷的状态；

④ 可提供活性缺陷随载荷、时间、温度等参量而变化的实时或连续信息，因而适用于工业过程在线监控及早期或临近破坏预报；

⑤ 适用于其他方法难于或不能接近环境下的检测，如高低温、核辐射、易燃、易爆及极毒等环境；

⑥ 对于在用设备的定期检验，声发射检验方法可以缩短检验的停产时间或者不需要停产；

⑦ 对于设备的加载试验，声发射检验方法可以预防由未知不连续缺陷引起系统的灾难性失效和限定系统的最高工作载荷；

⑧ 由于对构件的几何形状不敏感，而适于检测其他方法受到限制的形状复杂的构件。

由于声发射技术具有上述优点，所以被广泛应用，其主要应用领域包括以下几个方面：

（1）压力容器的声发射检测

压力容器的声发射检测包括新制造压力容器承压试验时的声发射监测、在用压力容器的声发射检测和缺陷评价、压力容器工作状态下的声发射在线监测和安全评价。由于我国在20世纪70年代投入使用的压力容器绝大部分存在各种各样的焊接缺陷，在定期检验过程中对采用超声波和射线方法发现的大量超标缺陷的处理十分困难，如全部返修工程造价甚至与更新的费用差不多，而采用声发射检测可以快速发现这些超标缺陷中存在的活性缺陷，仅需对这些活性缺陷进行返修处理，压力容器即可重新投入使用。另外，压力容器在运行过程中，许多到了检验周期但由于生产工艺的需要不能停产，而声发射技术是目前较成熟的在线无损检测方法，采用声发射进行在线监测，可以对压力容器的安全性进行评价，从而决定是否延长压力容器的使用周期。

声发射技术和大量的科研成果在我国压力容器检测中成功的推广和应用，一方面及时排除了大量带缺陷运行的压力容器的爆炸隐患，降低了恶性事故的发生，确保了这些压力容器的安全运行，取得了重大的社会效益，另一方面，声发射检测大大缩短了压力容器的停产检验时间，并减少了盲目返修和报废压力容器所带来的损失，为广大压力容器用户带来了巨大的经济效益，这种检验方法深受广大压力容器用户的欢迎。

（2）大型常压储罐的声发射检测

声发射检测技术是目前世界上唯一一种适用于对大型常压储罐底部腐蚀与泄漏进行在线检测的技术，它在美国和欧盟已得到大量应用。近几年，我国东北石油大学、合肥通用机械研究所和中国特种设备检测研究中心已分别引进了专用的传感器和检测分析软件，开展了大型油罐罐底腐蚀与泄漏声发射在线检测研究与应用工作，研究了油罐罐底腐蚀与泄漏的声发射信号特征，进行了 100 多台油罐的检测应用，取得了初步的成功。

（3）复合材料的声发射特性研究

声发射技术目前已成为研究复合材料断裂机理和检测复合材料压力容器的重要方法。中科院沈阳金属所、航空 621 所、航天 703 所和 44 所在这些领域做了大量工作，尤其是 44 所做了大量复合材料压力容器的声发射检测，并起草了内部的检测与评价标准。目前采用声发射技术已能检测每根碳纤维或玻璃纤维丝束的断裂及丝束断裂载荷的分布，从而评价它们的质量。声发射技术还可以区分复合材料层板不同阶段的断裂特性，如基体开裂、纤维与基体界面开裂、分层和纤维断裂。另外，我国也有采用声发射技术研究碳纤维增强聚酰亚胺复合材料升温固化的特性。

（4）声发射信号的处理技术

声发射检测的最主要目的之一是识别产生声发射源的部位和性质，而声发射信号的处理是解决这一问题的唯一途径。在声发射信号的处理和分析方面，除大家普遍常用经典声发射信号参数和定位分析之外，我国目前开展了处于世界前沿的基于波形分析基础之上的模态分析、经典谱分析、现代谱分析、小波分析和人工神经网络模式识别，另外也对声发射信号参数采用了模式识别、灰色关联分析和模糊分析等先进的技术，我国还自主开发了进行各种信号分析和模式识别的软件包。通过采用这些信号处理与分析技术，可以在不对声发射源部位进行其他常规无损检测方法复验的情况下，直接给出声发射源的性质及危险程度。

（5）在机械制造过程中的监控应用

声发射应用于机械制造过程或机加工过程的监控始于 20 世纪 70 年代末，我国在这一领域起步早、发展快。早在 1986 年国防科技大学等单位就进行了用声发射监测机加工刀具磨损的研究工作。一些单位已研制成功车刀破损监测系统和钻头折断报警系统，前者的检测准确率高达 99%。根据刀具与工件接触时挤压和摩擦产生声发射的原理，我国还成功研制出了高精度声发射对刀装置，用以保证配合件的加工精度。20 世纪 90 年代，有些部门已开始用人工神经网络进行刀具状态监控、切削形态识别与控制以及磨削接触与砂轮磨损监测等。

（6）泄漏监测

带压力流体介质的泄漏检测是声发射技术应用的一个重要方面，国家质量监督检验检疫总局锅炉压力容器检测研究中心、武汉安全环保研究院和清华大学无损检测中心在国家"八五"和"九五"期间合作对压力容器和压力管道气、液介质泄漏的声发射检测技术进行了研究，取得的科研成果目前已在一些石化企业的原油加热炉和城市埋地燃气管道的泄漏监测得到成功应用。核工业总公司武汉核动力运行研究所，于 20 世纪 90 年代中期从美国进口了36 通道声发射泄漏检测仪器，专门用于我国核电站的泄漏检测，目前已进行了大量研究和应用工作。国家质量监督检验检疫总局锅炉压力容器检测研究中心和东北石油大学也分别开展了大型油罐底部声发射泄漏检测的研究和应用工作，初步取得了成功。

1.3　防腐蚀管理

防腐蚀设计必须符合国家有关规范、规程和标准。应综合考虑各种防腐蚀技术措施（如采用先进的工艺防腐蚀技术及设施、选用耐蚀材料、加注防腐蚀药剂、实施电化学保护、涂料防腐以及设置防腐蚀衬里等），并且对所选择的方案进行技术经济评价，达到经济、合理、有效、可行的目的。

设备选材时，要充分考虑工艺介质的腐蚀特性、流动状态、温度、压力及设备的应力状况、冲击载荷等因素。高含硫、高酸值原油加工装置按 SH/T 3096《高硫原油加工装置设备和管道设计选材导则》和 SH/T 3129《加工高酸原油装置设备和管道设计选材导则》进行选材。

在设备结构设计时，充分考虑结构对腐蚀的影响，避免设计不合理造成设备腐蚀。结合实际情况，采用涂料防腐、安装牺牲阳极块，或两者相结合的防腐方式，减缓水冷器腐蚀。水冷器防腐施工执行《水冷器防腐蚀施工管理要求》。

对于新建、扩建装置和技术改造项目，在工程设计与设备技术方案、工艺防腐蚀技术方案选择中，要充分考虑腐蚀对装置长周期、安全运行的影响，采用先进的工艺防腐蚀技术及设施，合理选材、用材到位。

对于在用装置，要结合原料腐蚀介质含量分析和日常监测结果，对材料等级较低，已经不能适应当前加工油品腐蚀性要求的装置和系统，重新设计选材，开展材质升级工作。

1.3.1　腐蚀监检测管理

对于腐蚀监检测管理，需明确进厂化工原材料腐蚀介质检测分析的内容、标准和频次，对原油应进行含硫量、含盐量、酸值、含氮量和重金属含量等指标的检测分析，根据分析结果及时调整工艺防腐蚀方案。

对工艺流程中反映设备腐蚀程度及介质腐蚀性的参数(如铁离子含量、氯离子含量、硫化氢含量、pH 值、露点温度等)进行定期分析，并根据分析结果及时调整工艺操作。

应建立硫化氢等关键性腐蚀介质沿工艺流程的分布档案，尤其是对部分用高强钢材料制造且介质中硫化氢含量较高的设备，每月至少进行一次硫化氢含量的采样分析及数据统计。进入球罐的液化石油气等介质中，硫化氢含量不得大于设计规定指标。

腐蚀较为严重的装置要根据腐蚀介质沿工艺流程分布规律，对腐蚀隐患部位进行充分识别，建立腐蚀监测网络，有针对性地开展腐蚀检查和监测工作。对于易发生腐蚀、可能会对生产和安全带来严重影响的设备、管道，要设置固定监测点，由专门人员定期进行监测。监测可采用化学分析、挂片、探针、测厚等方法。要根据实际情况，组织编制腐蚀监测布点方案和布点图，建立监测台账；及时对采集的数据进行整理、归纳，形成系统、完整的监测数据库；并通过分析腐蚀状况、计算腐蚀速率，科学、及时地调整设点位置与测厚频次。

1.3.2　腐蚀调查分析管理

装置停工检修时，应编制腐蚀检查方案，并由专业人员组成腐蚀检查小组，对设备的腐蚀状况进行详细调查，并写出腐蚀检查技术报告。日常生产中，如设备因腐蚀出现明显减薄或发生泄漏，应立即组织腐蚀调查与分析，采取措施，避免腐蚀的进一步恶化。且设备腐蚀调查分析报告应纳入设备技术档案中进行管理。

要积极采取工艺防腐蚀措施，减缓设备腐蚀。主要包括以下内容：脱除引起设备腐蚀的某些介质组分，如炼油生产中的脱盐、脱硫，蒸汽生产中的除氧等；加入减轻或抑制腐蚀的缓蚀剂、中和剂，加入能减轻或抑制腐蚀的第三组分；选择并维持能减轻或防止腐蚀发生的工艺条件，即适宜的温度、压力、组分比例、pH 值、流速等；其他能减缓和抑制腐蚀的工艺技术。

应根据有关规定及本单位具体情况确定工艺防腐蚀的部位、操作参数和技术控制指标，按要求严格执行。工艺防腐蚀的主要控制指标纳入生产工艺平稳率考核。每月检查工艺技术规程、岗位操作法、工艺卡片等技术文件中有关防腐蚀措施的执行情况，加强防腐蚀日常管理，及时解决工艺防腐蚀措施在操作过程中产生的问题。工艺防腐蚀措施必须与装置开停工同步进行。对于已有的工艺防腐蚀措施不得随意变更。确需变更的，变更方案经审批后方可实施。

根据规定选用能满足防腐蚀技术要求的药剂(如破乳剂、缓蚀剂、中和剂等)，每月要对防腐蚀药剂使用的情况进行检查，及时调整工艺操作指标或防腐蚀药剂，按标准严格进行药剂质量检验工作，防止不合格药剂进入生产装置。

1.3.3 防腐设施管理

加强对防腐注剂设施、防腐蚀监检测设施的维护管理，保证防腐设施完好，防腐措施能够有效实施。在装置停工时，应严格按照工艺技术规程，对含腐蚀性介质的设备进行必要的清洗、中和、钝化等处理，以防止设备腐蚀。在检修及停工过程中，应对已有的设备防腐蚀措施(如衬里、涂料等)采取妥善的保护措施，防止造成损坏。

凡采用防腐蚀措施的设备，使用单位要严格按照操作规程进行操作。当工艺条件发生变化时，要采取相应措施，防止设备防腐蚀措施失效。

防腐施工项目包括：

(1) 表面涂料防腐；
(2) 防腐衬里施工；
(3) 金属喷涂；
(4) 化学镀；
(5) 化学清洗；
(6) 电化学保护。

防腐项目施工前要编制施工技术方案，严格按相关程序和质量标准施工；在关键质量控制点实行停点检查，项目完工进行竣工质量验收，以确保施工质量和使用性能。设备及构筑物外防腐刷漆、设备金属热喷涂施工，至少满足5年的质量保证期要求。

非金属防腐蚀衬里的维护检修，执行 SHS 03058《化工设备非金属防腐蚀衬里维护检修规程》。外表面防腐，执行 SHS 01034《设备及管道油漆检修规程》。金属热喷涂执行《热喷涂金属和其他无机覆盖层 锌、铝及其合金》。

1.3.4 定点测厚

为规范设备及管线定点测厚工作，及时发现和消除因腐蚀引起的事故隐患，须明确定点测厚负责人，落实岗位责任制。

1.3.4.1 测厚基础资料管理

(1) 以装置为单位建立测厚计划台账、测厚点台账、测厚管线单线图。测点规格必须与现场一致，准确无误。各厂所属装置测厚点编号规则必须统一。

(2) 提供给检测单位的单线图(电子版)上要求有测点位置、编号的明确标注，与台账一一对应。并在现场测点位置进行标注。

(3) 依据《加工高硫原油装置设备及管道测厚管理规定》及装置实际情况，确定测点位置，及时调整测厚频次。

1.3.4.2 测厚数据管理

（1）要求前后两次测厚结果相差±10%以上，测厚人员必须现场复测核实数据，检测报告交到生产厂后，生产厂要求对相差±10%以上的数据请防腐中心或其他有资质的单位进行复测，录入到软件中的测厚数据必须保证其准确有效性。

（2）测厚人员在检测中发现减薄量大于等于50%的管线必须立即通知厂测厚负责人及运行保障中心，运行保障中心在核实测厚结果后，以通知单的形式正式通知设备管线所属单位。

（3）检测单位每完成一个装置的测厚工作后，联系所属单位测厚负责人进行现场测厚记录数据的初步确认，对有疑问的测厚点进行复测。

（4）装置测厚完成后15日内，检测单位提交给设备管线所属单位电子版测厚报告，30日内提供正式书面测厚报告。

（5）检测单位提供的测厚报告必须附管线单线图或设备简图，标注有测厚点位置。

（6）对定点测厚软件要及时维护，录入准确的管道信息、测厚点信息，收到电子版测厚报告后10日内完成测厚数据录入工作。

（7）要及时对测厚结果进行分析，在防腐月报中体现，对明显减薄的管线经复测核实无误后，核算剩余寿命，制定应对措施。

1.3.4.3 检测盒管理

（1）装置现场的检测盒必须规范，满足检测的需求，各单位对不符合要求的检测盒应进行整改。

（2）测厚完成后，现场的检测盒内保温棉、检测盒盖应及时恢复，满足绝热要求，保持现场环境整洁。

质量检查确认见表1.3-1。

表1.3-1　防腐工程施工质量检查确认表

项目编号：　　　　　　　　　　　　　　　　　　　　　　　　工单号：

项目名称		
施工内容		
施工单位	全称：	证书号：
质量检查验收 程序及标准	1.	确认人：
	2.	确认人：
	3.	确认人：
	4.	确认人：
	5.	确认人：
验收结论		确认人：

注：1. 质量检查验收程序及标准一栏由施工单位代表、二级单位设备管理部门和公司设备管理部门相关管理人员签字确认。

2. 验收结论一栏由二级单位设备管理部门和公司设备管理部门相关管理人员签字确认。

1.3.5 碳钢水冷器防腐蚀施工

为加强水冷器防腐蚀施工管理，保障施工质量，切实做好设备防腐蚀工作，根据相关国家标准和规定，对水冷器防腐措施的选择、防腐涂料的选择、牺牲阳极的计算、防腐涂层施工与验收等进行规范要求。

新水冷器的防腐方案应由设计部门提出方案。更新水冷器在选择水冷器防腐方案时，应根据设备的工作参数、循环水质状况、腐蚀程度、成本等综合考虑，由使用单位和设计部门协商提出。

根据现有各防腐方案的应用状况及经验，对于管束内、外表面采用适合介质工况的防腐涂料，在能够保证质量要求的情况下也可考虑采用 Ni-P 镀的防腐方案。同时建议对于水冷器管箱及浮头应同时辅以阴极保护，安装阳极块。

施工单位具备防腐施工资质及一定的工程业绩。涂料要有出厂合格证及出厂日期，技术指标应与其提供的技术性能参数一致。涂料质量保证不低于 4 年，同时进行检查确认。

涂料涂装前表面处理、涂装施工过程中的每道工序都应有停检点。停检点及涂层的最终质量检查，制造单位提供各道工序停点检查确认表。检查表见表 1.3-2。

表 1.3-2　碳钢水冷器防腐施工表面处理检查表

设备名称		规格型号			换热面积		
管程				壳程			
介质	温度	压力		介质	温度		压力
设备表面处理前状况							
表面处理方法							
设备表面处理后状况							
肉眼观察							
白色纱布拉检							
内窥镜检查	1						
	2						
	3						
样管抽检							
修补记录							
检查单位(人员)							
检查日期							
备注							

1.3.5.1 涂装前的表面处理及检验

（1）表面处理

为增加防腐涂层的结合力，涂装前必须进行严格的表面处理，包括除油污，除锈等。管内涂装前的除锈可采用喷砂或喷丸处理，管外涂装与 U 形管内、外涂装前的除锈可采用化学清洗的方法。

经表面处理后，水冷器表面应全部去除氧化皮和锈，并且应无油、无锈，干燥，露出金属本色，其标准要达到 GB/T 8923.1—2011《涂覆涂料前钢材表面处理 表面清洁度的目视评定 第 1 部分：未涂覆过的钢材表面和全面清除原有涂层后的钢材表面的锈蚀等级和处理等级》、GB 50727—2011《工业设备及管道防腐蚀工程施工质量验收规范》规定的相关要求。

（2）喷砂处理

① 喷砂或喷丸处理前，为除油污干燥，冷却器应进行烘干；

② 烘干后应对冷却器管子用压缩气吹扫；

③ 采用石英砂粒度为 1.5~3mm，使用前要晒干或烘干，含水量≤5%；

④ 凡施工所用的压缩空气，必须经过滤器进行去水除油处理；

⑤ 喷砂风压缩控制在 0.49~0.59MPa；

⑥ 喷砂喷嘴孔径以 6~12mm 为宜，易用陶瓷喷嘴，管束单根喷砂时间，以管子长度而定，25mm×6000mm 的管喷砂时间不少于 30s，管束应两头喷，喷砂时应注意保护密封面；

⑦ 喷砂后应用压缩空气吹扫粉尘。喷砂除锈，应做到无锈，应露出金属本色。

（3）化学清洗

① 根据工件的油污程度，选好碱洗液。碱洗温度控制为 75~80℃，碱洗时间 1h。

② 碱洗完毕后，退净碱液，用清水冲洗除碱。

③ 将无油污的工件吊入酸洗池浸泡，温度 30~50℃，时间 1h。

④ 酸洗后用常温水冲洗。

⑤ 将经上述操作后的工件吊入钝化池浸泡，温度 30~40℃，时间 30min。

⑥ 钝化合格后的工件进行烘干处理。

（4）表面处理质量现场检查：

① 肉眼观察：表面应无油、无锈，干燥，露出金属本色。

② 洁净白色纱布拉检：洁净白布从管束一端进入由另一端拉出，以白布洁净为标准。

③ 随机抽样管束≥5%，采用内窥镜等检查管子内壁的表面处理质量，检测不合格时应全部重新处理。

④ 必要时，可采取样管抽检。

1.3.5.2 涂装施工

（1）涂装前的准备

① 环境温度为 15~35℃；涂装环境湿度应小于 85%。施工现场应保持清洁、无粉尘，通风良好，并应防雨、防火、防暴晒，有条件的应在装有排风机的室内进行。

② 涂料应在有效期内使用，储藏期超过一年，必须经检验合格后方准使用。

③ 冷却器涂装前，应根据施工环境、工件特点、涂料、溶剂等情况，先通过样板进行试验，选定适宜的施工方案与涂料黏度。

（2）涂装

① 每涂装一道后，管端和两侧管板，必须用毛刷、刮刀修整，要确保管板漆膜完整、光滑、平整，与密封面平齐，必要时最后一道完成后，用刮刀修平，用喷枪补喷。

② 每工件涂装底漆两道，面漆四道。可根据要求增减。

③ 应根据不同的涂装及工艺情况，决定不同的固化升温曲线，控制固化工艺，确保涂层质量。

④ 涂装后，涂层表面光滑、平整、无滴痕、无流淌、无毛刺、无起泡、无龟裂，涂层总厚度达到相应的规定。

（3）涂层质量现场检查

① 第一道底漆，需检查漆膜有无漏涂现象，待第一道漆固化后，采用漆膜探伤仪检测。对其抽查≥2%（管束），如有漏涂处应扩大检测范围并采取补救措施。

② 每道漆涂装固化后，需用内孔漆膜测厚仪检查漆膜厚度。每台水冷器随即抽测管束≥3%，在水冷器一侧上、下、左、右、中部任意测若干根，每根管测三个截面，每个截面测上、左、右三点，取其平均值。若不合格，下几道涂装时，需适当调整工艺。

③ 每道漆涂装后，需宏观检测管板表面状况。

④ 施工过程中应随时测定黏度，以保证漆膜厚度，并作好记录。检查见表 1.3-3。

表 1.3-3　碳钢水冷器涂装施工过程检查

设备名称			规格型号			换热面积		
管程				壳程				
介质		温度		压力	介质		温度	压力
设备涂装前表面状况								
环境温度					环境湿度			
施工环境清洁程度								
防腐涂料名称					生产厂家			
涂敷工艺					施工日期			
工序名称								
涂装过程检查情况								
第一层底漆	宏观检查							
	漆膜探伤仪检测							
	测定漆膜厚度/μm	上						
		下						
		左						
		右						
		中						
	结论							
修补记录								
检查单位(人员)								
检查日期								
备注								

（4）最终涂层检查

① 宏观检查：涂层表面光滑、平整、无滴痕、无流淌、无毛刺、无起泡、无龟裂。

② 经涂层探伤仪检查无漏涂、针孔。

③ 涂层固化程度检查：用蘸有专用溶剂的棉团对水冷器两端管板分上、下、左、右、中 5 个部位反复擦拭，以棉团不变色为准。

④ 涂层附着力检查：应采用平行样板或等长度平行样管进行检测，也可对管板局部应划格法检查。

⑤ 涂层厚度测量：检测干膜厚度，达到 GB/T 13452.2—2008《色漆和清漆 漆膜厚度的测定》标准。管束内漆膜可采用内孔漆膜测厚仪随机抽查 5% 的管束。TH-847 系列涂料要求涂层总厚度（200±50）μm；TH-901 涂料要求涂层厚度为 150~250μm；Ni-P 镀镀层厚度为 30~50μm。

碳钢水冷器防腐涂层质量验收表见表 1.3-4。

表 1.3-4 碳钢水冷器防腐涂层质量验收表

设备名称				规格型号			换热面积	
管程					壳程			
	介质	温度	压力		介质	温度		压力
	设备涂装前表面状况				涂装后表面状况			
防腐涂料名称					生产厂家			
涂敷工艺					施工日期			
涂层质量检测情况								
宏观检查								
涂层厚度检测	序号		测定漆膜厚度（微米）			结论		
	固化程度检测							
	附着力检测							
	平行样管检测							
	修补记录							
	验收单位（人员）							
	验收日期							
	备注							

1.3.5.3 涂层维护

（1）涂层水冷器吊运安装应避免碰撞、敲击。吊运时要采用软绳，管束起吊时要用保护托架，着地时要用道木铺垫。一旦发生涂层机械损伤，及时进行现场修复。

（2）水冷器封头安装时，应注意保护漆膜不受损伤。

（3）水冷器操作运行时，控制其工艺参数，以避免超温造成的涂层破坏。

（4）停工检修时，严格禁止用蒸汽吹扫涂层（水侧）。

1.3.5.4 阴极保护防腐方案

（1）水冷器管箱及浮头应辅以阴极保护。由于有防爆防火要求，一般不采用外加电流阴极保护，而采用牺牲阳极保护。

（2）牺牲阳极的设计及计算，按照 GB/T 21448—2017《埋地钢质管道阴极保护技术规范》和 SY/T 0029—2012《埋地钢质检查片应用技术规范》等标准进行设计和计算。

（3）牺牲阳极块的布局与安装：阳极布局的原则为不能影响管程介质的流速。阳极前端与管板间距要小于阳极之间及阳极与封头内表面的距离，为达到更有效的保护，阳极平面布局要尽量均匀。按照布局原则，把阳极块均匀地安装在水冷却器两端(管程箱一侧、浮头)。

（4）牺牲阳极应与涂层结合使用。

1.3.6 热喷涂铝及铝合金涂层施工管理

随着炼油生产装置加工原油的劣质化程度不断加深，在炼油及下游生产装置、储运系统主要设备上越来越多的采用热喷涂铝及铝合金涂层作为腐蚀防护措施。

所属设备热喷涂铝及铝合金涂层施工项目均要求编制施工技术方案，明确对铝及铝合金涂层厚度的要求、选用的封闭涂料类型等，确定质量检查的停检点和施工质量验收标准。

设备热喷涂铝及铝合金涂层施工至少应包括以下工序：

（1）基材表面处理

① 清理器壁在使用过程中产生的结垢产物。

② 清理基材表面油污，用棉布蘸取丙酮擦拭油污，特别是焊缝部位。

③ 器壁表面机械喷砂除锈，达到涂层防腐所需的洁净度、粗糙度。

（2）金属喷涂

① 喷涂用铝材(丝)至少应满足 GB/T 3190 中 L2 的要求，含铝量达到 99.5% 以上。

② 喷涂必须在环境大气高于 5℃ 或金属壁温至少比大气露点高 3℃ 的条件下实施。

③ 电弧喷涂和火焰喷涂使用的线材表面应清洁，与喷嘴及燃烧嘴直径相吻合，具有适当的硬度，表面不能附有油脂及污物等。

④ 金属铝涂层宽度根据丝材直径及喷枪喷嘴直径决定，但必须保证每道压边宽度为金属铝涂层宽度的三分之一。

⑤ 与器壁相焊的支承件、连接件等部位要考虑单独做处理。

（3）涂料封闭

根据实际情况选用涂料封闭喷铝层，在喷铝层表面涂刷两遍选定的涂料。

质量检查和验收标准如下：

（1）表面喷砂除锈达到 GB/T 8923.1~4《涂装前钢材表面处理》Sa2.5 级标准。

（2）经喷砂后的基材表面应干燥、无灰尘、无油污、无氧化皮、无锈迹，有足够的粗糙度以保证涂层的结合强度。

（3）铝及铝合金涂层表面应均匀，不能有起皮、鼓泡、粗颗粒、裂纹、掉块及影响使用的缺陷。

（4）采用磁性测厚仪测量是否达到施工方案中规定的厚度要求。

（5）用栅格试验法检查铝及铝合金涂层的结合性能，在方格切样内不能出现涂层与基层剥离的现象。

（6）封闭涂料厚度应均匀，无漏涂、无起皮、无皱褶、无滴坠等情况。

要对铝及铝合金涂层的检查、测厚结果作好记录并做好验收确认工作，使用单位要对防腐蚀效果进行跟踪评价，将其作为对施工单位的考评依据之一。

1.4 设备事故管理

1.4.1 设备故障管理

依据设备的重要程度和故障引发的后果，对设备故障实行分级管理。所有的设备故障均要求在 ERP 系统中建立通知单，对通知单中的内容进行逐项填写、完善。

关键设备故障、重复发生的设备故障，按《典型设备失效案例分析与改进表》的内容及有关要求，进行故障的分析、处理和改进效果的评价工作。对引起装置非计划停工或系统降量的设备故障，要求从工艺运行、设备维护管理、结构设计、制造及备件质量等方面进行全面分析核查，编写并上报详细的故障分析报告，同时按《典型设备失效案例分析与改进表》进行改进效果评价。要建立健全设备故障档案，对故障发生前后的操作、监测数据、各种记录、图表、图片要及时进行备份，为后续的原因分析和故障诊断工作保存有效的基础资料。在此之上，要建立设备故障台账，对设备故障率每月进行统计分析，找出共性问题，制定改进措施。

要建立关键设备的故障台账，对关键设备故障和上报生产指挥中心的设备故障进行统计，落实改进措施。对设备原因引起的装置非计划停工，组织技术分析和调查、处理，对重大设备隐患问题开展技术攻关。对于设备故障管理，其顺序是：执行故障处理—原因分析—改进措施落实—效果跟踪的闭环管理模式。其目的是通过总结经验和教训，不断降低故障率，延长设备的连续运行时间、提高设备的运行可靠性。对于影响装置、系统连续运行和生产负荷的关键设备故障在各单位制定并落实处理措施的基础上，由公司机械动力部进行最终的改进效果评价；一般设备故障由各单位运行保障部进行最终的改进效果评价。

每月至少对故障改进效果进行一次清查，存在遗留问题的要继续进行改进确认；公司机械动力部每季度对各单位故障改进的执行情况进行检查。

要建立起及时、有效的信息沟通，及时消除备件质量、材料缺陷和制造质量等相关方面的故障隐患，并针对因供货质量造成的设备故障，建立对供应商的追溯与考核机制。要在设备技术月报中对发生的设备故障进行统计分析，并对已实施的改进措施进行效果评估。在年度设备管理工作总结中，要对本年度发生的设备故障进行专项总结，并对改进措施的实施效果进行年度评估，提出今后工作的方向和目标。台账见表 1.4-1。

表 1.4-1 设备故障台账

单位名称：　　　　　　　　　　　　　　　　　　　　　　　装置名称：

序号	设备名称及位号	故障开始时间	故障结束时间	故障原因	处理措施

填报人：　　　　　　　　　　　　　　　　　　　　　　　　填报

1.4.2 设备事故与分类

凡能引起人身伤害、导致生产中断或国家财产损失的事件，都叫事故。为了方便管理，按其性质的不同事故可分为九类。

（1）生产事故

在生产过程中，由于违反工艺规程、岗位操作法或操作不当等原因，造成原料、半成品或成品损失的事故，称为生产事故。

（2）设备事故

化工生产装置、动力机械、电气及仪表装置、运输设备、管道、建筑物、构筑物等，由于各种原因造成损坏、损失或减产等事故，称为设备事故。

（3）火灾事故

凡发生着火，造成财产损失或人员伤亡的事故，称为火灾事故。

（4）爆炸事故

凡因发生化学性或物理性爆炸，造成财产损失或人员伤亡的事故，称为爆炸事故。

（5）工伤事故

企业在册职工在生产活动所涉及的区域内，由于生产过程中存在的危险因素的影响，突然使人体组织受到损伤或使某些器官失去正常机能，以致受伤人员立即中断工作，经医务部门诊断，需要休息一个工作日以上者，称为工伤事故，也称伤亡事故。

（6）质量事故

凡产品或半成品不符合国家或企业规定的质量标准；基建工程不按设计施工或工程质量不符合设计要求；机、电设备检修质量不符合要求；原料或产品因保管不善或包装不良而变质；采购的原材料不符合规格要求而造成损失，影响生产或检修计划的完成等，均为质量事故。

（7）交通事故

凡因违反交通运输规程或由于其他原因，造成车辆损失、人员伤亡和其他财产损失的事故，叫作交通事故。

（8）其他事故

凡属外界原因影响或客观上未认识到以及自然灾害而发生的各种不可抗拒的灾害性事故（如地震），称之为其他事故。

（9）未遂事故

凡因操作不当或其他原因而构成发生重大事故的条件，足以酿成灾害性事故，但侥幸未成事实的事故，或因发现及时，处理得当，得以避免的重大恶性事故，称为未遂事故。

1.4.3 设备事故管理

安全部门主管人身事故、火灾事故、爆炸事故的调查、处理、统计和报告，并负责对这些事故的汇总、统计、分析和上报。机动部门主管设备事故（包括检修质量和备品备件的质量）的调查、处理、统计和报告。

生产调度和技术部门主管生产事故（包括非计划停车）的调查、处理、统计和报告。保卫部门主管交通事故和人为破坏事故的调查、处理、统计和报告。质量管理和质量检查部门主管质量事故的调查、处理、统计和报告。未遂事故，按事故性质分别由各主管业务部门负责调查、处理，统计和报告。发生事故的单位必须作好事故记录。事故记录应详细记载发生事故的时间地点经过、受伤者、损失、事故分析、处理过程、采取措施及今后应注意的问题等。

（1）事故等级

按事故危害程度的不同把事故分为四个等级：重大事故、一般事故、轻微事故和重大未遂事故。

凡构成下列条件之一者为重大事故：①死亡1人以上（含1人）或重伤1人以上（含1人）者。②一次事故同时3人以上受轻伤的。③一次事故造成直接经济损失在4000元以上（含4000元）者。④一次事故造成1个生产装置停产，影响日产量50%以上（含50%）者。⑤一次事故造成2个生产装置停产，影响日产量25%以上（含25%）者或造成3个以上（含3个）装置停产者。

凡构成下列条件之一者为一般事故：①一次事故造成1人以上（含1人）轻伤或同时轻微受伤3人以上（含3人）者。②一次事故造成直接经济损失在800元到4000元者。③一次事故造成1个生产装置停产，影响日产量的10%以上（含10%）者。④一次事故造成2个生产装置停产，影响日产量5%以上（含5%）者。⑤除急性中毒造成死亡或丧失劳动能力外，一般急性中毒均为轻伤事故。

凡符合下列条件之一者为轻微事故：①一次事故造成1人或5人轻微受伤者。②一次事故造成直接经济损失在50元到800元者。

凡符合下列条件之一者为重大恶性未遂事故：①由于偶然情况，虽构成死亡或重伤的条件，但侥幸未发生事故，未造成事实的。②虽已构成重大事故的条件，但经及时挽救，未造成重大事故的。③严重违反工艺规程、操作规程或误操作，引起超温、超压、误送水、电、风、物料及氮气、蒸汽混入物料管线、设备等，经及时处理未造成事故者。④易燃、易爆、剧毒品、有毒害气体、体大量泄漏、排放，已达到火灾、爆炸和中毒的危险，经及时处理未造成事故者。

（2）事故损失计算

事故总损失为直接损失与产量损失（亦称间接损失）之和。事故的直接损失包括原料损失、成品（半成品）损失和设备、厂房损失。产量损失指从事故发生时起至恢复正常生产止，按日计划产量计算的总损失量。具体计算规定如下：

① 设备损坏无法修复使用的，应以固定资产账面净值计算；设备能修复使用的，应以实际损失的修理费用计算。

② 材料损失应按企业材料计划价格计算为准。

③ 产品（半成品）损失致成废品的，应按企业计划成本计；返工的应按返工后实际损失以及加工后材料（包括水、电、气）损失为准。

④ 产量损失（包括停产和减产损失）：停产期限为从事故发生起至完全恢复正常生产为止。停产损失应按企业产品的计划成本计算为准；因事故造成多系统停产时，各系统停产损失应按各企业计划成本计，然后求总和。

职工因工负伤的损失没有统一规定，可以当地劳动局规定的统计方法为准。火灾损失以《公安部关于实行新的火灾损失额计算方法的通知》文件"关于新的火灾损失额计算方法"为准。车辆、船舶损失，以当地保险公司损失补偿计算为准。

1.4.4 设备事故报告及调查

① 事故发生后，当事人或发现人应立即向值班长或工段长报告，班长或工段长立即向车间安全员或主任报告，车间主任或安全员立即向厂安全部门及相应主管部门报告，安全部

门立即向厂长或上级报告。

火灾事故应先向消防部门报警。

交通事故应向保卫部门或交通管理部门报告。

② 凡发生事故伤及人身者，在报告事故的同时，应及时抢救受伤者。必须立即组织现场抢救，采取正确措施，防止事故蔓延扩大，尽可能减少损失。凡发生死亡或重大火灾、爆炸、中毒设备、生产、交通等事故，应立即报告企业的上级领导机关。

③ 处理事故一定要坚持"三不放过"的原则，即事故原因分析不清不放过，事故责任者与职工没有受到教育不放过，没有防范措施不放过。

④ 轻微事故发生后，由车间组织有关人员调查，并写出事故报告单，三天内报厂主管部门。一般事故应有厂主管部门人员参加，重大事故由厂长召集有关职能部门和车间人员组成调查组，查清原因，定出防范措施，写出调查报告，包括对直接责任者和主要责任者的处理意见，在十天内报企业的上级机关，并接受检查。

⑤ 各主管事故的部门，应按分工建立事故档案。对事故分析报告资料、调查报告应妥善保管。

设备事故的调查应查明下列各项：

（1）事故发生的时间、地点、气象情况；

（2）事故发生前系统的运行方式和设备的运行状况；

（3）事故发生经过和处理过程；

（4）事故现象，包括联锁装置、保护装置的动作情况，工艺条件、设备状态参数、信号指示、仪表指示的变化情况，联锁报警记录、故障录波和监控装置记录等；

（5）设备损坏情况和损坏原因；

（6）规章制度是否完善，是否严格执行；

（7）设计、施工、检修、试验、调试、维护、备件等方面的问题；

（8）人员和技术方面的问题；

（9）人身事故场所的周围环境和安全防护设施情况；

（10）事故的责任单位和责任人。

设备事故报告按以下要求编写：

（1）简况，包括：事故的发生时间、地点和单位，当时气象状况，事故概况，影响范围和程度；

（2）事故发生前系统的运行状况，包括：系统和主要设备的运行方式，工艺条件，设备状态，负荷情况，系统电压等参数；

（3）事故经过，包括：各种事故现象，处理过程，对于与人员相关的事故和故障，应详细说明有关人员的操作和作业等过程；

（4）原因分析，包括：管理原因和技术原因；

（5）事故教训；

（6）防范措施；

（7）对事故责任人的处理。

事故单位应制定有效的防范措施，落实整改负责人和完成时间。制定事故应急预案并组织职工定期进行演练。

1.4.5 常见设备事故隐患

随着工农业生产的发展，机械设备的种类、型号，规格也在不断地增多。所有设备包括进口设备和国产设备，都是我国工农业生产中必不可少的，它们是我国社会生产力的重要组成部分。对于定型设备，绝大多数都是根据生产实践的要求，经过严格计算，认真设计，制造、试验，检验合格后出厂的。安装后，按规定过行调试、试运行，并且绝大多数设备具有完整的使用和维修说明书、安全操作规程等。但即使如此，在生产实践中，由机械设备引发的事故是经常发生的由此造成的人身伤亡经济损失事故也不计其数。为此，应该检查常用生产机械设备的事故隐患，以减少机械设备事故的发生。

(1) 机械设备对人体的伤害形式

在生产实践中，发生机械伤害的形式一般有如下种类：

① 咬人(咬合)：一般是两个运动部件直接接触，将人体的某一部分卷进运转零部件的接合点。典型的咬人点有啮合的明齿轮、皮带与皮带鞋、链与链轮、两个相反方向转动的轧辊。

② 挤压：这种危险常常是在两个部件距离很近(甚至完全接触)的情况下作相向运动，或者一边是固定物体，另一边物体向固定物体运动将人体的某一部分挤在其中所发生的伤害。

③ 碰撞：碰撞包括比较重的运动物体撞人和人撞固定物体。其伤害程度与运动物体(或人体)的质量和运动速度的乘积，即运动物体(或人体)的动量及相撞物体接触处的硬度和表面光滑度有关。

④ 撞击：飞来物及落下物的撞击造成的伤害。飞来物主要指被高速甩出的零部件、工件及固定不牢或松脱的紧固件等。这些物体质量往往不大，但速度很高，动能很大，撞击人体时，能使人造成严重的伤害，如高速飞出的切屑也能使人受到伤害。

⑤ 夹断：人体的某一部分因伸入两个接触部件中间被夹断。夹断与挤压不同，夹断发生在两个部件的直接接触，挤压不一定完全接触。

⑥ 剪切：人体的某一部分因伸入两个具有锐利边刃并正相向运动(或一边固定，一边运动)而靠近的部件中间被剪断。

⑦ 割伤和擦伤：这种伤害可发生在运动机械和静止设备上。割伤是因有尖角或锐边的物体与人体做相对运动而发生。擦伤则是因高速运行的粗糙面与人体摩擦而产生。

⑧ 卡住或缠住：机械设备上的尖角或凸出物，特别是运动部件上的尖角、凸出物、车床的转轴、裸露齿轮、皮带接头、加工件等都能将人的手套、衣袖、头发、宽松的衣服等卡住或缠住，而使人造成伤害。

除了上述形式外，还有机械设备发生爆炸、坠落、倾覆、溜坡、惯性力等对人体造成伤害；带电机械设备使人体触电造成伤害；机械设备在运行中产生有毒有害气体、高温、振动、噪音、粉尘等对人体造成损害；机械设备因泄漏引发事故对人体造成伤害等。

机械设备发生安全事故，对人体伤害，就其客观机理而言，是作业环境中的能量，包括设备、设施场所和人，由于某种原因发生失控，使能量意外释放和泄漏，造成人员伤害和财产损失。

这种能量失控的原因有人的不安全行为和物的不安全状态，就物的不安全状态而言也是形式多样。例如：锅炉、爆炸危险物质爆炸时产生的爆炸碎片、冲击波、温度和压力；高处作业(或吊起的重物等)的势能，带电导体上的电能；行驶车辆(或各类机械运动部件、工件等)的动能噪声的声能、激光的光能、高温作业及剧烈热反应工艺装置的热能；各类辐射能等，在一定条件下都能造成各类事故。静止的物体、棱角、毛刺、地面等之所以能伤害人体，也是人体运动、摔倒时的动能、势能造成的。

（2）事故隐患检查要点

事故的发生是由于系统能量的失控，失控源于人的不安全行为和物的不安全状态。以下着重探讨物的不安全状态的共性形式，供系统、设备安全检查时参考。

物的不安全状态形式很复杂，与疲劳、老化、检修等情况紧密相关。设备事故隐患检查要点如下：

① 检查区域布置：生产场地的平面布置应能使工艺流程成一直线；原材料、半成品、工位器具、工装夹具模具的存放场地应布置适当，且有明显的标识（如毛坯存放处），不得影响区域内运输及工人操作和通行；各种设备的行距、间距和与墙、柱之间的距离应符合规范要求；设备的基础应按说明书要求浇筑牢固可靠；设备离配电箱、控制箱 1.5m 以上，区域内的起重机械能覆盖整个区域作业；区域内非固定式设备的停放位置应坚固、平坦；作业时水平方向和立体方向不产生干涉现象。

对区域内的照明、通风、平整度干燥度、粉尘、有毒有害气体，变、配电系统也应进行检查。

②检查操作机构：各种设备的控制室、操作按钮、拨盘、手柄、操纵杆操纵手轮等的标示牌、显示器、各类表盘、图形符号、刻度、刻线、标记等应正确、清晰，各挡位应分明，定位套正确无误，制动装置灵敏；与光电显示、控制装置或音响装置配套使用的操作机构，检查其是否配合准确、灵敏；操作机构配置的高度和深度应以操作者易于操作为条件，操作机构的外表面应平整、光滑、无油污。

（3）检查防护装置

一般情况下有下列情况之一者应设防护装置：距离地面 2m 以内的机械设备外露传动部分；产生切屑、磨屑、冷却渣或其他飞溅物质的作业点；产生放射线、射频和弧光危害的作业点；高于地面的操作台；容易伤害人体的设备运动部件，如龙门刨床两端、自动车床运动送料支架围；悬挂输送机上、下坡处、跨越通道、工作场所处；各种皮带轮三角皮带轮、链靶、传动轴等；在操作中能发出火焰、发烫、放出高温蒸汽、有毒有害气体、粉尘的作业点。

防护装置根据需要可以是防护栏杆、防护挡板、防护罩、屏蔽等形式，但要有足够的强度、刚度，必要时还要耐腐蚀、抗高温等，有些重要的防护装置，如电源控制箱的开启应与主电源联锁。防护装置应不影响操作者的操作和视线。

各种机床应设置绝缘性站板（脚踏板），脚踏板高度应以操作者不弯腰、不踮脚为宜。

（4）检查保险装置和制动装置

保险装置和制动装置是设备防止事故，使设备时时处于受控状态，保证安全运行的重要装置。保险装置和制动装置的基本要求是可靠、灵敏。所以保险和制动装置必须定期检查、调整和维修。常见的保险和制动装置有：过载保险装置、顺序动作联锁装置、限位保险装置、事故联锁装置、联锁装置、紧急制动装置、各种离合器、各类安全阀，电路接地、接零保护、各种橱电保护器、光电式自动保护装置，报警器、压力表、避雷针等。检查时对重要的保险、制动装置可进行试动作，装置的可靠性是检查事故隐患的重要内容。

（5）检查尘、毒、高温、噪音、有害气体、射线等

有些设备在作业过程中，会直接或间接地产生粉尘、高温、有毒有害气体。如射线、弧光等，对人体造成伤害，所以检查事故隐患时，也得引起重视。

砂转机、磨床、焊接和切割、铸铁件、浇注、切削、锻压加工、抛光喷砂、有机塑料加工、用煤油或苯类脂清洗零件、电火花加工、热处理、表面处理、油漆、有机黏接剂、硫化油冷却液、各种化学材料的掺和作业、各种矿业开挖、爆破、输送、破碎、水泥、沥青生产、使用过程等作业点都会产生尘、毒、高温、有害气体、射线等，都应根据特定情况，采用适当的防护措施。

检查时要看生产单位是否对上述危害进行了有效的防护，比如采用新工艺、新材料、设备密闭、湿法作业、湿磨加工、低毒油漆、低毒焊条、限离、隔热、隔音、屏蔽、通风、吸尘、除尘、个人防护等综合防护措施，控制有害物质源头，使有害物质在作业区内浓度下降。对氢弧焊和等离子弧焊应尽量选用钨棒。对射频辐射作业点或设备要采取有效的屏蔽措施和良好的单独接地装置。对电应设置遮光屏，固定作业场所应设防护罩或防护间并与通风装置配合使用。

（6）其他检查

① 作业场所的设备供电系统是否正常供电，其漏电保护器是否灵敏、电线有没有裸露、老化、各种开关有否接规范设置。

② 对作业场所内的非标设施、工具、附件等应从总体上观察其强度、刚度、稳定性，并检查其外露运动部件是否加防护罩，离地操作平台是否设防护栏杆、用电接零、接地情况，操作室有否设顶棚等。

③ 对特定的设备检查，一般属专业性检查，除了检查其共性方面，还要按其安全操作说明书的要求以及保养维修要求逐项盘查，对于特种设备，应按规接受定期检查。

④ 检查设备的零部件、附件有无缺损，周边有无防潮、防滑设施，对带有发动机的设备，可通过听觉判断发动机是否正常，观察尾气排放情况。对事故较高的作业点，如冲压设备的进料、卸料作业，看是否采用机械化、自动化装置。

1.4.6 设备事故的预测

随着当代创造学和预测学的兴起，设备事故预测技术，作为设备技术管理学科中的一项新兴技术，正蓬勃发展，日益受到重视。按照现代工程理论共同基础——系统论、控制论、信息论和智能论的要求，事故预测要在设备不同功能结构的系统间寻求共同规律，要研究设备可能发生事故的机理，探查引起事故的主要控制因素，要根据跨学科高新技术的信息，借鉴其研究成果，达到预测事故、预防失效、延长寿命、挖掘潜力、获取效益的目的，要按照近代工程发展的最高要求，将设备风险度、可靠度和剩余寿命预测向智能化迈进。

对于化工设备，事故预测技术是引人注目的领域，这是由化学工业本身的特殊性所决定。化工设备事故预测所涉及的内容，如预测设备的可靠度、安全性、材料损伤度、风险度、失效分析与失效预防等，已取得国际同行的共识，被列为跨世纪重点发展的新兴技术之中。

化工设备事故预测技术是一项综合性技术，涉及多种学科、多种技术相互借鉴，而且化工设备种类繁多，应用的工艺过程和工况条件不尽相同，可能发生事故机理亦不一样，事故预测只能视设备的不同情况个案处理。

但是，不论事故发生的机理如何，在预测中，不可避免地要对影响事故发生的参数进行分析。按照传统做法，往往将这些参数，如材料强度、设备负荷、工作温度、压力和其他参数作为确定值。实际上，它们都在一定范围内波动，具有随机不确定性质。除此以外，在分析和处理事故时，还会涉及人们的经验、决策等模糊不确定性质的问题。随机性不确定性的问题可用可靠性工程学理论处理；对模糊性不确定性的问题，可靠性工程学理论则无能为力，它一直是同行竞相开发、且没有通用解决办法的问题。

随着可靠性工程学和模糊集理论的发展，在逐步探索解决参数不确定性问题的基础上，利用交叉学科——失效物理学、断裂力学和概率断裂力学、金属学、体视学、现代图像处理技术、神经元网络技术和计算机应用技术等——的技术原理创立的现代化工设备事故预测技术，正方兴未艾，在十多年工程实践中已取得明显成效，对确保现代化大型化工、石化等设备高效率安全运行发挥了重要作用。

（1）根据可靠性工程理论解决参数随机不确定性问题，并预测设备可靠度或失效概率；根据模糊集理论，用非精确性推理方法解决事故预测中参数模糊不确定问题。

（2）根据体视学原理和现代图像处理技术及计算机技术，应用定量金相分析方法预测材料损伤度和剩余寿命。

在设备事故预测技术中，常用金相组织分析的方法来揭示构件经历不同服役条件后，组织的变化状况。但是，传统上，金相分析和鉴别多是定性的，随着材料科学的发展，研究材料组织与性能本质的关系，日益受到人们的关注，定量金相技术应运而生。

（3）应用人工神经网络技术预测台焊接缺陷结构的疲劳寿命。

人工神经网络是由大量模拟生物神经元的人工神经元广泛相互连接而成的复杂网络系统。

人工神经网络方法具有的智能化学习功能，是它的特殊优势，可以在非函数表达形式下获得变量之间的变化规律，特别在实验数据不易获得且实验费昂贵、实验数据较少情况下更显其优越性。

化工设备事故预测，既是化工生产与管理中的一个极为重要的问题，也是化工机械学科前沿探索的热点。化工设备事故预测技术包括事故诊断、事故预测和事故预防3个部分。在事故诊断技术中，涉及失效模式、失效机理和影响因素分析的诊断技术。现代化大型化工设备，往往在十分复杂及苛刻条件下工作，确保长周期连续安全运行，一直是国内外同行极为关注的一项重大技术。

1.5 应急抢修安全管理

生产单位在装置运行过程中发生影响装置、系统连续运行或生产负荷的设备故障，应按照规定程序立即报修。为了保证维护抢修人员进行有效的作业准备，报修至少应包括以下内容：

（1）发生故障的时间、具体位置、所属厂、车间工段、岗位。

（2）物料种类名称（气体、液体）、基本理化性能（易燃、易爆、毒性等）、所能预知的潜在危害。

（3）设备名称、位号、故障现象、故障部位、影响程度、现场状况。

（4）联系人，联系方式，到达地点。

生产单位应将设备故障报修要求张贴于控制室内,将设备故障报告列入每一个操作人员、技术人员的应知应会训练,做到报告及时、准确、全面,为有效进行故障处理创造条件。

维保单位接到报修任务或故障通知后,立即组织人员到达现场,白天要求15min内到达现场,夜间20min内到达现场。

进入现场的维护、抢修作业人员必须具备相应的资质和维护维修技能,安全着装合格,根据报修信息带有相应工机具、检测仪器。对于超出维护班组检修能力的设备故障,维护班组应通知维保单位作业部调度,联系安排相关检维修人员及配合工种人员,准备检修用备件、材料、工机具、试验仪器、起重设备、运输车辆等,在20min内赶到现场进行处理。

当需要设备生产厂家提供技术服务时,生产单位、维护保运单位应立即通知物资装备中心,由物资装备中心联系生产厂家到现场。节假日各维保单位要安排专门值班人员负责维护保运工作,编制节日值班表,并将节日值班表报予公司机械动力部和有关生产单位。节假日值班期间,维保单位要提前准备好必要的备品配件、工机具、检测仪器、通信设备等。

维保单位按照生产单位提供的关键设备明细,根据所维护的装置特点,分类编制设备应急抢修预案,将预案报予公司机械动力部备案并抄送各生产单位。设备应急抢修分类预案包括:

(1) 关键机组应急抢修预案。

(2) 机泵设备应急抢修预案。

(3) 炉类设备(包括锅炉、加热炉)应急抢修预案。

(4) 特种设备应急抢修预案(包括反应设备、塔和储罐设备、换热设备、管道及其附件等)。

(5) 电气设备应急抢修预案。

(6) 仪表控制系统及设备应急抢修预案。

设备应急抢修预案至少应包括以下内容:

(1) 预案所涉及的装置范围、设备类型。

(2) 接到紧急报修后的反应流程(不同的报修途径由谁来安排抢修作业任务)。

(3) 安全着装要求、配备工种协同作业的要求、携带工具要求、何种情况下需要调用机具和车辆、多长时间到达现场。

(4) 能够直接进行现场抢修作业的工作程序和需要等待工艺处理完毕交出再进行抢修作业的工作程序。

(5) 对处理方案的确认和质量检查保障要求、HSE管理要求。

如电气设备需要应急抢修及调度,当生产装置人员发现电气设备异常运行或故障并通知电工班组时,电气值班人员应立即报告电调,并迅速到现场检查、判断,同时将判断结果报告电调,采取相应的措施。

当电气巡检人员发现生产装置电气设备、变配电设备异常运行或故障时,应立即报告电调,同时通知生产车间,按照电调的指令,采取相应的措施。电调接到电气设备异常运行或故障报告后,除了向相关领导报告外,应指挥电气人员进行处理;对需要生产单位、车间配合或对生产造成影响的,应同时联系生产调度,协同解决。

当生产设备或变、配电设备以及线路不具备倒停条件时,电气维修单位与生产单位应立即启动应急处理预案，制订并实施抢修方案。对于具备倒停条件的生产设备，值班电工与工艺操作人员应相互配合，立即启动备用设备；对于具备倒停条件的变、配电设备及线路，电气运行单位应迅速将备用设备、线路投入运行。

生产单位和维保单位要对分类设备抢修预案定期进行演练，提高整体协调性，不断增强对突发缺陷和故障的应急处理能力。牵涉保运单位，要与之签订书面协议，确保应急抢修的各项保障工作得到落实执行。

1.6 停用装置设备安全管理

装置停工前，生产单位要详细制定装置停用期间所属设备的保护方案，包括：倒空、置换、吹扫、冲洗等方案，必要时可采用充填惰性气体、液体等措施，方案经主管厂长签字后执行。

装置停工后，要立即按照保护方案组织进行防护工作。各项防护措施的落实要有明确的验收标准，并指定专人负责。待停用装置保护措施完成并达到要求后，进、出装置(系统)的公用工程管线(氮气管线除外)、物料管线必须加装标准盲板，并绘制盲板图，落实盲板拆装管理办法。要建立并执行停用装置的巡回检查制度。

应定期检查惰性气体、液体充压和控制情况，并记录各点压力，对压力下降到零的系统，要及时补充压力，并检查压力变化原因，处理泄漏问题。检查转动设备的润滑状况，确保设备零件、附件齐全好用。对于停用装置的现场设备、机柜室及变配电室定时、定点、定路线进行巡检，做好巡检记录，确保设备本体及相关设施始终处于完好状态。严格执行岗位专责制，管辖班组在执行交接班制时，应包括对停用装置设备状况进行交接。

停用装置所属的停用设备及电气、仪表系统要办理封存手续。对封存的设备及电气、仪表系统要按明细(包括名称、规格、使用年限、设备原值、折旧、净值、制造厂等)登记，建立台账，并详细记录封存时各设备的状况及所执行的保护措施。每年于六月中旬和十二月中旬分两次把登记表分别报送机械动力部和财务部。

在用生产装置中停用的系统和个别设备要设立明显标识，与在用系统用标识线或围栏隔离开。装置停用后所有的机电仪设备技术文件、工艺技术文件、基础档案资料要立即全部登记造册，并安排专人管理。包括按工艺管理制度要求只保留一年的操作记录等运行记录也要全部登记封存，长期保留。停用装置中设备、电气、仪表系统的拆移，要经过本单位设备主管部门的同意，履行审批手续并详细记录。对于巡检过程中发现的设备的异常缺损、丢失，要及时报告保卫武装部进行备案，并记录在巡检记录中。

对转动设备应定期盘车检查，排空冷却水系统，视巡检情况补充添加润滑油酯。停用机组机械、电气、仪表维修人员应按各自的专业要求对机械设备、控制仪表、联锁保护设施、电气设备进行必要的检查和日常维护保养。

停工装置仪表管理工作严格执行仪表和计量管理制度。发生仪表作业必须按照规章制度办理相关作业票证并按规定执行，停用和在用仪表设备均应符合要求。

对于停用设备，可不安排仪表定期校验工作。对暂时停用装置内仍需投用的仪表，如可燃气体报警器等，要确保仪表运行正常，并进行正常的定期校验和检定工作。

对停用的计量仪表要办理相应的计量器具封存手续。对现场放射性仪表的放射源要有专门的管理制度并由专人负责管理。必要时可将放射源拆下，放置专用库房妥善保管。对停用较长时间的控制系统，应定期通电检查，确保系统处于良好状态。

停用装置的电气工作必须严格执行电气管理"三三二五"制。已明确停用的电气设备应将电源断开(开关设备应在试验位置)，并悬挂标志牌；在用的电源点(如照明和临时电源装置等)按运行装置执行，发生电气作业必须按照规章制度办理相关作业票证并按规定执行，停用和在用电气设备的管理均应符合要求。

对于停用的电气设备，可适当延长试验周期，但须定期完成绝缘监督工作，对电气设备要定期检测绝缘状况并做好记录，及时发现和消除绝缘缺陷；对于电气元器件，应做好防护工作，如在触头部分涂抹导电膏，在夏季采取开通空调、空间预热器等措施防潮。

停用设备启用前应全面检查设备状况，安排进行清洗和维修，使之符合相关技术规范。达到安全使用的要求后，由使用单位提出申请，主管部门批准，方能使用，并通知财务部门。停用的特种设备(锅炉、压力容器、压力管道等)启用前，要按照相关技术规范的要求进行全面检验和耐压试验，合格后才能投入运行。停用的大型机组启用前，应安排进行解体检查和附属设备的维修检查，制定机组的投运试车方案，严格按照操作规程，完成仪表联校、单机试运和负荷试车等全过程。停用仪表设备启用前应安排进行相应校验和检定，开工前必须按公司联锁管理制度的要求对仪表联锁回路进行联校确认。停用电气设备启用前要安排设备进行相应试验。操作前要确定设备状况和有关条件是否满足操作要求；操作过程中要严格执行规定的操作步骤和程序，并注意观察设备运行状况是否正常，有关参数是否运行在正常范围内。

对停用和闲置设备的出租和转让，应建立严格的审批和监督管理程序。如出租或转让停用和闲置设备，应按质论价。经双方协商同意，签订出租或转让合同，按合同执行。出租或转让停用和闲置设备的收益应按财务规定及时入账。

1.7 设备完整性管理

设施完整性是指机械设备、配套设施及相关技术资料齐全完整，设备始终处于满足安全生产平稳要求的状态。设备可靠性则是设备或系统在规定时间内、规定条件下无故障地完成运行要求的能力。关键设备是指因失效可能导致或促使工艺事故，造成人员死亡或严重伤害、重大财产损失或重大环境影响的部件、设备或系统。

设备设施从设计、制造、监造、入场检验、验收和储存、安装调试等环节应符合工艺安全管理的要求。设备启用前应根据最终工艺危害分析报告（HA报告）等相关资料，编制投产方案和检查表，执行启动前安全检查。设施投运3~6个月进行基准工艺危害分析（HA），3~5年进行周期工艺危害分析（PHA），报废前进行工艺危害分析（HA）。设备设施的相关工艺安全信息应齐全、准确、规范，及时补充完善和更新。在设备调拨时，设备工艺安全信息应进行移交和更新，确保工艺安全信息的完整性。企业应依据相关标准编制设备的操作维护保养规程和关键设备的维修规程，并对维修关键任务制定更加详细的维修规程。通过培训，使设备操作人员严格执行相关设备的操作和维护保养规程，正确使用、维护好相关设备、设施、附件和工具。

企业应建立关键设备台账和技术档案，并组织相关人员对关键设备资料的完整性、有效性等进行审查。关键设备台账应结合关键设备投用以来的工艺设备变更、操作使用、故障事故、检维修等记录，补充完善和及时更新。工艺设备变更相关的工艺安全信息管理应履行变更手续。设备技术档案应包括各类图纸、设备使用和保养手册、设备维修手册、合格证、设备零部件和易损件清单及图册等内容。通过收集设备故障和性能数据，对关键设备进行可靠性分析，保证生产设施安全稳定运行。

企业应建立健全、贯彻落实设备的使用、保养的管理制度，现场应实施目视化管理。组织开展完整性和质量保证的专项审核。对已经制定的操作规程和员工实际操作行为进行分析和评价，企业应进行设施完整性和质量保证的培训。确认和提供设施完整性管理和质量保证工作所需的资源，制定设备操作和维护保养规程，对相关操作人员按照组织培训。关键设备操作人员严格执行持证上岗制度，企业设备管理部门要对设备操作人员持证情况进行监督检查。设备操作人员要执行操作和维护保养规程，做好设备的例行检查和维护保养工作。

企业设备使用单位应对设备使用中发现的问题采取预防措施并跟踪验证。加强备用、停用、闲置和封存设备的管理。对备用、封存设备应定期组织维护和进行试运转。对停用恢复使用前、闲置重新使用前、维修后重新使用前，按照规定进行检查、试验、验收和确认。

企业应对关键设备维修过程中的关键任务编制维修规程，确保维修人员易获取和正确掌握维修规程。成立维修规程编写小组，成员由了解相关维修工作的工程师和进行此项工作的人员组成。对于某些特殊工艺设备的维修规程，小组还应有工艺工程师和操作员等人员参加编写。收集内部现有的维修规程及设备制造商提供的维修规程或维修手册，建立维修规程清单，并评价清单中维修规程的适用性。依据评价结果，结合现场安全信息、维修记录等，完善现有维修规程或重新编制。企业对新编或修订的维修规程实施文件控制管理，确保任何新的或修订的维修规程的编制、审批、编号、发放、变更、作废、销毁和归档均受到有效控制，确保设备维修人员使用有效的书面或电子版的维修规程。

企业应制定和落实设备检维修人员针对性培训矩阵，制定和实施维修培训计划，并将维修培训计划纳入本企业员工培训计划中。为确保安全正确地完成维修关键任务，对维修人员培训可分为基本技能培训、现场维修培训、专项技能培训三种。企业应制定针对三种技能培养的培训计划并按培训管理要求组织实施。基本技能培训应包括使用工具的能力、测量技能等以及作为维修人员应掌握的其他技能和安全基础知识等方面的培训。现场维修培训应使维修人员了解现场工艺概述、主要风险及应急预案，包括以下内容：①工艺流程简图，标识出需要维修的关键设备；②关键检修点相关危险描述；③现场应急方案；④各种报警如火灾警报、疏散警报等应对措施；⑤作业区域巡视或设备巡视。专项技能培训包括完成关键任务要求掌握的技能。所有参与维修的人员、借调人员、承包商等在执行维修任务之前，必须接受培训。

设备检维修单位在维修工作中应执行 HSE 相关管理要求，如动火、吊装等高危作业应实施许可管理、上锁挂签管理等。企业设备使用单位应安排人员对检维修过程进行跟踪，确保检维修按计划完成并达到预期目标。跟踪信息如维修措施、进度、质量、现场管理等应及时传递给设备管理、生产运行等部门，以便协调维修、安排生产等。检维修工作完成后，应对检维修质量进行验收，合格后方能投用。验收宜由设备管理部门牵头组织，设备使用单位、维修单位共同参与验收。设备使用单位和维修单位应保存修理记录、跟踪记录、变更记录等资料，确保将来在设备完整性和安全方面的决策以及修理规程的修订具有完整准确的信息依据。企业设备使用单位应依据生产经营工作需要、年度设备维修计划和备品配件消耗情况，制订材料与备件的需求计划。企业物资管理单位应根据批复的材料与备件需求计划和现有的库存储备情况，确定材料与备件的采购计划。企业应制定相应的管理制度，实行采购市场供应商准入制度。严格供应商资质审查，建立合格供应商名录。企业从合格供应商名录中选择相关的供应商，并严格按照采购计划组织采购。要严格采购合同管理，技术合同或协议应有质量和验收要求及 HSE 相关要求，明确双方的责任。应制定材料与备件验收程序，并根据程序进行验收。验收程序应明确验收质量标准、验收人员，规范合格品标记、不合格品处理、信息反馈程序等。制定相应的仓储管理实施细则，明确不同类别物资的质量控制办法、出入库交接手续及管理控制监督等具体规定。

企业应根据供应商、生产商提供的信息以及相关经验，制定标准和措施，保证材料与备件安全可靠储存，主要包括储存期限、保护措施、检查等。企业物资管理部门要明确库存物资日常保养规范及周期，严格库房月末库存盘点制度，及时掌握物资报损报废及库存物资呆滞情况。

维修材料与备件应经检维修人员进行最终检验，确认准确无误后，才能安装使用，任何不相符的情况要及时书面报告。应对关键设备实施以时间/状况为基础的监测，根据设备使用时间或设备状况以及国家法律法规要求，以时间/状况为基础的监测，制定监测或检测计划。监测(或检测)人员必须依据计划执行，记录监测(或检测)数据并保存。对不合格的数据需要进一步核实，确认不合格的设备，应根据标准对比监测情况提出维修建议。维修建议应提供给相关业务和生产单位进行分析讨论，并进行跟踪。

企业应准确、完整地收集关键设备可靠性信息，可采用数据采集系统或书面收集系统。在可靠性分析计划中应包含所有的关键设备。记录中应明显标记不合格数据，判断存在异常的位置、范围和严重性，并提供简图或图片。

数据采集系统或书面收集系统应收集以下信息：①性能数据摘要；②制造商预期运行时间和预期出现的故障；③运行记录、腐蚀数据、防御性维修或无损检测数据；④测试与检查记录；⑤在线数据采集(DSS 记录的工艺数据)，如泵在特别应用中故障的平均时间间隔；⑥基准比较；⑦机械故障和从工艺事故中分析出的设备方面的问题；⑧维修记录；⑨事故报告；⑩其他。

应建立数据输入规则，确保输入的数据便于检索和分析。可用代码和关键字描述各种状况，如正常、超差、替换、整改等。应经专业人员审阅收集的数据，确定其描述的准确性和一致性后，输入数据。数据输入人员一般是：①执行维修工作的机械师、技术员、作业者和承包商；②生产单位或工作组记录员、计划人或日程安排员；③作业、维修协调人。

数据分析：找出故障或失效的根本原因。依据分析结果，再对等进行分析(必要时还应进行实物故障分析)设备进行测试与检查，确定设备可靠性问题。

设计优化：针对从数据采集系统导出的某类或某台设备的数据，采用适当的故障根本原因分析方法(故障树)分析等方式。审核可发现系统弱点，故障根本原因分析可找出人员问题趋势，人员问题可能导致将来出现重大问题。依据分析出的可靠性问题提出改善可靠性提案。参照最佳作法，优化设计，提出变更提案。变更前应评估将对装置可靠性和所有关键设备产生的影响。变更提案应包括以下内容：①问题性质；②不采取措施或延迟采取措施的潜在后果；③问题根源；④所需的修正措施；⑤修正所需的成本、人力、时间和停工时间。所有增强可靠性的措施都应实施。

设备可靠性分析审查：企业应确定适当的可靠性分析频率。对失效后果严重的、产生失效可能性最大的、实际失效率最高的设备进行更高频率的审查。应确保及时执行依据可靠性分析频率制定的设备可靠性分析计划。对可靠性分析过程及结果进行记录，并保持其不断更新。

持续改进可靠性分析：应不断提升可靠性改进计划，可以采用对设备可靠性系统执行情况的审核，分析故障根本原因。应及时更新关键设备台账，确保关键设备台账准确完整。如果发现新的故障模式，应及时将该设备纳入关键设备。如果该项目用途已不符合关键设备定义，应将其从关键设备台账中去除。记录发现结果，作为历史依据，共享发现结果，并通报给相关人员。

更新、改造和报废管理：应本着提高设备技术水平、生产上的必要性、技术上的先进性、安全上的可靠性和经济上的合理性等因素进行设备更新改造。根据生产实际，编制设备更新改造计划和经济技术论证方案。设备更新改造项目完成后，应由企业设备管理部门组织有关专家进行验收。应制定设备报废管理制度，按照设备报废条件办理相关手续，并保留相关资料。对报废的受压容器及国家规定淘汰设备，不得转售其他单位。对报废的安全装置或附件应按有关要求及时进行销毁。对报废设备的处理，不得造成风险转嫁，不得再流入使用环节。

审核、偏离、培训和沟通：应把设施完整性管理作为审核的一项重要内容，必要时可针对设施完整性管理组织专项审核。完整性管理程序执行时发生的偏离，应报企业主管领导批准。偏离应书面记录，其内容应包括支持偏离理由的相关事实。每一次授权偏离的时间不能超过1年。组织企业相关管理、技术、维修、操作人员进行培训。

第 2 章　动设备安全技术

在危险化学品的生产、经营、使用和运输中，由于加工过程的复杂多样化，各类机械有着广泛应用。危险化学品生产和运输中用的压缩机、泵、汽轮机等都是常见动机械。生产经营过程中的机械伤害主要是由这些动机械造成的。消除动机械的事故源，加强动设备的安全管理，对于安全生产具有重要意义。

2.1　压缩机安全技术

压缩机是一种压缩气体以提高气体压力或输送气体的机器。它是输气加压站的主要设备，也为各种风动机械、控制仪表或为清扫管线，提供压缩空气。由于压缩机输送介质有易燃、易爆或有毒的气体，如果维修、保养不及时，容易引起事故，所以加强压缩机的安全管理是非常重要的。

2.1.1　压缩机分类及特点

工业上所用的压缩机，可以分为速度型和容积型。速度型压缩机靠高速旋转的叶轮，使气体得到巨大的动能，随后在扩压器中急剧降速，从而使气体动能转化为压力能。这类压缩机又可以分为离心式和轴流式两种。容积型压缩机靠在气缸内往复或回转运动的活塞，使气体体积缩小，从而提高气体压力。它又可分为回转式和往复式两种。

2.1.1.1　往复式压缩机

往复式压缩机主要由三大部分组成：运动机构(包括曲轴、轴乘、连杆、十字头、皮带轮或联轴器等)，工作机构(包括气缸、活塞、气阀等)，机身。此外，压缩机还配有三个辅助系统：润滑系统、冷却系统以及调节系统。工作机构是实现压缩机工作原理的主要部件。活塞在气缸内做周期性往复运动时，活塞与气缸组成的空间(称为工作容积)周期性地扩大与缩小。当空间扩大时，气缸内的气体膨胀，压力降低，吸入气体；当空间缩小时，气体被压缩，压力升高，排出气体。活塞往复一次，依次完成膨胀、吸气、压缩、排气这四个过程，总称为一个工作循环。当要求压力较高时，可以采用多级压缩。

往复式压缩机与其他类型的压缩机相比，具有以下特点：①压力范围广，从低压到高压都适用；②热效率较高；③适应性强，排气量可在较大的范围内调节；④对制造压缩机的金属材料要求不苛刻。

这种压缩机的缺点有外形尺寸及质量都较大，结构复杂，易损部件较多，气流有脉动，运转中有振动等。使用于中、低流量和压力较高的情况下。

2.1.1.2　离心式压缩机

与往复式压缩机不同，离心式压缩机中气压的提高，是靠叶轮旋转、扩压器扩压而实现的。根据排气压力的高低，可将其分为三类：离心通风机，风压在 $10\sim15kPa$ 范围或小于此值；离心鼓风机，风压在 $15\sim350kPa$ 范围；离心压缩机，风压在 $350kPa$ 以上。

离心压缩机主要由转子和定子两大部分组成。转子包括叶轮和轴。叶轮上有叶片，此外还有平衡盘和轴封的一部分。定子的主体是机壳(气缸)，定子上还安排有扩压器、弯道、回流器、进气管、排气管及部分轴封等。离心压缩机的工作原理为，当叶轮高速旋转时，气体随着旋转，在离心力作用下，气体被甩到后面的扩压器中去，而在叶轮处形成真空地带，这时外界的新鲜气体进入叶轮。叶轮不断旋转，气体不断地吸入并甩出，从而保持了气体的连续流动。

与往复式压缩机比较，离心式压缩机具有下述优点：①结构紧凑，尺寸小，质量轻；②排气连续、均匀，不需要级间中间罐等装置；③振动小，易损件少，不需要庞大而笨重的基础；④除轴承外，机件内部不需润滑，省油，且不污染被压缩的气体；⑤转速高，⑥维修量小，调节方便。

离心式压缩机通过高速旋转的叶轮，把原动机的能量传送给气体，使气体压力和速度提高，气体在压缩机内固定元件中将速度能转换为压力能。主要用来压缩和输送气体。

(1) 定子

定子是压缩机的关键部位，由气缸、隔板、气封和轴承组成。气缸是压缩机的壳体，由壳身和进排气室构成，内装有隔板、密封体、轴承等零部件。要求气缸有足够的强度以承受气体的压力，法兰结合面应严密，保持气体不向机外泄漏，有足够的刚度，以免变形。

隔板形成固定元件的气体通道，根据隔板所处的位置，分为进气隔板、中间隔板、段间隔板和排气隔板等。

气封装在隔板或轴端气缸上，防止气体在缸内的泄漏或向外泄。轴承则安装在缸体的两端，起支承的作用。

(2) 转子

转子是压缩机的做功部件，通过旋转对气体做功，使气体获得压力能和速度能。转子主要由主轴、叶轮、平衡盘、推力器和定距套等元件组成。转子在装配前，所有叶轮应做超速试验。转子要有足够的强度和刚度。叶轮和转子上的所有零部件都必须紧密装在轴上，在运行过程中不允许有松动，以免运行时产生位移，造成摩擦、撞击等故障。

离心式压缩机的工作原理是气体进入离心式压缩机的叶轮后，在叶轮叶片的作用下，一边跟着叶轮作高速旋转，一边在旋转离心力的作用下向叶轮出口流动，并受到叶轮的扩压作用，其压力能和动能均得到提高，气体进入扩压器后，动能又进一步转化为压力能，气体再通过弯道、回流器流入下一级叶轮进一步压缩，从而使气体压力达到工艺所需的要求。

可燃气体压缩机应设置安全泄放系统。比空气轻的可燃气体压缩机半敞开式或封闭式厂房的顶部，应安装可燃气体检测报警器，与顶部通风措施联锁。比空气重的可燃气体压缩机厂房的地面，不应有地坑或地沟，若有地坑或地沟，应有防止气体积聚的措施。侧墙下部应有通风措施，并与可燃气体检测报警器联锁。压缩机厂房应有不少于两个的安全疏散门，应向外开启。可燃气体压缩机在停电、停气或操作不正常情况下，介质倒流可能造成事故时，应在其出口管道上安装止回阀。

2.1.2 压缩机操作中的危险因素

(1) 机械伤害

压缩机的轴、联轴器、飞轮、活塞杆、皮带轮等裸露运动部件可造成对人体的伤害。零部件的磨蚀，腐蚀或冷却、润滑不良及操作失误，超温、超压、超负荷运转，均有可能引起断轴、烧瓦、烧缸、烧填料、零部件损害等重大机械事故。这不仅造成机械设备损坏，对操作者和附近的人也会构成威胁。

（2）爆炸和着火

输送易燃、易爆介质的压缩机，在运转或开停车的过程中极易发生爆炸和着火事故。这是因为气体在压缩过程中温度和压力升高，使其爆炸下限降低，爆炸危险性增大；同时，温度和压力的变化，易发生泄漏。处于高温、高压的可燃介质一旦泄漏，体积会迅速膨胀并与空气形成爆炸性气体，加上泄漏点漏出的气体流速很高，极易在喷射口产生静电火花而导致着火爆炸。

（3）中毒

输送有毒介质的压缩机，由于泄漏操作失误、防护不当等，易发生中毒事故。另外，在生产过程中对废气、废液的排放管理不善或违反操作规程进行不合理排放；操作现场通风、排气不好等，也易发生中毒。

（4）噪声危害

压缩机在运转时会产生很强的噪声。如空气鼓风机、煤气鼓风机、空气压缩机等的工业噪声经常可达到 92~110dB，大大超过国家规定的噪声级标准，对操作者有很大危害。

（5）高温与中暑

压缩机操作岗位环境温度一般比较高，特别是夏季，受太阳辐射热的影响。常产生高温、高湿度、强热辐射的特殊气候条件，影响人体的正常散热功能，引起体温调节障碍而引起中暑。

2.1.3 压缩机检查与维护

化工厂用的压缩机种类很多。本节着重介绍日常采用较广泛的活塞式压缩机在平时所应进行的检查保养。

2.1.3.1 日常检查

日常检查分防止性快查和预测件检查两种。前者是巡回检查，主要靠五感，目的是及早发现并处理突发性故障和会影响性能、质量下降的状况。后者是重点检查，主要靠仪表，目的是找出恰当的修理周期，消除历来预防维护过程中容易产生的维修拖期，并尽可能减少修理所需劳力和费用。现在，预测性检查的手段有震动分析、超声波探伤、超声波测壁厚、放射线检查等，但为防患于未然和及早发现故障，在很大程度上还要靠操作人员的巡回检查。

巡回检查所需项目如下：

（1）机身

① 有无异常音响与异常震动；②地脚螺栓、拉杆有无松动；③轴承与十字导壁的温度有无异常；④对十字导壁的给油量是否适当。

（2）气缸

①各段压力、温度是否正常；②气缸有无异音与异常震动；③气缸位置有无移动，气缸有无浮起；④气缸盖是否漏气；⑤活塞杆震动有无异常；⑥金属填料是否通气，温度是否异常；⑦对气缸、金属填料等注油量是否适当，注油止回阀有无异常；⑧冷却水出口温度有无异常，有无气泡。

（3）阀

①进排气阀运转和阀箱内有无异音；②阀盖、紧固螺栓用的盖形螺帽等气密部是否漏气；③安全阀、旁通阀、通风阀是否漏气；④自动放泄阀是否准确运转。

（4）冷却器、分离器

①冷却器出入口气体温度有无异常；②冷却器、分离器有无异常声音和异常震动；③法兰、安装管子的根部等是否漏气；④冷却器、冷却管湿润情况和水垢附着情况。

（5）配管

①气体配管有无异常声音和异常震动；②各种配管是否互相接触；③地脚螺栓、台架用螺栓等是否松动；④法兰和焊接部分是否漏气；⑤压力表异常和排泄配管等有无震动、互相接触、漏气处；⑥水和油配管有无泄漏。

（6）注油装置

①油泵和减速机有无异常声音和异常震动；②油泵出口压力有无异常；③油泵、减速机、注油器等是否漏油；④油冷却器出入口水温和油温有无异常；⑤注油器运转是否准确，注油量是否适当；⑥油品种是否正确，槽内油位是否正常。

（7）操作台

①各段气体压力和油压有无异常；②泄水量和颜色有无异常。

（8）电动机

①电动机负荷是否正常；②有无异常声音和异常震动。

2.1.3.2　压缩机操作安全

压缩机操作应遵守下列原则：

① 时刻注意压缩机的压力、温度等各项工艺指标是否符合要求。如有超标现象应及时查找原因，及时处理。

② 经常检查润滑系统，使之通畅、良好。所用润滑油的牌号必须符合设计要求。润滑油必须严格实行三级过滤制度，充分保证润滑油的质量。属于循环使用的润滑油，必须定期分析化验，并定期补加新油或全部更换再生，使润滑油的闪点、黏度、水分、杂质、灰分等各项指标保持在设计要求范围之内。采用循环油泵供油的，应注意油箱的油压和油位；采用注油泵自动注油的，则应注意各注油点的注油量。

③ 气体在压缩过程中会产生热量，这些热量是靠冷却器和气缸夹套中的冷却水带走的。必须保证冷却器和水夹套的水畅通，不得有堵塞现象。冷却器和水夹套必须定期清洗，冷却水温度不应超过40℃。如果压缩机运转时，冷却水突然中断，应立即关闭冷却水入口阀，而后停机令其自然冷却，以防设备很热时，放进冷却水使设备骤冷发生炸裂。

④ 应随时注意压缩机各级出入口的温度。如果压缩机某段温度升高，则有可能是压缩比过大、活门坏、活塞环坏、活塞托瓦磨损、冷却或润滑不良等原因造成的。应立即查明原因，作相应的处理。如不能立即确定原因，则应停机全面检查。

⑤ 应定时(每30min)把分离器、冷却器，缓冲器分离下来的油水排掉。如果油水积蓄太多，就会带入下一级气缸。少量带入会污染气缸、破坏润滑，加速活塞托瓦、活塞坏、气缸的磨损；大量带入则会造成液击，毁坏设备。

⑥ 应经常注意压缩机的各运动部件的工作状况。如有不正常的声音、局部过热、异常气味等，应立即查明原因，做相应的处理。如不能准确判断原因，应紧急停车处理。待查明原因，处理好后方可开车。

⑦ 压缩机运转时，如果气缸盖、活门盖、管道连接法兰、阀门法兰等部位漏气，需停机卸掉压力后再行处理。严禁带压松紧螺栓，以防受力不均、负荷较大导致螺栓断裂。

⑧ 在寒冷季节，压缩机停车后，必须把气缸水夹套和冷却器中的水排净或使水在系统

中强制循环，以防气缸、设备和管线冻裂。

⑨ 压缩机开车前必须盘车。压缩可燃气体的压缩机开车前必须进行置换，分析合格后方可开车。

2.2　汽轮机安全技术

汽轮机连续长期在高温、高压、高转速条件下工作，又与众多辅助设备和复杂的汽、水、油、气系统有机地联合工作，不可避免地会发生一些故障和事故，会对企业造成严重的经济损失。为了避免设备发生重大损坏事故，以及减轻设备的损坏程度，就要加强对汽轮机的维护管理，保证汽轮机安全运行。

2.2.1　汽轮机分类及特点

汽轮机是用具有一定温度和压力的蒸汽来做功的回转式原动机，具有启动转矩大、可调转速、多种形式，起到升速平稳、长期可靠运行及防爆等一系列优点，因此被广泛应用于发电、石油化工、冶金、交通运输等行业。

2.2.1.1　汽轮机分类

汽轮机的类型和形式很多，有多种分类方法。

（1）按其做功原理的不同分类

① 冲动式汽轮机

冲动式汽轮机是蒸汽的热能转变为动能的过程，仅在喷嘴中发生，而工作叶片只是把蒸汽的动能转变成机械能的汽轮机。即蒸汽仅在喷嘴中产生压力降，而在叶片中不产生压力降。最简单的冲动式汽轮机的构造包括：轴、叶轮、叶片及其他与轴连在一起作回转运动的零部件（如联轴器、轴封套、推力盘）等，总称为转子。

② 反动式汽轮机

反动式汽轮机是蒸汽的热能转变为动能的过程，不仅在喷嘴中发生，而且在叶片中也同样发生的汽轮机。即蒸汽不仅在喷嘴中进行膨胀，产生压力降，而且在叶片中也进行膨胀，产生压力降。反动式汽轮机通常都是多级的，蒸汽就是这样在每一级中周而复始地重复膨胀做功。

冲动式和反动式汽轮机在构造上的主要区别在于：冲动式汽轮机的动叶片出、入口侧的横截面相对比较匀称，气流流道从入口到出口其面积基本不变，如图 2.2-1 所示。

反动式汽轮机动叶片出、入口侧的横截面不对称，叶型入口较肥大，而出口侧较薄，蒸汽流道从入口到出口呈渐缩状。

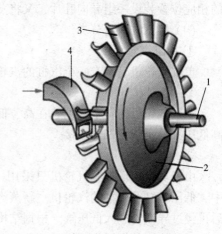

图 2.2-1　最简单的冲动式汽轮机构造图
1—轴；2—转子；3—叶片；4—喷嘴

冲动式汽轮机中蒸汽的压力降产生在隔板的喷嘴中。反动式汽轮机中蒸汽的压力降产生在装在汽缸上的静叶片和装在转子上的动叶片中。冲动式汽轮机的动叶片装在叶轮上。反动式汽轮机的动叶片装在转鼓上。

55

为了平衡推力，在冲动式汽轮机叶轮上开有平衡孔。而反动式汽轮机在转鼓上没有平衡活塞。

（2）按汽轮机所具有的级数分类

① 单级汽轮机

单级汽轮机是只有一个级的汽轮机，即只有一段喷嘴及其后面的叶片，是最简单的汽轮机。它是由汽缸、喷嘴、叶轮、叶片、轴等主要部件构成的。单级汽轮机的功率很小，主要用来带动水泵、风机和油泵等。

② 多级汽轮机

复速级汽轮机是单级汽轮机的变种，仍然是单级汽轮机。它与一般单级汽轮机不同之处是具有两列以上的动叶片，又称为速度级汽轮机。

为了提高汽轮机的效率，汽轮机越来越趋向高温、高压、大容量。单级汽轮机的功率很小，已不能满足工业的需要，多级汽轮机便应运而生。

（3）按蒸汽在汽轮机内的流动方向分类

① 轴流式汽轮机

轴流式汽轮机的蒸汽在汽轮机内流动的方向和轴平行。各发电厂中运行的汽轮机多是这种汽轮机。

② 辐流式汽轮机

辐流式汽轮机内蒸汽的流动方向与汽轮机轴相垂直。但大功率辐流式汽轮机的最后一级或几级也多用轴流级。

③ 周流式汽轮机

周流式汽轮机内的蒸汽在汽轮机中既不是沿轴流方向流动，也不是沿辐向流动，而是沿圆周方向，几进几出。这种汽轮机都是小型单级汽轮机。由于功率小，进汽量小，汽轮机不能做成全圆周进汽。蒸汽第一次流经动叶片之后，还有较大的动能未被利用，在动叶排汽处的相应位置装设一组导向叶片，又将蒸汽导入同一轮周的另一部分动叶片中去做功。

（4）接汽缸数目分类

① 单缸汽轮机

单缸汽轮机是只有一个汽缸的汽轮机。

② 双缸汽轮机

双缸汽轮机的转子分别装在高、低压两个汽缸内，蒸汽从高压缸流出后，进入低压缸。高低压缸转子以联轴器连接。

③ 多缸汽轮机

由于功率的增大，汽轮机只采用一两个汽缸已不能满足功率的要求，所以出现了高、中、低压三缸及多缸的汽轮机。新蒸汽从高压缸排出后经导汽管进入中压缸，从中压缸排出后再经过导汽管进入低压缸。根据结构的需要，中、低压缸也可以制成多个。

（5）按汽轮机热力系统特征分类

① 凝汽式汽轮机

蒸汽在汽轮机内做功后，除有一部分轴封漏汽外，全部排入凝汽器．在热力系统中没有回热抽汽段回热加热器的汽轮机叫作纯凝汽式汽轮机。为提高热力循环效率，将经过汽轮机某几级做功后的蒸汽抽出来，用以加热凝结水和给水，具有不调整抽汽的汽轮机叫凝汽式汽轮机。

② 调整抽汽式汽轮机

调整抽汽式汽轮机与凝汽式汽轮机的区别在于：其抽汽压力可以在某一范围加以调整，可以有一级调整抽汽，也可以有两级调整抽汽。

③ 背压式汽轮机

背压式汽轮机是蒸汽在汽轮机内做功后，以高于大气压力被排入排气室。这种汽轮机在热力系统中只有给水加热器，没有凝汽器，因而不存在冷源损失，热能利用率高。背压式汽轮机和调整式汽轮机都是既发电又供热的汽轮机，因此它们又统称为供热式汽轮机。

④ 抽背式汽轮机

还有一种汽轮机，兼有抽汽式汽轮机和背压式汽轮机性能，叫作抽背式汽轮机。它既有调整抽汽，又有高于大气压力的定压排汽供给热用户。

⑤ 中间再热式汽轮机

为了提高发电厂的热经济性和适应大机组发展的需要，蒸汽初参数在不断提高，但主蒸汽温度的升高受到金属材料及制造成本的限制，不能无限制地提高。随着主蒸汽压力的提高，蒸汽在汽轮机中膨胀至终了的湿度增大。为了使排汽湿度不超过允许限度，采用了蒸汽中间再热。这种汽轮机将汽轮机高压缸做完功的蒸汽，再送回锅炉再热器中加热到接近于新蒸汽温度，然后回至汽轮机的中低压缸继续做功。

（6）按汽轮机的用途分类

① 电站汽轮机

在热力发电厂中，用来发电或热电联产的汽轮机。

② 工业汽轮机

除中心电站汽轮机、船舶汽轮机以外的，用来带动水泵、油泵、压缩机等的汽轮机。

③ 船用汽轮机

作为船舶的动力装置，用以推动螺旋桨。

④ 按汽轮机进汽压力分类

低压汽轮机蒸汽初压为 1.18~1.47MPa；

中压汽轮机蒸汽初压为 1.96~3.92MPa；

高压汽轮机蒸汽初压为 5.88~9.8MPa；

超高压汽轮机蒸汽初压为 11.77~13.73MPa；

亚临界汽轮机蒸汽初压为 15.69~17.65MPa；

超临界汽轮机蒸汽初压大于 22.16MPa。

2.2.1.2 汽轮机联锁保护

由于汽轮机在高速旋转的同时又处于高温高压下，因此预防汽轮机出现危险及紧急情况时，联锁保护系统能及时动作，迅速停机，防止事故扩大，具有重要的意义。汽轮机的保护主要有以下几项：

① 超速保护超速保护对汽轮机组的安全是十分重要的，由于机组处于高速旋转状态，转子部分的材料强度裕量不多，而离心力的增加却正比于转速的平方，机组即使在板短的时间内超速，也可能引起严重的事故发生。一般机组超速至安全转速的 9%~11% 时，超速保护装置将立即动作，迅速关闭自动主汽门和调节阀门，使机组停止运转，以确保机组的安全。

② 轴向位移保护汽轮机运行时，如果产生过大的轴向推力，就会使推力瓦的钨金熔化，

从而使转子产生不允许的轴向位移。轴向位移一般是利用电涡流原理的传感器来测量，分为正向轴位移和负向轴位移两个测量点。

③ 润滑油压低保护润滑油压过低既会影响调节系统和保安系统执行机构的正常工作，又将破坏轴承油膜，情况严重时不仅会烧坏轴瓦，而且能造成动静部分间的摩擦等恶性事故。一般用电接点压力表作为油压过低的发讯装置。

④ 真空度低保护汽轮机在运行中真空降低，会造成排汽温度过高轴向推力增加，从而影响汽轮机的安全。

⑤ 轴承回油温度高保护油温过高，润滑油会迅速汽化，使油膜破坏，造成与轴瓦产生干摩擦，使机组发生强烈振动，损坏设备。

⑥ 轴承振动高保护由于汽轮机的故障大多能从其轴振动上体现出来，因此轴振动的联锁保护异常重要。

⑦ 其他保护汽轮机保护系统主要有电源系统、PLC、继电器、现场输入/输出设备组成。现场输入设备部分包括各种现场检测元件和仪表，负责工艺参数的检测变送，有的能够直接参与联锁保护的参数向控制逻辑运算单元 PLC 发出超限信号。输出设备包括现场电磁阀、主汽门、抽汽逆止阀、油动机等，输入设备负责信号采集，输出设备负责执行控制命令，而 PLC 负责逻辑运算，继电器主要是实现信号转换与隔离。要完成自动保护任务，就必须使用仪表和控制设备，构成一套完善灵敏可靠的自动控制系统。当有联锁保护发生时，能自动推动主汽门动作，迅速关闭主汽门，切断进汽，迫使汽轮机停机，同时关闭调节汽门和抽汽逆止阀。要求主汽门、抽汽逆止阀的关闭时间小于 1 s。

2.2.2　汽轮机启动维护

为了保证汽轮机组的安全启动和缩短启动时间，充分做好启动前的准备工作是十分必要的。启动前应按运行规程的规定，对各汽、水、油系统，如主蒸汽系统、抽汽及其疏水系统、加热器及其疏水系统、主凝结水系统、循环水系统、油系统、调节保安系统等，逐个系统地认真检查，使每个阀门处于机组启动前要求的开放或关闭位置；尤其在机组大、小修后的启动前，更应该认真仔细地检查、调整，使每个系统都处于机组启动前的正常状态。如果准备工作有疏忽，启动中某些未准备好的设备系统等将可能发生临时故障，使启动过程延长，甚至使启动工作半途而废。

汽轮机在下列情况下禁止启动：

① 调节系统无法维持机组空负荷运行或者在机组甩负荷后，不能将汽轮机转速控制在危急保安器的动作转速之内。

② 危急保安器动作不正常，自动主汽阀、调速汽阀、抽汽逆止阀卡涩或关闭不严。

③ 汽轮机保护装置，如低油压保护、窜轴保护、背压保护等保护装置不能正常投入。背压排汽安全阀动作不正常。

④ 主要表计，如主蒸汽压力表和温度表、排汽压力表、转速表、油压表、汽缸的主要被测点的金属温度表等不齐备或指示不正常。

⑤ 变、直流油泵不能正常投入运行。

⑥ 盘车装置不能正常投入运行。

⑦ 润滑油质不合格或主油箱油位低于允许值。

正确地启动汽轮机是保证汽轮机安全运行的关键。汽轮机的启动方法很多，根据启动前部件的温度，可以分为冷态启动和热态启动。启动前，汽轮机下汽缸调节级处金属温度在180℃以下称为冷态启动，下汽缸调节级处金属温度高于180℃时称为热态启动。

(1) 冷态启动程序和维护

① 启动前运行场地的检查

确定主机、辅机、油系统等设备检修工作已全都结束，准备好启动所需要的板子、振动表、手携式转速表等工具及仪表。主辅设备及周围场地均已清扫干净，现场整洁，照明完好。

② 启动前的试验

启动前的试验项目，包括泵的联动试验、危急保安器手动试验、低油压保护试验、低真空保护试验、轴向位移保护试验、抽汽逆止阀手动试验、自动主汽阀联动水压逆止阀试验、活动中低压调压器等。

③ 暖管

暖管是指对汽轮机间电动主闸阀前至"管道间"主蒸汽母管之间的主蒸汽管道的暖管；电动主闸阀后至汽轮机调速汽阀之间的主蒸汽管道的暖管是与启动汽轮机、暖机同时进行的。在暖管过程中，蒸汽在主蒸汽管内放出潜热后再凝结成水，因此在这个过程中需要充分排放管内的疏水，以防止在冲转时，疏水进入汽轮机内，造成水冲击。暖管时，为了避免主蒸汽管道突然受热，造成管道过大的热应力和水冲击，使管道产生永久变形或裂纹，要求按运行规程的规定，分低压暖管和升压暖管两步进行。

稍微开启主蒸汽送汽阀(一般开启送汽阀的旁路阀)。将汽压控制在0.2~0.3MPa，进行暖管。由于管道壁的初温(即室温)比表压为0.2~0.3MPa的蒸汽的饱和温度(约150℃)低很多，所以当蒸汽进入管道时，会在管壁上急剧凝结放热，又因为凝结放热的放热系数相当大，所以必须严格监视和控制暖管的蒸汽压力。

当低压暖管到管壁温度接近140℃后，可以逐渐开大送汽阀，提升汽压暖管，升压速度应严格控制。一般当汽压在1.5MPa以下时，以每分钟提升0.1MPa的速度进行；当在1.5~2.0MPa时，以每分钟提升0.2MPa的速度进行；当在4.0MPa以上时，以每分钟提升0.3~0.5MPa的速度进行。升速温度不超过51℃/min。整个暖管过程中，还应注意防止蒸汽漏入汽缸。

④ 冲转前应具备的条件

主蒸汽压力、温度应符合规程要求；凝汽器真空达60~70kPa；油温为30~35℃，调速油压、润滑油压及各轴承回油均应正常；低油压、窜轴等热工保护装置应正常并投用；转子的晃度不应大于规定值，以确保大轴弯曲度不超过规定(小型机组没有这项监测)。

⑤ 冲动转子

汽轮机转子被冲动后，盘车装置应自动脱开；将手柄倒向发电机侧，保险锁应能自动锁住手柄，此时切断盘车装置的电源及联锁开关。当转子被冲转至转速近500r/min时，可立即关闭电动主闸阀的旁路阀，在无汽流、低转速下，对前、后汽封和缸内进行听音检查，此时容易发现有无摩擦等问题。确认无异音后，再重新开启旁路汽阀，将转速维持在400~500r/min进行低速暖机。

⑥ 高速暖机

冲转后，维持主机转速在500r/min的状态下，检查一切正常后，开始进行升速暖机。升速的快慢、在某转速下暖机的时间以及各项控制指标，应按具体运行规程的规定或给出的启动曲线进行。机组达到额定转速前，一般分别在 1000～1300r/min（中速）和 2400r/min 左右（高速）的工况下，停留一定时间进行暖机。暖机转速以与机组临界转速（一般在 1400～1800r/min）相差 150～200r/min 为准来选定。机组在从低速升到中速和从中速升到高速的过程中，通常以 100～150r/min 的平均速度升速较适宜。

⑦ 全面检查

冲转后应时机组进行全面检查，检查机组的振动情况，各轴瓦的油流、油温、油压应正常，主机转子维持定速后，对主要表计指示值进行一次认真记录。确认机组各处正常后，联系有关方面进行危急保安器超速试验及其他一些必要的试验。

（2）热态启动程序和维护

① 检查转子的热弹性弯曲

热态启动前，汽轮机上、下汽缸温差较大，为了避免上、下汽缸大的温差，可以加强下气缸的保温；如果上、下汽缸温差高过规定值，不允许启动汽轮机。转子容易产生弯曲变形，变形与温差成正比，如果大轴挠度值超过规定值，则不允许启动汽轮机。

② 启动盘车

一般在汽轮机冲转前，应连续盘车 2～4h，以消除转子的热弯曲。

③ 轴封送汽

热态启动时，应先向轴封进汽，再对凝汽器抽真空，这样可防止冷空气从前后轴封流入汽轮机内，使轴封段转子受到冷却，同时要求轴封送汽应有较高温度的汽源。

④ 冲动转子时蒸汽温度

冲转结束后应迅速将蒸汽温度提高到汽缸金属温度之上 50～80℃，保证主蒸汽经过阀门、管道和调节级喷嘴后，温度仍不低于调节级的上汽缸温度，以避免汽缸受冷却而收缩。

⑤ 升速与加负荷

机组在运行中存在起始负荷点，热态启动中，从转子的冲转、升速直至机组并网、带负荷等各项操作，应尽可能快速进行，使机组尽快达到汽轮机调节级上汽缸金属温度，机组在满足低速全面检查的基础上，可以在 5～10min 内升到 3000r/min. 并尽快以每分钟 5%～10% 额定负荷的带负荷速度并网带负荷，尽快将汽轮机负荷增加到与当时汽缸温度和汽缸热膨胀值相当的水平上，避免汽缸受到冷却。

2.2.3 汽轮机停机维护

（1）停机前的准备

① 试转各高、低压泵，保证油泵正常工作，如果油泵不正常时，不允许停止汽轮机；②空转盘车马达，应正常；③与主控室进行联络信号试验；④活动自动主汽阀，其动作应灵活，无卡涩现象；⑤准备好必要的停机专用工具。

（2）降低负荷

停机过程是机组从带负荷的运行状态转变为静止状态的过程，也是汽轮机金属部件由高温转变为低温的冷却过程，汽轮机在高负荷及热平衡状况下，迅速冷却将建成不可忽视的内、外壁温差，产生较大的热应力；同时转子相对汽缸轴向急剧收缩，严重时会导致叶片、叶轮和喷嘴及隔板相摩擦，故在停机过程中，要注意金属部件的降温速度和温差。在降低负荷的过程中，金属的降温速度应不超过 1.5～2.0℃/min。为了保证这个降温速度，以每分钟 300～500kW 的速度减负荷，每下降一定负荷后，必须停留一段时间，使汽缸转子的温度缓慢、均匀下降。

减负荷过程中，需时时检查调速汽阀有无卡涩现象，如果有卡涩而又无法在运行中消除时，应通知主控室采用关闭自动主汽阀或电动主闸阀的办法进行减负荷停机。正常运行中，轴封供汽由轴封供汽调整系统控制，但在停机降负荷中，因主机工况变化大，轴封供汽调整系统不易自动调节，应改为手动旁路阀来控制，以便在汽轮机惰走时，仍旧能维持向轴封正常供汽。

调速汽阀、自动主汽阀的阀杆漏汽和轴封漏汽，在机组降负荷中停止排向其他热力系统，应随着负荷的降低而切换为排大气运行。

（3）盘车

当转子静止后，要尽快投入盘车装置，连续盘动转子(防止上下缸的温差使转子发生热弯曲)，根据汽轮机制造厂家的要求盘动转子。有些制造厂家对一些机组要求连续盘车 8~12h，或盘车到调节级处汽缸温度降至250℃后，方可停止连续盘车，然后改为每过 0.5h 或 1h 把转子盘转 180°，直到调节级处汽缸温度降至150℃为止。转子静止后，必须保证润滑油泵连续向各轴承供油，一则是盘车需要，另外因为停机后，汽轮机转子温度仍然很高，其热量会沿轴颈向轴承传导，这就需要有足够的润滑油来冷却轴瓦，否则轴瓦温度将会上升得很高，甚至损坏乌金和引起洼窝内油质劣化，所以停机后润滑油泵至少要连续运行 2~4h 以上。若因特殊需要，临时要停止润滑油泵供油，也只能短时间停一下，然后再启动油泵继续供油。润滑油泵供油期间，冷油器也需连续运行，使润滑油温不高于 40℃，当各轴承回油温度低于 40℃后，才可以停止冷油器。润滑油泵是否停止运行，还应根据盘车能否停止来确定。

汽轮机转子静止后，当排汽缸温度低于规定值时(一般要求低于 50℃)，循环水泵可以停止向凝汽器供循环水；然后要特别检查汽水系统有无向汽缸漏汽、漏水现象。

关闭锅炉的主蒸汽母管至汽轮机的蒸汽送汽阀，开放节流孔板前、后疏水阀。

关闭电动主闸阀，开启防腐蚀汽阀，不应冒汽。

2.2.4　汽轮机运行维护

汽轮机正常运行中的维护，是保护汽轮机的安全与经济运行的重要环节之一。汽轮机的维护是汽轮机运行人员的职责，勤于检查分析情况，防止事故发生，并尽可能提高运行的经济性。

2.2.4.1　汽轮机运行人员基本工作

配备必要的操作、维护人员后必须进行专门训练，务必使他们熟悉机组的结构、运转特性和操作要领。运行人员的基本工作有以下几个方面：

① 通过监盘，定时抄表(一般每小时抄录一次或按特殊规定时间抄录)，对各种表计的指示进行观察，对比、分析，并做必要的调整，保持各项数值在允许变化范围内。

② 定时巡回检查各设备、系统的严密性；各转动设备(泵、风机)的电流，出口压力，轴承温度，润滑油量、油质及汽轮机振动状况；各种信号显示，自动调节装置的工作；调节系统动作是否平稳和灵活；各设备系统就地表计指示是否正常。保持所管辖区域的环境清洁，设备系统清洁完整。

③ 按运行规程的规定或临时措施，做好保护装置和辅助设备的定期试验和切换工作，保证它们安全、可靠地处于备用状态。

④ 除了每小时认真清晰地抄录运行记录表外，还必须填写好运行交接班日志，全面详细地记录 8h 值班中出现的问题。

2.2.4.2 汽轮机运行监视

在汽轮机运行中，操作人员应对汽轮机本体、凝汽系统和油系统进行全面的监视。主要监视的项目有：新汽压力和温度、真空（或排汽压力），段压力、机组振动、转子轴向位移、汽缸热膨胀、机组的异声、凝汽器的蒸汽负荷、循环水的进口温度及水量、真空系统的密闭程度，油压、油温、油箱油位、油质和油冷却器进出口水温等。特别是对各项的变化趋势进行检查和记录，这对防止事故发生、查明事故原因和研究处理措施都是很必要的。

（1）监视段压力检查

在汽轮机中，汽轮机第一级后压力与通过汽轮机蒸汽流量近似成正比，如因结垢使流通面积小于设计值，欲维持相同的蒸汽流量或功率，则第一级后压力与流通面积减小的程度成比例地增加。汽轮机运行中，监视功率相同时汽轮机第一级后压力的变化可判断通流部分结垢的程度，通常把第一级后压力称为监视段压力。

如果在同一负荷下（汽轮机的初、终参数相同）、监视段压力升高，这说明该监视段以后的通流面减小，通流部分有可能结垢，有时由于某些金属零件碎裂或机械杂物侵入，堵塞了通流部分，或是由于叶片损坏变形等引起。临时停用加热器时，若主蒸汽流量不变，也将引起监视段压力升高。通过对监视段压力变化的观察分析，还可以判断通流部分的蒸汽流量是否过大（避免某些级过负荷），可以及时地把负荷减小到监视段压力允许的数值，或把某些级的压差降低到允许的数值范围内，以防止机组内的零部件被超压破坏。对于监视段压力，不仅要监督其绝对值的变化，还要监督各级段之间的压力差是否超过标准值，防止某个级段的压差超过标准值而引起该级段的隔板和动叶片工作应力增大，造成设备损坏。

一般情况下，每周或每向记录一次监视段压力，并与大修后记录的标准值比较，当发现超过标准值 1.5%~2% 以上时，应当每天都进行一次记录和校对（应先校验压力表，确认其无误），如发现超过标准值的 5%（反动式机组不应超过标准值的 3%），应当采取限制措施。如果分析后认为是由于通流部分结垢引起的，应进行清洗，如果是由于通流部分损坏引起的，应当及时申请停机修复，暂时不能停机修复时，应把机组负荷限制到与监视段压力相应的允许范围内，以保证机组安全运行。

（2）初参数与终参数监视

在汽轮机运行中，初终汽压、汽温、主蒸汽流量等参数都等于设计参数时，这种运行工况称为设计工况，此时的效率最高。在实际运行中，很难使参数严格地保持设计值，这时进入汽轮机的蒸汽参数、流量和凝汽器真空的变化，将引起各级的压力、温度、焓降、反动度及轴向推力等发生变化。这不仅影响汽轮机运行的经济性，还将影响汽轮机运行的安全性。所以在日常运行中，应该认真监督汽轮机初、终参数的变化。

① 主蒸汽压力升高

当主蒸汽温度和凝汽器真空不变，而主蒸汽压力升高时大，即使机组调运汽阀的总开度不变，主蒸汽流量也将增加，机组负荷则增大，这对运行的经济性有利，但如果主蒸汽压力升高超出规定范围时，将会直接威胁机组的安全运行。因此在机组运行规程中有明确规定，不允许在主蒸汽压力超过极限数值时运行。

主蒸汽压力过高有如下危害：

主蒸汽压力升高时，要维持负荷不变，需减小调速汽阀的总开度，但这只能通过关小未全开的调速汽阀来实现。在关小到第一调速汽阀全开，而第二调速汽阀将要开启时，蒸汽在调节级的焓降最大，会引起调节级动叶片过负荷，甚至可能被损伤。

末级叶片可能过负荷。主蒸汽压力升高后，由于蒸汽比容减小，即使调速汽阀开度不变，主蒸汽流量也要增加，再加上蒸汽的总焓降增大，将使末级叶片过负荷，所以，过时要注意控制机组负荷。

主蒸汽温度不变，只是主蒸汽压力升高，将使末几级的蒸汽湿度变大，机组末几级的动叶片被水滴体刷加重。承压部件和紧固部件的内应力会加大。主蒸汽压力升高后，主蒸汽管道、自动主汽阀及调速汽阀室、汽缸、法兰、螺栓等部件的内应力都将增加，这会缩短其使用寿命，甚至造成这些部件变形或受到损伤。

由于主蒸汽压力升高会带来许多危害，所以当主蒸汽压力超过允许的变化范围时，不允许在此压力下继续运行。若主蒸汽压力超过规定值，应及时联系锅炉值班员，使它尽快恢复到正常范围；当锅炉调整无效时，应利用电动主闸阀节流降压。如果采用上述降压措施后仍无效，主蒸汽压力仍继续升高，应立即打闸停机。

② 主蒸汽压力下降

主蒸汽压力降低时，主蒸汽流量也要减少，机组负荷降低；若汽压降低过多时，机组将带不到满负荷，运行经济性降低，对机组运行的安全性没有不利影响。如果主蒸汽压力降低后，机组仍要维持额定负荷不变，就要开大调速汽阀增加主蒸汽流量，这将会使汽轮机末几级特别是最末级叶片过负荷，影响机组安全运行。当主蒸汽压力下降超过允许值时，应尽快联系锅炉值班员恢复汽压；当汽压降低至最低限度时，应采用降低负荷和减少进汽量的方法来恢复汽压至正常，但要考虑满足抽汽供热汽压和除氧器用汽压力，不要使机组负荷降得过低。

③ 主蒸汽温度升高

在实际运行中，主蒸汽温度变化的可能性较大，主蒸汽温度变化对机组安全性、经济性的影响比主蒸汽压力变化时的影响更为严重，所以，对主蒸汽温度的监督要特别重视。对于高温高压机组，通常只允许主蒸汽温度比额定温度高5℃左右。当主蒸汽温度升高时，主蒸汽在汽轮机内的总焓降、汽轮机的相对内效率和热力系统的循环热效率都有所提高，热耗降低，使运行经济效益提高；但是主蒸汽温度升高超过允许值时，对设备的安全十分有害。

主蒸汽温度升高的危害如下：

调节级叶片可能过负荷。主蒸汽温度升高时，首先调节级的焓降要增加；在负荷不变的情况下，尤其当调速汽阀中，仅有第一调速汽阀全开，其他调速汽阀关闭的状态下，调节级叶片将发生过负荷。

金属材料的机械强度降低，蠕变速度加快。主蒸汽温度过高时，主蒸汽管道、自动主汽阀、调速汽阀、汽缸和调节级进汽室等高温金属部件的机械强度将会降低，蠕变速度加快。汽缸、汽阀、高压轴封紧固件等易发生松弛，将导致设备损坏或使用寿命缩短。若温度的变化幅度大、次数频繁，这些高温部件会因交变热应力而疲劳损伤，产生裂纹损坏。这些现象随着高温下工作时间的增长，损坏速度加快。

机组可能发生振动。汽温过高，会引起各受热金属部件的热变形和热膨胀加大，若膨胀受阻，则机组可能发生振动。

在机组的运行规程中，对主蒸汽温度的极限值及在某一超温条件下允许工作的小时数，都应作出严格的规定。一般的处理原则是：当主蒸汽温度超过规定范围时，应联系锅炉值班员尽快调整、降温，汽轮机值班员应加强全面监视检查，若汽温尚在汽缸材料允许的最高使用温度以下时，允许短时间运行，超过规定运行时间后，应打闸停机；若汽温超越汽缸材料允许的最高使用温度，应立即打闸停机。

④ 主蒸汽温度降低

当主蒸汽压力和凝汽器真空不变，主蒸汽温度降低时，若要维持额定负荷，必须开大调速汽阀的开度，增加主蒸汽的进汽量。主蒸汽温度降低时，不但影响机组运行的经济性，也威胁着机组的运行安全。其主要危害是：

- 末级叶片可能过负荷。因为主蒸汽温度降低后，为维持额定负荷不变，则主蒸汽流量要增加，末级焓降增大，末级叶片可能处于过负荷状态。
- 末几级叶片的蒸汽湿度增大。主蒸汽的压力不变，温度降低时，末几级叶片的蒸汽湿度将要增加，这样除了会增大末几级动叶的湿汽损失外，同时还将加剧末几级动叶的水滴冲蚀，缩短叶片的使用寿命。
- 各级反动度增加。由于主蒸汽温度降低，则各级的反动度增加，转子的轴向推力明显增大，推力瓦块温度升高，机组运行的安全可靠性降低。
- 高温部件将产生很大的热应力和热变形。若主蒸汽温度快速下降较多时，自动主汽阀外壳、调节级、汽缸等高温部件的内壁温度会急剧下降而产生很大的热应力和热变形，严重时可能使金属部件产生裂纹或使机内动、静部分造成磨损事故；当主蒸汽温度降至极限值时，应打闸停机。
- 造成冲击。当主蒸汽温度急剧下降 50℃ 以上时，往往是发生水冲击事故的先兆，汽轮机值班员必须密切注意；当主蒸汽温度还继续下降时，为确保机组安全，应立即打闸停机。
- 主蒸汽温度降低时，必须严密监视和果断处理。当主蒸汽温度降低到超过允许的变动范围时，应及时调整、恢复汽温。

⑤ 凝汽器真空降低

当凝汽器真空降低(即汽轮机排汽压力升高)时，排汽温度升高，这不但影响机组的运行经济性，对机组的安全运行也有较大的影响，主要表现有：

- 汽轮机的排汽压力升高时，排汽温度升高，被循环水带走的热量增多，蒸汽在凝汽器中的冷源损失增大，机组的热效率明显下降。另外，凝汽器真空降低时，机组的出力也将减少，甚至带不上额定负荷。
- 当凝汽器真空降低时，要维持机组负荷不变，需增加主蒸汽流量，这时末级叶片可能超负荷。对冲动式纯凝汽式机组，真空降低时，若要维持负荷不变，则机组的轴向推力将增大，推力瓦块温度升高，严重时可能烧损推力瓦块。
- 当凝汽器真空降低使汽轮机排汽温度升高较多时，将使排汽缸及低压轴承等部件受热膨胀，机组变形不均匀，这将引起机组中心偏移，可能发生振动。

当凝汽器真空降低，排汽温度过高时，可能引起凝汽器铜管的胀口松弛，破坏凝汽器的严密性。

- 当主蒸汽压力和温度不变，凝汽器真空升高时，排汽温度降低，被循环水带走的热量损失减少，机组运行的经济性提高；如要维持较高的真空，在进入凝汽器的循环水温度相同的情况下，就必须增加循环水量，这时循环水泵就要消耗更多的电量。汽轮机末几级的蒸汽温度增加，使末几级叶片的湿汽损失增加，加剧了蒸汽对动叶片的冲蚀作用，缩短了叶片的使用寿命。因此，凝汽器真空升高过多，对汽轮机运行的经济性和安全性都是不利的。

（3）凝汽器的运行监视

汽轮机凝汽器的作用是保证汽轮机排汽部分具有良好的真空，使蒸汽尽可能膨胀做功直到较低压力。加强对凝汽器运行中的检查和维护，是保证凝汽器安全运行的有效手段。凝汽器常见的不正常状态有

① 凝汽器真空恶化

在运行中，凝汽器真空下降的原因有：汽轮机低压轴封中断或真空系统管道破裂；凝汽器内凝结水位升高，淹没了抽气器入口空气管口；冷却水流速过低而在凝汽器冷却水出口管上部形成气囊，阻止冷却水的排出；冷却水不足或水温上升过高；循环水中断；抽气器喷嘴被堵塞或疏水排出器失灵。

凝汽器真空恶化的判断方法：

• 冷却水入口强度。冷却水入口温度越低，则凝汽器出口冷却水温度越低，因此排汽温度也越低，凝汽器内的真空度就越高。

• 传热端差。当凝汽器冷却表面脏污时，管壁随着污垢和有机物的增长而加厚，影响了汽轮机排汽与冷却水的热交换，也使凝汽器端差增加，真空系统不严密或抽气器工作失常，也会使凝汽器内空气量增多，在冷却表面上将形成空气膜，影响热交换的进行，使传热端差增大，凝汽器真空变坏。若凝汽器内的部分冷却水管被堵塞，则相当于减少了凝汽器的传热面积，也会使传热端差增大。凝汽器在运行中传热端差的数值越小，表明其运行情况越好。要保证凝汽器内有良好的真空，在蒸汽负荷、冷却水温，冷却水量一定的条件下，必须保持冷却表面的清洁和保证蒸汽空间不积存空气。否则必须进行凝汽器清洗或检查消除真空系统的漏气点。

• 冷却水量。当冷却水量减少，冷却水流速降低时，冷却水吸热量将增加，温升升高，汽轮机排汽温度也随着升高，因而凝汽器内真空降低。

② 凝汽器真空系统严密性的检查

为了监视凝汽设备在运行中真空系统的严密程度，要定期做真空严密性试验，其试验是在汽轮机额定负荷的1/2或额定容量下进行的。试验前必须确定抽气器空气阀是否严密。缓慢关闭主抽气器的空气阀，在操作过程同时严密监视凝汽器的真空变化情况。若在关闭过程中凝汽器内真空下降较大，则应立即停止试验，恢复至运行状态，并寻找原因。当抽气器空气阀关闭稳定1min后再开始记录凝汽器内真空值下降速度。一般试验3~5min，平均每分钟下降3mmHg真空值为良好，5mmHg真空值为合格，5mmHg以上真空值为不合格。

③ 凝汽器管子的振动

整个凝汽器的振动，往往是由于汽轮机或某些其他部件的振动，或因蒸汽对冷却水管的冲击等原因引起的。热汽流过管子时会产生周期性的冲击作用，尤其当排汽内含有水滴时，其冲击作用就更大了，将引起顶部的两三排冷却水管的振动加剧，管子振动会使管于穿过凝汽器中间隔板的部分被磨损，有时还会引起管壁破裂，甚至使管子断裂，而断裂部位往往是在靠近管板或中间隔板的位置，而且断裂面很光、很平。

为了减轻管子的振动，应在运行中加强监视，避开振动负荷。要采取措施对设备进行改进，也可将冷却水管更换为厚壁管或者凝汽器内添装中间隔板，也可用木条或铜片在适当的位置上把管子楔住。

④ 凝汽器的腐蚀

凝汽器管子长期被冷却水冲刷而变薄，尤其是当冷却水内含有不溶解的空气时，管子内表面上的氧化保护膜将被空气泡冲击而剥落，使冷却水管在腐蚀和冲蚀作用下损坏。当引入凝汽器的流水及其他设备的排汽直接冲刷管子时，被冲刷的管段会很快发生磨损。为了防止这种现象的发生，在凝汽器的疏水和排汽入口处安装有保护挡板，但其安装一定不能影响凝汽器管子的传热效果。

（4）汽轮机运行维护内容

保持机体清洁、保温层完整；各零部件齐全完整，指示仪表灵敏可靠；检查轴瓦温度、油压、高压蒸汽温度、压力、一级后压力、抽汽压力等是否正常，检查各运转部件是否有异常振动和声响；定期做油质分析。经常检查油箱油量并及时补充；定期检查润滑点润滑情况；定期检查、清洗油过滤器，保证油压稳定，必要时更换滤芯；操作工、检修工应定时、定点、定路线认真进行巡检；3个月至少做1次油质分析。

2.2.5　汽轮机典型事故处理

运行值班人员要熟练地掌握设备结构和性能，熟悉汽水等系统和事故处理规程，一旦事故发生，就能迅速准确地判断和熟练地操作处理。

2.2.5.1　事故处理原则

① 发现异常及时处理。运行值班人员在监督和巡回检查中发现异常，应根据异常征兆，对照有关表计、信号进行综合分析判断，并尽快汇报，统一指挥处理。如果已经达到紧急故障停机条件，为保证主设备的安全，应果断打闸，破坏真空停机，千万不可存在侥幸心理或担心承担责任而犹豫不决，拖延了处理时间，造成事故扩大。

② 统一指挥，正确操作。发生事故时，运行值班人员要坚守岗位，沉着冷静，迅速抓住重点进行正确操作切忌慌乱，顾此失彼，以致误操作而扩大事故，在多名人员协助处理事故时，要听从统一指挥，操作时要联系准确和认真协调，防止发生混乱而造成误操作。

③ 保证安全。发生故障时，运行值班人员必须首先迅速解除对人身和设备安全有威胁的系统，同时应注意保持没有故障的设备和其他机组继续安全运行，并尽可能地增加这些正常机组的负荷，以保证用户的用电或供热需要。

处理事故时应根据事故的部位、征兆和性质，分为紧急故障停机和一般故障停机，两者的主要差别是前者应立即打危急保安器，解列发电机，并破坏真空，启动辅助油泵，尽快将机组停下来；后者通常是先逐渐降负荷到零，然后解列发电机，再手打危急保安器停机，启动辅助油泵，不需要破坏真空，只是根据运行规程规定降低真空，其他停机操作都按运行规程规定执行。

紧急故障停机时，机组各部件的金属温度变化剧烈，高温部件的热应力、热变形都变化很大。因此对机组的使用寿命影响很大，同时各项操作紧张，容易发生操作忙乱而误操作，损坏设备，所以，除非故障性质恶劣必须尽快停机，否则尽可能不采取紧急故障停机方式。

在下列情况下，应采取紧急故障停机：

① 汽轮机的转速升高值超过危急保安器动作范围，通常是超过额定转速的112%。②汽轮机转子轴向位移或胀差超过规定的极限值。③油系统油压或主油箱油位下降超过规定值。④任一主轴或推力轴承瓦块的乌金温度快速上升，并超过规定的极限值。⑤凝汽器真空下降超过规定的极限值。⑥主蒸汽温度突然上升，且超过规定的极限值。

⑦主蒸汽温度突然下降，且超过规定的极限值或出现水冲击现象。⑧汽轮机内部发出明显的金属摩擦、撞击声音或其他不正常的声音。⑨主轴承或端部轴封发出较强火花或冒浓烟。⑩汽轮机油系统着火，就地采取措施无法扑灭。⑪汽轮机发生强烈振动。⑫主蒸汽管道、主凝结水管道、给水管道、背压排汽管道及油系统管道或附件发生破裂，急剧泄漏。⑬加热器、除氧器等压力容器的压力超过规定的极限值而无法降低或容器发生爆破。⑭发电机强烈冒烟或着火。

紧急故障停机的通常操作顺序如下：

① 手打危急保安器，确认自动主汽阀、调速汽阀、抽汽逆止阀已迅速关闭，调整抽汽机组的旋转隔板关闭。②向主控制室发出"注意""危险"信号，解列发电机，这时转速下降，记录情走时间。③启动交流油泵，注意油压变化。④凝汽式机组应开放真空破坏门，停止抽气器，破坏凝汽器真空。⑤开放凝结水再循环阀，关闭低压加热器出口水阀，保持凝汽器水位。⑥调整抽汽式机组应关闭中、低压电动送汽阀，解列调压器；背压式机组应关闭背压排汽电动总阀，开放背压向空排汽阀，解列背压调整器，把同步器摇到下限位置。⑦根据需要联系值长投入减温减压器。⑧其他操作按一般停机规定完成。⑨处理结束后，报告值长及车间领导。

2.2.5.2 叶片、围带、拉筋和铆钉损坏或断裂

（1）事故现象

在汽轮机运行中发生叶片、围带、拉筋和铆钉损坏时，将会有下述现象产生。

① 单个叶片或围带飞脱时，可能产生撞击声或尖锐的响声，并伴随有突然的振动，有时也会很快消失。

② 当调节级围带飞脱时，如围带碎片堵在下一级导叶上，将会引起调节级的压力升高。

③ 当低压蒸汽缸本级叶片或围带飞脱时，可能会击坏凝汽器铜管，致使冷凝水的硬度突然增高，凝汽器的水位也急剧升高。

④ 叶片、围带等脱落时，将会使转子严重不平衡，从而引起机组的强烈振动。

（2）主要原因

① 设计不合理。结构设计不合理，如采用球形叶根，应力集中，使危险振型没有避开共振区，当转速低于额定转速情况下就发生严重振动，且随转速增加，振动加剧；选材不合适，材料内部存在缺陷；热处理不当。

② 制造缺陷。制造工艺存在问题，叶轮加工后存在凹痕、裂纹、尖角、机械硬伤、划痕，叶轮出口边圆弧过渡区表面粗糙，边缘加工过薄，以及铆接过度等，易产生应力集中。

③ 安装不良。叶根与轮缘槽配合不准确，围带孔与铆钉头错位，叶片装配不够紧，致使叶片振动频率降低而落入共振区，以及检验质量不合格。

④ 操作不当。进汽量大幅度波动，或部分进汽将会引起较大的振动应力；防喘振运行不合理，入口温度偏高，造成机组运行不经济、不安全；超负荷或低负荷运行，水击、碰撞、冲蚀、水质不良、结盐垢等。

（3）预防措施

① 精心设计，合理选择材料，使危险振型避开共振区。通常采用的方法是调频，即将叶片频率调开激振频率。

② 调频方法有两种，一种是改变叶片的自振频率，即改变叶片或叶片组的刚性与惯性.对于单只叶片可改变叶型和叶片高度，对叶片组可改变围带或拉筋的尺寸、截面形状及叶片

间的连接方式；另一种是改变激振力的频率，即可改变喷嘴数、抽汽口位置和数目以及采用变节距喷嘴等。

③ 保证加工和安装质量，并严格进行检验。检验中如发现叶片、围带、拉筋和铆钉存在缺陷，要及时处理。对振动特性不合格者必须进行调换。

④ 严格按汽轮机操作规程运行。变工况运行时，限制在机组的调遣范围内运行。防止转速过低，使叶片陷入共振区，并且防止负荷突变(减负荷或负荷骤增)。

当汽轮机内部产生冲击声、强烈振动时，应立即停车检查。若发生叶片断裂事故，为缩短修复时间，尽早投入运行，可在断裂叶片的相对称部位剖去一片，以保持平衡，对修复后的转子应严格进行动平衡试验、无损探伤和超速试验。

2.2.5.3　汽轮机水冲击

汽轮机水击事故是一种恶性事故，如处理不及时，易损坏汽轮机本体。

（1）事故现象

① 主蒸汽温度急速下降，丰汽阀和调速汽阀的阀杆、法兰、轴封等处可能冒白汽。②机组振动逐渐增大，直到剧烈振动。③推力轴承乌金温度迅速上升，机组转动声音异常。④汽缸上下温差变大，下缸温度要降低很多。

（2）水击发生的原因

① 锅炉运行不正常，发生汽水共腾或满水事故。②汽轮机启动中没有充分暖管或疏水排泄不畅，主汽管道或锅炉的过热器流水系统不完善，可能把积水带到汽轮机内。③滑参数停机时，由于控制不当，降温降得过快，使汽温低于当时汽压下的饱和温度而成为带水的湿蒸汽。④汽轮机启动或低负荷运行时，汽封供汽系统管道没有充分暖管和疏水排除不充分，使汽、水混合物被送入汽封。⑤停机过程中，切换备用汽封汽源时，因备用系统积水而未充分排除就送往汽封。⑥高、低压加热器水管破裂，再保护装置失灵，抽汽逆止阀不严密，返回汽轮机内。

（3）处理方法

汽轮机水击事故是汽轮机运行中最危险的事故之一，一旦发生水击事故时，应立即破坏真空紧急故障停机。方法：①破坏真空紧急故障停机。②开启汽轮机缸体和主蒸汽管道上的所有疏水门，进行充分排水。③正确记录转子惰走时间及真空数值。④惰走中仔细倾听汽缸内部声音。⑤检查并记录推力瓦乌金温度和轴向位移数值。

2.2.5.4　汽轮机大轴弯曲

（1）事故现象

汽轮机大轴弯曲，一般有下列特征：①机组振动增大，甚至强烈振动。②前后汽封处可能产生火花。③汽缸内部有金属摩擦声音。④有大轴挠度指示表计的机组，指示值将增大或超限。⑤若是推力轴承损坏，则推力瓦温度将升高，轴向位移指示值可能超标并发出信号。⑥上下汽缸温差可能急速增加。

（2）主要原因

① 动静部分摩擦使转子局部过热。

② 停机后在汽缸温度较高时，由于某种原因使冷水进入汽缸，引起高温状态的转子下侧接触到冷水，局部骤然冷却，出现很大的上下温差而产生热变形，造成大轴弯曲。

③ 转子的原材料存在过大的内应力，在较高的工作温度下经过一段时间的运转后，内应力逐渐得到释放，从而使转子产生弯曲变形。

（3）事故处理方法

通过机组振动大、汽封处产生火花等特征，结合有关表计指示值变化判断是这种事故，应果断地故障停机。停机时要记录转子的惰走时间，静止后进行手动盘车。如果盘车不动，不要强行盘动，必须全面分析研究，采取适当措施。

2.3 泵安全技术

泵是输送液体的动机械，泵的作用就是给管路中的油品提供动力（机械能）。使它们能够克服管路中各种摩擦阻力与位差，完成介质的输送。

2.3.1 泵的分类与选型

其种类虽然多种多样，按照工作原理、结构分类如下：

① 叶片泵：通过泵轴旋转时带动叶轮或叶片给液体以离心力或轴向力，输送液体到管道或容器的泵。如离心泵、旋涡泵、混流泵、轴流泵。

② 容积式泵：利用泵缸体内容积的连续变化输送液体的泵，如往复泵、活塞泵、齿轮泵、螺杆泵。

③ 其他形式的泵：有利用电磁输送液态电导体态的电磁泵；利用流体能量来输送液体的泵，如喷射泵、空气升液器等。

按化工用途分类：

① 工艺流程泵：包括给料泵、回流泵，循环泵、冲洗泵、排污泵、补充泵、输出泵等。

② 公用工程泵：包括锅炉用泵、凉水塔泵、消防用泵、水源用深井泵等。

③ 辅助用途泵：包括润滑油泵、密封油泵、液压传动用泵等。

④ 管理输送泵：包括输油管线用泵、装卸车用泵等。

按输送介质分类：

① 水泵：包括清水泵、锅炉给水泵、凝水泵、热水泵。

② 耐腐蚀泵：包括不锈钢泵、高硅铸铁泵、陶瓷耐酸泵、不透性石墨泵、衬硬胶泵、硬聚氯乙烯泵、屏蔽泵、隔膜泵、钛泵等。

③ 杂质泵：包括浆液泵、砂泵、污水泵、煤粉泵、灰渣泵等。

④ 油泵：冷油泵、热油泵、油浆泵、液态烃泵等。

机泵的选用一般考虑以下几点：

① 装卸泵一般不连续运转，主要要求排量大，扬程不是太高，这样可以缩短装卸作业时间，一般多选离心泵。黏度过大，输送困难的介质多选用往复泵或齿轮泵。

② 供给原料泵要求工作可靠，能长期连续运转，而且压力、流量保持平稳，有利装置长周期、安全、稳定均衡生产，一般多选用离心泵。

③ 用于输转、调和、倒罐等作业用泵，要求各泵使用灵活，适宜多种工艺需要，泵组之间又可以互为备用，所选机泵流量较大，扬程能满足各种工艺要求，一般也选离心泵。

④ 其他：添加剂品种多、用量小、黏度较大，多选齿轮泵或往复泵。化学药剂则选耐腐蚀离心泵。

离心泵由叶轮、吸入室和排出室等组成。吸入室将液体从吸入管均匀地吸入叶轮，液体在高速旋转的叶轮作用下，产生离心力，从而获得很高的动能和部分压能。随着排出室截面逐渐扩大，液体速度逐渐降低，动能转为压能。在液体甩出叶轮的同时，叶轮入口形成低压（真空），且低于泵入口压力，在泵内外压差作用下，液体源源不断地被吸入泵内，泵因而能连续不断地输送液体。这就是离心泵的工作原理。离心泵的优点是结构紧凑，体积小，价格便宜，转速高，运转连续，和电机连接简便，运转平稳，流量、压力量程范围广，并能输送高温热油或含有机械杂质的液体。它的缺点是效率低，而且没有自吸能力。当泵位高于油罐时，需要在泵吸入口灌满液体才能开泵。不适宜转送黏度大的介质。

往复泵由两个主要部分组成。一个是实现机械能转换为液体压力能，并直接输送液体到液缸（液力端）；另一个是将原动机能量传递给液力端的传动部分（传动端）。

当活塞向右行时，液缸容积增大，压力降低，液体在缸内外压差作用下，通过吸入阀进入液缸，此时排出阀关闭。当活塞左行时，液缸容积减小，缸内压力升高，缸内液体在压差作用下由排出阀排出，此时吸入阀关闭。往复泵就是这样间歇循环地吸入和排出液体，周而复始地工作。往复泵的优点是自吸能力强，对黏度大、温度高甚至带有气体的液体都可输送。它的缺点是主体笨重、转速低、流量不均匀，与电机相连要有减速装置，操作较离心泵麻烦，不宜用于输送透明轻质介质。

2.3.2 泵检修

泵是工厂提高经济效益的物质基础，通过检修，消除泵所存在的缺陷和隐患，意味着落实了工厂的物质基础，也就保障了工厂安全稳定长期满负荷运行。

一般对常用泵的检修包括以下几点：①检查驱动机和泵的对中，如和原始数据差异较大，需重新调整；②解体检查泵的转子、轴、轴承磨损情况，并进行无损探伤；③对泵的零部件进行宏观检查和检验；④对转子进行动、静平衡校正，并在机床上作端面跳动检验；⑤检查口环，消除磨损的间隙，提高泵的效率；⑥调整叶轮背部和其他各部间隙；⑦检查和更换密封；⑧清理和吹扫泵内脏物；⑨清除泵及辅助部分的跑冒滴漏，检查润滑油系统；⑩对整台泵保温、除垢、喷漆。

2.3.2.1 泵拆卸

检修化工泵时，首先应熟悉泵的结构，同时要抓好四个环节。(1)正确的拆卸；(2)零件的清洗、检查、修理或更换；(3)按技术要求精心地组装；(4)组装后各零件之间的相对位置及各部件间隙的合理调整。

拆卸时的一般注意事项如下：

① 泵的拆卸应按程序进行，对某些组合件可不拆的尽量不拆。

② 检修并记录原始数据，如泵和驱动机转子的对中数据，主要部位螺栓拆卸前后的长度，轴瓦间隙等。

③ 拆前对各零部件的相当位置和方向要做标记，放置要有秩序，以免修后组装时互相弄错。尽管有些零件（如叶轮、轴瓦、轴套等）有互换性，组装时也不应该随意调换位置，否则，转子的平衡可能受到影响，原来跑合过了的配合件又要重新跑合，还可能出现其他问题。

④ 装配间隙很小的零件，拆卸时要注意防止左右摇动，以免碰坏零件。有条件时，泵拆卸前最好装上导向杆，以保证安全顺利地拆卸。

⑤ 对于大型水平剖分泵的揭盖，首先应松掉中部的连接螺栓，然后再按一定对称顺序松开连接螺栓。这样，可防止泵的上壳体周边可能产生向上的翘曲变形。

⑥ 在分解两相连零件时，若设有顶丝孔，需借助顶丝拆卸。两相连接零件因锈蚀或其他原因拆不下来时，可用松动剂或煤油浸泡一段时间再拆，若仍然拆不下来，可将包容零件加热。当包容零件受热膨胀，而被包容零件还未膨胀时，迅速将两零件分开。

⑦ 拆卸时尽量使用专用工具。

为了除去零件上的油迹、污垢，可用煤油、柴油或专门的清洗剂清洗。零件上需要施焊的部位，可用四氯化碳、丙酮等清洗。对干固的锈迹，可用铲去除，或用砂布打磨掉。

组装过程中泵内部间隙的调整，是依靠调整垫片、掌握连接螺栓的紧力、调节各个专供调节用的螺钉等来实现的。必要时可改变零件的有关部分的尺寸。

2.3.2.2 泵设备润滑

润滑是设备良好运行的必要条件。润滑不好，设备就增加磨损，动力性能就会降低，使用寿命将会缩短，安全运行也就失去保证。

(1) 润滑油的选择原则

润滑的作用主要是：减少摩擦阻力，降低动力消耗，降低机件温度，保持摩擦面清洁，防止金属磨损与腐蚀，延长设备使用寿命，另外，还起到一定密封作用。而要使润滑起到应有作用，正确选用润滑油就显得十分重要。

按机械工作条件选择的依据是：设备的负荷、速度、温度、潮湿、摩擦表面精度、润滑部位及润滑方式。一般来说，负荷大的设备，应选用黏度大和油性、极压性好的润滑油，反之负荷小应选用黏度小的润滑油；转速高的设备需选用黏度较小的润滑油或用它制成的润滑脂，转速低的应选用锥入度小的润滑脂；对于工作温度和环境温度商的，应选用黏度较大、闪点较高、油性、氧化安定性好的润滑油或用它和稠化剂制成的滴点较高的润滑脂，低温条件下选用黏度较小，凝点低的润滑油剂润滑脂。对于循环润滑的地方，一定要选质量高，抗氧化好的油。总之，润滑油的选择多注重黏度、闪点，而润滑脂的选择则是锥入度和滴点。

(2) 机泵润滑管理要求

所用润滑油(脂)应有合格证，且品种、规格符合要求，不准任意更换。

设备岗位应配备齐全的润滑用具，包括：油箱或油桶、搪瓷桶、漏斗、油壶、油铲。黄油枪、接油盘(桶)及润滑脂专用桶等。

各种润滑用具应清洁、摆放整齐，定期清洗，专物专用。领油大桶、搪瓷桶和润滑脂桶上应有明显油品名称和牌号标记，避免领用错乱。设备用油不可久存，超过3个月以上需经化验分析，合格后方可继续使用。

(3) 油品使用前，要经"三级过滤"，严防水或杂质混入油内用到设备上。

(4) 设备润滑应坚持"五定"要求

定点：即指设备的润滑部位。不同设备有不同数量的润滑点(包括油孔、油杯、油箱、油槽等)。操作工应熟记加油点数和部位，在设备运行中，对这些部位逐一加油。

定质：即不同机型需用不同质量润滑油。因此，加油时必须品种、规格对路，质量合格，禁止乱用。

定量：即对各种不同润滑部位加注不同数量的润滑油，而且各点消耗量也不同，加得太多，不仅会浪费油料，还会造成设备过热。加得太少，润滑不良，将会增加设备磨损。

定期：即对设备润滑用具应定期清洗；存放油品定期化验；对润滑部位定期清洗、换油，以保证油品质量清洁，润滑效果良好。

定时：即对运转设备各部位规定加油时间。设备不同，部位不同，加油时间也不尽相同。不能加油过勤，也不能长期不加，加油时间恰到好处，才能保证润滑良好。

（5）设备润滑加油标准

① 循环用润滑油油箱油而应保持在 2/3 处；②曲轴箱、减速箱油面应在游标尺上下限之间；③轴承箱液面应在轴承的下部，滚珠中心以上的 1/2 处；④油杯润滑脂不足时应及时添加。

（6）设备润滑部位定期清洗换油时间

① 泵大修、中修后应清洗换油；②离心泵运转 6 个月，压缩机运行 3~6 个月，减速机运行 6~12 个月应清洗换油；③发现润滑油中进入水或杂质、乳化或颜色变黑必须及时更换，不得继续使用。

（7）润滑用具应每班检查一次，每月清洗一次。

（8）设备加油、清洗检查、换油、领油等工作，均应做记录，以备检查。

2.3.2.3 泵零部件检修

根据机泵的结构，通常检修以下几个部位。

（1）轴承轴瓦的检修

泵运行时如有振动，首先解体检查轴承或轴瓦的磨损和几何形状的变化。一般应检查以下内容：①轴承轴瓦的不圆度，不能大于轴径的 1‰，超标应该更换；②轴径表面粗糙度应达到要求；③研磨轴径的接触面积不小于 60%~90%，表面不应有径向或轴向划痕；④滚动轴承内外圈不应倾斜脱轨，应运转灵活；⑤轴瓦不应有裂纹、砂眼等缺陷；⑥轴承压盖与轴瓦之间的紧力间隙不小于 0.02~0.04mm；⑦径向负荷的滚动轴承外圈与轴承内壁接触应采用 H/h 配合；⑧不承受径向载荷的推力滚动轴承与轴的配合，轴采用 k6；⑨主轴与主轴瓦用压铅丝法测间隙，其两侧间隙应为上部间隙的 1/2；⑩外壳与轴承、轴瓦应紧密接触。

（2）联轴器检修

刚性联轴器一般用在功率较小的离心泵上。检修时首先拆下连接螺栓和橡皮弹性圈，对温度不高的液体，两个半联轴器的平面间隙为 22~42mm，温度较高时，应比轴窜量大 1.55~2.05mm。联轴器橡胶弹性圈比穿孔直径应小 0.15~0.35mm。同时拆装时一定要用专用工具，保持光洁，不允许有碰伤划伤。

齿形联轴器挠性较好，有自动对中性能。检修时一般接以下方法进行：

① 检查联轴器齿面啮合情况，其接触面积沿齿高不小于 50%，沿齿宽不小于 70%，齿面不得有严重点蚀、磨损和裂纹；

② 联轴器外齿圈径向跳动不大于 0.03mm，端面圆跳动不大于 0.02mm；

③ 若需拆下齿圈，必须用专用工具，不可敲打，以免使轴弯曲或损伤。当回装时，应将齿圈加热到 200℃ 左右再装到轴上。外齿圈与轴的过盈量一般为 0.01~0.03mm；

④ 回装中间接筒或其他部件时，应按原有标记和数据装配；

⑤ 用力矩扳手均匀地把螺栓拧紧。

（3）动密封部分的检修

机泵的动密封是指叶轮口环部位的密封，一般半径方向应控制在 0.20~0.45mm。若间隙太小，组装后盘车困难；间隙太大，容易造成泵的振动。轴套和衬环间隙半径方向般为 0.2~0.6mm。

（4）静密封部分的检修

静密封部分包括泵体剖分结合面、轴承压盖与轴承箱体的结合面、润滑油系统的接头。

进出口管的法兰等，如检修不能保证无泄漏，也同样使泵不能运行。上述部位的密封，只要根据介质选准适用的胶粘剂和垫片，即能保证无泄漏。现一般使用的剖面结合面胶黏剂为南大703、南大704。

（5）叶轮和转子检修

常用机泵多为单级叶轮或单级双吸式转子。

检修时首先检查叶轮外观并清洗干净，不管是更换备件安装新叶轮，还是清洗旧叶轮，回装后均要做静平衡，必要时还要做动平衡。叶轮和轴的配合采用 H/h，安装叶轮时键和键槽要正确接触。

对于转子部分的轴径允许弯曲不大于 0.013mm，对于低速轴最大弯曲应小于 0.07mm，对高速轴最大弯曲应小于 0.04mm，轴套部分与轴的装配采用 H/h。

对于转子部分的轴，检修后轴径向跳动不大于 0.013mm，轴套不大于 0.02mm，叶轮口环不大于 0.04mm，叶轮端面跳动不大于 0.23mm。两端轴径不大于 0.02mm。但对于结构较复杂的离心泵，上述数据根据泵的状况标准而有所变化。

（6）机械密封的检修

对机封检修时，应先用专用工具正确拆下机封的动、静环，并检查端面磨损情况，凡是装机封的泵转子，不管功率大小，均应做动或静平衡试验。为保证密封不泄漏，可在钳工平台上把动静面压紧，倒上水做渗漏试验。如果静态水不漏，说明密封面的表面粗糙度和平面度均符合要求。安装时端面垂直度偏差不大于 0.015mm。机械密封按要求装好后，一定要盘车，并检查冷却水部分是否可靠，防止转动后泄漏或损坏机封端面。

由于往复泵和离心泵用得较多、易发生故障，下面对其操作安全进行介绍。

2.3.3　往复泵安全操作

① 泵在启动前必须进行全面检查，检查的重点是：盘根箱的密封性、润滑和冷却系统状况、各阀门的开关情况、泵和管线的各连接部位的密封情况等。

② 盘车数周，检查是否有异常声响或阻滞现象。

③ 具有空气室的往复泵，应保证空气室内有一定体积的气体，应及时补充损失的气体。

④ 检查各安全防护装置是否完好、齐全，各种仪表是否灵敏。

⑤ 为了保证额定的工作状态。对蒸汽泵通过调节进汽管路阀门改变双冲程数；对动力泵则通过调节原动机转数或其他装置。

⑥ 泵启动后，应检查各传动部件是否有异声，泵负荷是否过大，一切正常后方可投入使用。

⑦ 泵运转时突然出现不正常，应停泵检查。

⑧ 结构复杂的往复泵必须按制造厂家的操作规程进行启动、停泵和维护。

2.3.4　离心泵安全管理

安全操作如下：

① 开泵前检查泵的出入口阀门的开关情况，泵的冷却和润滑情况，压力表、温度计、流量表等是否灵敏，安全防护装置是否齐全。

② 盘车数周，检查是否有异常声响或阻滞现象。

③ 按要求进行排气和灌注，如果是输送易燃、易爆、易中毒介质的泵，在灌注、排气

时，应特别注意勿使介质从排气阀内喷出。如果是易腐蚀介质，勿使介质喷到电机或其他设备上。

④ 应检查泵及管路的密封情况。

⑤ 启动泵后，检查泵的转动方向是否正确，当泵达到额定转数时，检查空负荷电流是否超高。当泵内压力达到工艺要求后，立即缓慢打开出口阀。泵开启后，关闭出口阀的时间不能超过 3 min。因为泵在关闭排出阀运转时，叶轮所产生的全部能量都变成热能使泵变热，时间一长有可能把泵的摩擦部位烧毁。

⑥ 停泵时，应先关闭出口阀，使泵进入空转，然后停下原动机，关闭泵入口阀。

⑦ 泵运转时，应经常检查泵的压力、流量、电流、温度等情况，应保持良好的润滑和冷却，应经常保持各连接部位、密封部位的密封性。

⑧ 如果泵突然发出异声、振动、压力下降、流量减小、电流增大等不正常情况时，应停泵检查，找出原因后再重新开泵。

⑨ 结构复杂的离心泵必须按制造厂家的要求进行启动、停泵和维护。

第3章　静设备安全技术

在化工生产中，塔槽釜、加热炉、换热器等设备是静止设备，而有些设备内部储有大量的可燃性以及有毒的流体，又经常工作在较高的压力下，一旦发生泄漏、断裂等事故时，会引起火灾、爆炸中毒等危害性事故，因此，加强这类设备的检查管理是非常重要的。

塔槽釜内的流体温度、压力以及腐蚀性的组合是相当复杂的，要充分认识其设计条件和材质结构的允许极限，在运转条件下对其进行检查。

3.1　塔设备

3.1.1　分类及特点

塔设备是化工、炼油生产中最重要的设备之一。塔是化工生产过程中可使气液或液液两相之间进行紧密接触，达到相际传质受传热目的的设备。塔设备的分类方法很多。

按操作压力分为加压塔、常压塔和减压塔；按形成相际接触界面的方式分为具有固定相界面的和流动过程中形成相界面的塔；

按塔的内件构成分为板式塔和填料塔；接单元操作可以分为：

（1）精馏塔

精馏主要是利用混合物中各组分的挥发度不同而进行分离。挥发度较高的物质在气相中的浓度比在液相中的浓度高，因此借助于多次的部分汽化及部分冷凝，而达到轻重组分分离的目的。

（2）吸收塔

吸收主要是利用一种或多种气体溶解于液体的过程。

（3）解吸塔

解吸是吸收操作的逆过程，即将液体混合物中的某一可挥发性组分转移至气体中。

（4）萃取塔

萃取塔是分离和提纯物质的重要单元操作之一。在液态（第一相液）中各组分在两液相之间不同的分配关系

（5）反应塔

反应即混合物在一定的温度、压力等条件下生成新物质的过程。

（6）再生塔

再生的过程是混合物经蒸汽传质、汽提而使溶液解吸再生的过程。

（7）干燥塔

固体物料的干燥包括两个基本过程，首先是对固体加热以使湿分气化的传热过程，然后是气化后的湿分蒸气分压较大而扩散进入气相的传质过程，而湿分从固体物料内部借扩散等的作用而源源不断地输送到达固体表面，则是一个物料内部的传质过程。因此干燥过程的特点是传质和传热过程同时并存。

3.1.2 板式塔

板式塔内装有一定数量的塔盘，气体以鼓泡或喷射形式穿过塔盘的液层使两相密切接触，进行传质。两相的组分浓度沿塔高呈阶梯式变化，板式塔的主要部件包括塔体、塔体支座、除沫器、接管、人孔和手孔，以及塔内件，结构如图 3.1-1 所示。根据塔板结构不同，塔式板可以分为以下几种类型：

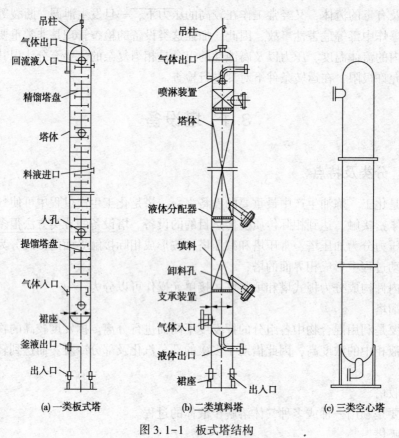

图 3.1-1　板式塔结构

（1）泡罩塔

塔板上的主要部件是泡罩。它是一个钟形的罩，支撑在塔板上，其下沿有长条形或椭圆形小孔，或作成齿缝状，与板面保持一定距离。罩内覆盖着一段很短的升气管，升气管的上口高于罩下沿的小孔或齿缝。塔下方的气体经升气管进入罩内之后，折向下到达罩与管之间的环形空隙，然后从罩下沿的小孔或齿缝分散成气泡而进入板上的液层。

（2）筛板塔

筛板与泡罩板的差别在于取消了泡罩与升气管，而直接在板上开很多小直径的筛孔。操作时气体以高速通过小孔上升，液体则通过降液管流到下一层板。分散成泡的气体使板上液层成为强烈湍动的泡沫层。

（3）浮阀塔

浮阀塔兼有泡罩塔、筛板塔的优点，板上开有按正三角形排列的阀孔，每孔之上安置一个阀片。气速达到一定时，阀片被推起，但受脚钩的限制，推到最高也不能脱离阀孔。气速减小则阀片落到板上，靠阀片底部三处突出物支撑住，仍与板面保持约 2.5mm 的距离。塔板上阀孔开启的数量按气体流量的大小而有所改变。因此气体从浮阀送出的线速度变动不大，鼓泡性能可以保持均衡一致，使得浮阀具有较大的操作弹性。

浮阀的直径比泡罩小，在塔板上可排列得更紧凑，从而可增大塔板的开孔面积，同时液体以水平方向进入液层，使带出的液沫减少而气液接触时间却加长，故可增大气体流速而提高生产能力，板效率亦有所增加，压力降却比泡罩塔小。结构上它比泡罩塔简单，但比筛板塔复杂。这种结构的缺点是因阀片活动，在使用过程中有可能松脱或被卡住，造成该阀孔处的气、液通过状况失常，为避免阀片生锈后与塔板粘连，以致盖住阀孔而不能浮动，浮阀及塔板都用不锈钢制成。此外，胶黏性液体易将阀片粘住，液体中有固体颗粒会使阀片被架起，都不宜采用。

（4）舌片板塔和浮舌板塔

舌片塔板是在平板上冲压出许多向上翻的舌形小片而作成。塔板上冲出舌片后，所留下的孔也是舌的形状。从下层板上升的气体在舌与孔之间几乎成水平地喷射出来，速度可达成 $20\sim30m/s$，冲向液层，将液体分散成滴或束。这种喷射作用使两相的接触大为强化，而提高传质效果。由于气体喷出的方向与液流方向大体上一致，前者对后者起推动作用，使液体流量加大而液面落差不增。板上液层薄，也就使塔板的阻力减小，液沫加带也少一些。

浮舌板上的主要构件是舌头与浮阀的结合，即可令气体以喷射方式进入液层，又可在负荷改变时，令舌阀的开度随着负荷改变而喷射速度大致维持不变。因此，这种塔板与固定舌片板相比较，操作较为稳定，操作弹性比较大，效率高些，压力降也小一些。

（5）穿流筛板塔与穿流栅板塔

穿流筛板塔的板上开小孔，穿流栅板塔的板上开条形狭缝。板与板之间不设降液管，液体沿孔或缝的周边向下流动，气体则在孔或缝的中央向上流动。气流对液流的阻滞，使板上保持一定的厚度的液层，让气体鼓泡通过。板上的泡沫层高度比较小，因此压力降比较小，板效率比泡罩板的低一些。

3.1.3 填料塔

填料塔内装填一定高度的填料层，液体沿填料表面成膜状向下流动. 作为连续相的气体自下面上流动，与液体逆流传质。两相的组分浓度沿塔高成连续变化。填料塔的主要部件包括塔体、塔体支座、除沫器、接管、人孔和手孔，以及塔内件。

填料塔的工作原理是，在圆筒形的塔体内放置专用的填料作为接触元件，其作用是使从塔顶下流的液体沿着填料表面散布成大面积的液膜，并使从塔底上升的气流增强湍动，从而提供良好的接触条件。在塔底，设有液体的出口和气体的入口和填料的支承结构；在塔顶，则有气体的出口、液体的入口以及液体的分布装置，通常还设有除沫装置以除去气流中所夹带的雾沫。在塔内气流两相沿着塔高连续地接触. 传质，故两相的浓度也沿塔高连续变化。

填料塔中的填料的作用是为气、液两相提供充分的接触面，并为提高其流动程度创造条件，以利用传质(传热)。同时能使气、液接触面大、传质系数高，同时通量大而阻力小。填料塔对填料的基本要求有以下几点：

① 增大接触面积，提高传质效率。填料应能提供足够的气、液接触面，具有较大的比表面积，并要求填料表面易被液体湿润，湿润的表面为气液提供接触面；

② 填料层的空隙大，提高生产能力，降低气体的压力降；

③ 不易发生偏流和沟流；

④ 填料应具有良好的耐腐蚀性、较高的机械强度和必要的耐热性。

3.2 反应釜

反应釜普遍应用于石油化工、橡胶，农药、燃料、医药等工业，用来完成化工工艺过程的反应。反应釜内进行化学反应的种类很多，操作条件差异很大，物料的聚集状态也各不一样。反应釜具有如下的特点：操作灵活方便。可以按工艺要求进行间歇式、半间歇式及连续操作；温度易于控制；根据生产需要，可以控制生产的时间，易于控制反应速率。

由于工艺条件，介质不同，反应釜的材料选择及结构也不一样，但基本组成是相同的，它包括釜体、工艺接管，传动装置等。这里主要介绍机械釜式反应器的结构。

机械搅拌式反应器适用于各种物性和各种操作条件的反应过程，在工业生产工应用非常广泛。搅拌反应器由搅拌器和搅拌机两大部分组成。搅拌容器包括筒体、换热元件及内构件。

搅拌容器的作用是为物料反应提供合适的空间。搅拌容器的筒体基本上是圆筒，封头常采用椭圆形封头、锥形封头和平盖，其中椭圆形封头应用最广。根据工艺需要，容器上装有各种接管，以满足进料、出料、排气等要求。设置外加套或内盘管，以便于加热物料或取走反应热。上封头焊有凸缘法兰，用于搅拌容器与机架的连接。容器上还设置有温度、压力传感器，测量反应物的温度、压力、成分及其他参数。支座选用时应考虑容器的大小和安装位置，小型的反应器般用悬挂式支座，大型的用裙式支座或支夹套是在容器的外侧，用焊接或法兰连接的方式装设各种形状的钢结构，使其与容器外壁形成密闭的空间。在此空间内通入加热或冷却介质，可加热或冷却容器内的物科。夹套的主要结构形式有：整体夹套、型钢夹套、半圆管夹套和蜂窝夹套等。

反应釜（器）内应设置温度和压力与反应进料、紧急冷却系统的报警和联锁装置。应设置测量和控制保险装置，有搅拌的应设置稳定控制系统。应设置安全泄放系统，有收集泄压反应物的附加装置。操作间内应设置可燃和有毒气体检测报警装置。

3.2.1 塔槽釜爆炸事故的主要原因分析

（1）违章作业

违章作业的主要表现如下：

① 未对设备进行置换或置换不彻底就试车或打开人孔进行焊接检修，空气进入塔内形成爆炸性混合物而爆炸。由此发生爆炸事故的次数最多，在小氮肥生产中尤为严重。

② 用可燃性气体（如合成系统的精炼气、碳化系统的变换气）补压、试压、试漏。

③ 未做动火分析、动火处理（如未加盲板将检修设备与生产系统进行隔离，或盲板质量差，或采用石棉板作盲板），未办理动火证就动火作业。

④ 带压紧固设备的阀门和法兰的螺栓。

⑤ 盲目追求产量，超压、超负荷运行。

⑥ 擅自放低储槽液位，使水封不起作用或因岗位间没有很好配合，造成压缩机、泵抽负，使空气进入设备形成爆炸性混合物。

⑦ 设备运行中离岗，没有及时发现设备内工艺参数的变化，致使系统过氧爆炸。

（2）操作失误

操作失误的主要类型如下：①设备置换清扫时，置换顺序错误。②操作中错开阀门，或开关阀门不及时，或开关阀门顺序错误，致使设备憋压或气体倒流超压，引起物理爆炸。③投料过快或加料不均匀引起温度剧增，或使设备内母液凝固。④未及时排放冷凝水或操作不当，使设备操作带水超压。⑤由操作原因引起的压缩机、泵抽负，使空气进入设备，形成爆炸性混合物。⑥过早地停泵停水，造成设备局部过热、烧熔、穿孔。⑦投错物料，使其在回收工序中受热分解爆炸。⑧错开油罐出口阀，导致冒顶外溢，遇明火爆炸。

（3）维护不周

维护不周的主要表现如下：

① 设备运行中，因仪表接管漏气、阀门密封不严等引起可燃性气体泄漏。

② 未及时清理沉积物（如黄磷、磷泥、积炭），使管道堵塞，造成设备真空度上升，空气通过水封进入煤气管道，设备内形成爆炸性混合物，或高温下引起积炭自燃爆炸。

③ 仪表装置失灵。损坏，如氢气自动放空装置损坏，空气进入；开车时造气炉煤气下行阀失灵，致使氧含量提高，甚至高达 4.2%；缩合罐的真空管道上的止回阀失灵，部分水进入罐内引起激烈化学反应而爆炸，铜液液位计破裂而引爆。

④ 不凝性气体没有排出或排尽，导致超压爆炸。

⑤ 用环氧树脂作防腐剂，涂在设备上引起着火。

⑥ 设备长期储存，温度过高引起自聚反应，或充装可燃性液化气体过满，高温下储存和运输中气体受热膨胀，压力剧升而导致爆炸。

⑦ 油蒸气排放源向大气中排放的油蒸气积累以及失控，残留品的挥发，使油罐区周围形成易燃易爆体系，在油罐作业搅动时，使沉积的油气挥发，遇焊渣时燃着火。

⑧ 存在点火源，主要指焊火、机动车尾气火花、静电消除装置失灵发生静电放电、雷击起火和其他点火源，如铁器相互碰撞、钉子鞋与路面摩擦产生的火星等。

（4）制造缺陷

设备制造缺陷主要有以下几种：

① 自制或自制改装的设备，材质不符合要求，没按有关规定和技术要求进行加工。

② 焊接质量太差，如设备焊接处有明显的与母材未熔合、连续点状夹渣、气孔或细小裂纹等现象，或外壁采用单面焊、未开坡口、焊肉厚薄不均、焊缝内夹垫圆钢等金属。

③ 设备没严格按图纸加工，给设备事故留有隐患。如水解釜联苯加热水套因回流管头加工错误，管头下部积水无法排除，致使受热沸腾而引起水解釜突然爆炸。

④ 选用旧设备或代用设备，因材料性能不明或自身的缺陷，如设备陈旧，阀门、封头长期打不开，止逆阀安装位置错误，不能阻止流体倒流等，或常压设备加压使用而发生爆炸。

（5）设计缺陷

设计主要有如下几种类型：

① 工艺不成熟，如未经物料、热量的衡算，盲目将小试数据用于大生产装置，致使设备强度不够，发生爆炸。

② 违反压力容器的有关规定，错误地将方形容器焊在夹套上，而且安装位置偏高，在高温高压下因强度不够而爆炸。

③ 设备按常压设计，操作时其压力超过设计压力，因强度不够而爆炸。

（6）化学腐蚀

腐蚀现象表现如下：①电化学腐蚀、氢腐蚀严重，使设备局部壁厚减薄或变脆。②塔壁腐蚀严重，局部穿孔。③由腐蚀造成设备及零部件断裂，如合成塔中心管断，高压氧腐蚀使合成塔出现裂纹而爆炸。④因设备腐蚀而泄漏。

3.2.2　反应釜检查维护

反应釜的维护要点：

① 反应釜在运行中，严格执行操作规程，禁止超温、超压。②接工艺指标控制夹套（或蛇管）及反应器的温度。③避免温差应力与内压应力叠加，使设备产生应变。④要严格控制配料比，防止剧烈的反应。⑤要注意反应釜有无异常振动和声响，如发现故障，应停止检查检修，及时消除。

3.3　加热炉安全技术

加热炉是化工生产过程中的高温加热设备。化工生产中很多反应需要在特定的条件下进行，对某些反应加热是加速化学反应的重要手段.加热操作是最广泛应用的操作之一。因此，加热炉被广泛应用于石油化工炼油化肥和有机化学工业中。加热炉常因维护、管理不当而发生事故，而加热炉爆炸是普遍发生、破坏性及导致人员伤亡极为严重的种事故。

3.3.1　加热炉结构特点

在化工生产中，很多气体物料需要通过加热炉来提高温度。一般都是通过管式炉对气体物料进行加热，提高气体的流速.以提高传热效率。管式加热炉根据结构形式不同，通常有列管式加热炉、蛇臂式加热炉、盘管式加热炉立管式加热炉等。下面以应用较广的管式加热炉为例，介绍加热炉的结构。

管式加热炉（或称管式炉）是加热炉的一种，一般由四个部分组成，即辐射室（炉膛）、对流室、烟囱和燃烧设备（火嘴）。

辐射室又称炉膛。从燃烧器喷出的燃料在辐射室内燃烧，由于火焰温度很高（可达1500~1800℃），因此不能让火焰直接冲刷炉管，热量主要以辐射方式传送。加热炉负荷的70%左右在辐射室内传递。

离开辐射室的烟气温度多控制在700~900℃。这么高温的烟气还有很大热量应该利用，所以往往要设置对流室。对流室内，高温烟气以对流方式将热量传给对疏管内的流动油品。对流室比辐射室小，但较窄较高。有时在对流室内可以加几排蒸汽管或热水管，提供生产或生活上所需的蒸汽或热水。为了提高传热效果，可将对流管做成钉头管或翅片管。另外，对流管内油品与管外烟气的流动方向应相反，以提高烟气与油品的温差，从而提高传热效果。

烟囱的作用是提高抽力，将烟气排入大气中。烟囱可以布置在炉顶或炉体旁，可以单独使用或共同使用一个烟囱。一般，烟气离开对流室的温度300~400℃。可以用空气预热器来回收其中一部分热量，使烟气温度降低到200℃左右，再进入烟囱排走，以提高炉效。烟气的排出一般依靠自然通风，即利用烟囱内高温烟气的重度比烟囱外空气轻而产生的抽力，将烟气排入大气。烟囱越高，抽力越大烟道内加一块调节挡板，通过调节挡板的开度，可控制抽力的大小，从而保证辐射室内最合适的负压，使火焰不至于外排，保证安全操作。

燃烧器俗称火嘴。在加热炉中，火嘴是主要的一种部件。火嘴的种类很多，输油用加热炉的火嘴通常在辐射室的侧壁、底部或顶部，供给燃烧所用的燃料和空气。燃烧产生的高温火焰以辐射换热方式，把热量经辐射室炉管传给管内流动着的原油。火焰放出一部分热量后，成为 700 ~ 900℃烟气，以对流方式又将一部分热量传给对流室炉管内流动的原油。最后烟气携带相当数量的热量，经烟囱排入大气中。

加热炉(工业炉)宜集中布置在装置的边缘，且位于可燃气体、可燃液体设备的全年最小频率风向的下风侧。当在明火加热炉与露天布置的液化烃设备之间，设置非燃烧材料的实体墙时，其防火间距应大于 15m。实体墙的高度不应小于 3m，距加热炉不应大于 5m，并应能防止可燃气体窜入炉体。

加热炉(工业炉)应在每个燃料气调节阀与加热炉之间设置阻火器，设置火焰探测器，炉内设置温度、压力监测报警等安全装置。

3.3.2 加热炉管理

加热炉在正常运行周期内的平均热效率(以下简称热效率)要达到以下指标：

(1) 热负荷在 10MW 及以上的加热炉的热效率应达到 89% 以上，乙烯裂解炉的热效率应达到 92% 以上；

(2) 热负荷在 10MW 以下的加热炉的热效率应达到设计值；

(3) 新建或改造加热炉热效率应达到新建或改造后的设计值，且不得低于 92%。

在提高加热炉热效率的同时，要避免烟气露点腐蚀。要合理控制物料进料温度，确保炉管壁温高于烟气露点温度。各单位每半年要对加热炉烟气露点温度进行一次测试。

每周应委托质量监督检验中心对燃料进行品质分析，建立台账，及时调整运行方式。

同时，为了节能降耗，加热炉运行要控制以下指标：

(1) 最终排烟温度一般应不大于 170℃。如燃料含硫量偏离设计值较大，则要进行标定和烟气露点测试，然后确定加热炉合理的烟气排放温度(一般应高于露点温度 20~30℃)；

(2) 为了保证燃烧完全，要尽量降低排放烟气中的 CO 含量，一般应不大于 $100×10^{-6}$；

(3) 对流室顶部烟气中的氧含量，燃气加热炉应控制在 2%~4%；燃油加热炉应控制在 3%~5%；

(4) 加热炉的外壁平均温度应<80℃，乙烯裂解炉的外壁平均温度应<120℃。

为了保护环境，延长设备的使用寿命，要严格控制燃料品质，控制烟气中的污染物排放。污染物的排放要达到国家标准和当地环保部门规定的指标。

(1) 应积极采用低 NO_x 燃烧器，以减少排放烟气中的 NO_x 含量；(2)应采取有效措施控制燃料中的硫化物含量和固体颗粒含量，减少排放烟气中的 SO_2、SO_3 等硫化物含量和粉尘含量。燃料气中总硫含量应不大于 $100×10^{-6}$；燃料油中总硫含量应不大于 1%，固体颗粒含量应不大于 $2000×10^{-6}$。燃料中的硫化物含量和固体颗粒含量达不到要求的要制订计划，采取措施，限期达到要求。

生产装置要逐台建立加热炉的档案资料，并有完整的运行记录。档案资料应包括：

① 加热炉设备台账；

② 全套图纸；

③ 加热炉技术档案簿；

④ 加热炉操作规程及事故预案；

⑤ 故障、事故记录及原因分析报告；

⑥ 炉效测试、分析报告；

⑦ 检修、抢修、技术改造记录及竣工资料；

⑧ 炉管及炉附件检测、校验记录。

（2）运行记录应包括：

① 工艺操作运行记录；

② 巡回检查记录；

③ 燃料含硫量分析报告。

加热炉必须安装热电偶、负压表和在线氧含量分析仪，并保证其正常使用。每台加热炉要设置烟气取样点，以利于对其运行状况进行监测。（烟气取样点的要求见附录），并对加热炉用燃料油、燃料气和雾化蒸汽进行计量，并保证计量的准确性。

应积极采用先进的控制系统，逐步实现加热炉的燃烧状况自动控制。在已采用 DCS 控制的生产装置中，应逐步实现 DCS 能显示加热炉的热效率值。

有机热载体炉除符合《有机热载体炉安全技术监察规程》外，气相炉还应符合《蒸汽锅炉安全技术监察规程》；液相炉还应符合《热水锅炉安全技术监察规程》。有机热载体炉的供货单位除提供炉子的设计、制造资料外还须提供有机热载体的物理数据和化学性能资料，如最高使用温度、黏度、闪点、残碳、酸值等。使用中的有机热载体每年应对其残碳、酸值、黏度、闪点进行分析，并根据分析结果对热载体进行更换或再生。有机热载体炉安装前必须报装，投用前后 30 天内要办理使用登记。在用的有机热载体炉必须按照《锅炉定期检验规则》的要求进行定期检验，超期未检的有机热载体炉不得投入使用。

3.3.3　运行维护

运行维护要根据有关规范及有关加热炉技术管理的规章制度，结合设备系统实际以及制造厂技术文件，编制本单位的《加热炉操作规程》，确定相关的技术控制指标。

同时应严格遵守操作规程及加热炉工艺指标，保证加热炉在设计允许的范围内运行，严禁超温、超压、超负荷运行，并尽量避免过低负荷运行（过低负荷一般指低于设计负荷的60%）。加热炉因特殊原因进行特护运行时，要制定特护方案。生产装置操作人员在执行规定的检查内容的同时，必须认真落实特护方案规定的内容。为了加强加热炉运行情况的检查和管理，生产装置管理人员要做好下列工作：

（1）每日至少对本装置管辖范围内加热炉的运行情况进行一次巡检。

（2）每周要对加热炉的热效率进行监测；每月编写本装置加热炉运行情况分析报告。

生产装置操作人员要做到：

（1）按照以下规定进行巡回检查：

① 每 1~2h 检查一次燃烧器及燃料油（气）、蒸汽系统。检查燃烧器有无结焦、堵塞、漏油现象，长明灯是否正常点燃；油枪、瓦斯枪要定期清洗、保养，发现损坏及时更换；备用的燃烧器应关闭风门、气门；停用半年以上的油枪、瓦斯枪应拆下清洗保存。

② 每 1~2h 检查一次加热炉进出料系统，包括流控、分支流控、压控及流量、压力、温度的一次指示是否正常，随时注意检查有无偏流。情况异常必须查明原因，并及时处理。

③ 每班检查灭火蒸汽系统。检查看火窗、看火孔、点火孔、防爆门、人孔门、弯头箱

门是否严密，防止漏风。检查炉体钢架和炉体钢板是否完好严密，是否超温。

④ 每班检查辐射炉管有无局部超温、结焦、过烧、开裂、鼓包、弯曲等异常现象，检查炉内壁衬里有无脱落，炉内构件有无异常，仪表监测系统是否正常。

⑤ 每班检查燃烧器调风系统、风门挡板、烟道挡板是否灵活好用，余热回收系统的引风机、鼓风机是否正常运行。发现问题要及时联系处理并做好记录。

⑥ 有吹灰器的加热炉，应根据燃料种类和积灰情况定期进行吹灰。要定期检查吹灰器有无故障，是否灵活好用。使用蒸汽吹灰器的，吹灰前须先排除蒸汽凝结水。

（2）每天检查一次仪表完好情况。每季度至少对所有氧含量分析仪检定一次，发现问题及时处理。检定记录生产装置要存档。

加热炉的开停工必须严格按照工艺操作规程执行。装置开停工前必须制定开停工方案，并经有关部门审核会签。停工时特别要注意防止硫化物在对流室内自燃，防止连多硫酸造成奥氏体不锈钢炉管应力腐蚀开裂。

在正常负荷条件下，为提高加热炉热效率，要求投用加热炉余热回收系统。余热回收系统出现故障，要及时进行修复。

3.3.4 检修维修

要建立加热炉及其附属设备和系统的缺陷记录。定期巡查加热炉及其附属设备和系统，了解设备缺陷情况，及时消除设备缺陷。要有设备缺陷消除验收记录并对暂时不具备处理条件的设备缺陷制定处理计划，并制定和落实监护措施，实现缺陷处理闭环管理。要按月统计加热炉及其附属设备和系统的缺陷及缺陷消除情况。每年及每季要系统分析设备缺陷发展规律，找出重点，作为下一年度或下一季度的反事故措施重点，并对加热炉及其附属设备和系统整体完好状况做出评价。

加热炉的检维修应根据 SHS 01006《加热炉维护检修规程》执行。要根据日常维护和停工检查、检测的结果，认真地编制加热炉检修计划，不过修、不失修。每次大检修停工时，对全部氧含量分析仪（包括探头）、热电偶和负压表（包括探头）进行维护、检定。停炉检修时，必须进行炉管的检查检测。要根据实际情况安排检测项目，落实有资质的检测单位进行检测。检测内容可包括：

（1）外观检查及测量；

（2）测厚及硬度测量；

（3）表面金相检测；

（4）超声波检测、焊缝 X 射线拍片检测或其他无损检测；

（5）炉管表面垢物分析，并制定防范措施。

在裂解炉、转化炉辐射室离心浇注炉管停工时要做到：

（1）装卸催化剂时不得敲击炉管；

（2）运行 4 万小时后，停炉时要对炉管渗碳层厚度进行检测，及时消除炉管安全隐患。

（3）对辐射炉管伸出炉膛外的部分要保温，并避免造成损伤。

检修完的项目按照有关规程、规范要求严格检查验收。加热炉检修竣工资料要及时归档、整理。

加热炉在停工检修期间安排炉管检查、清灰。凡耐火砖、耐火混凝土新做或修补的，均应按相应的烘炉曲线进行烘炉；烘炉期间，炉管内要通入所允许的介质加以保护。

3.3.5 烟气取样

（1）烟气取样点位置

应设置在：

① 辐射室　对有两个或两个以上辐射室的多室加热炉，每个辐射室的相应位置应安装烟气取样点，以便检查各室供风是否相同，单室可不装；

② 进对流室前　利用此点检验供给燃烧所需空气量的实际情况，控制燃烧器用风量；（辐射室已设置取样点的，可以共用）；

③ 出对流室后　利用此点的过剩空气系数计算加热炉的热效率，并检验对流室的漏风情况；

④ 采用余热回收系统时　应在空气预热器或余热加热炉前后均装设烟气取样点，利用空气预热器后的烟气温度计算加热炉热效率；

⑤ 露点温度取样点　设置在最后一级受热面出口，对于无余热回收系统的加热炉应设在对流室出口，采用余热回收系统的加热炉设空气预热器或余热加热炉出口。

（2）测孔大小

① 烟气取样点孔径不小于20mm。

② 露点温度取样点孔内径不小于40mm。

（3）烟气取样点安装注意事项：

① 取样点附近不能有漏风；

② 取样点应尽可能选在烟道的最窄处，应在该处有较高的烟气流速，促使燃烧产物充分混合；

③ 取样点最好伸至烟气流通截面的中部，有困难时，伸入长度不应少于500mm，多点取样可以减少测量误差；

④ 控制燃烧的取样点不应放在出对流室以后；测定热效率的取样点应放在烟囱内非涡流区，即不应设在转向区域；

⑤ 对于宽截面烟道，应设置多点取样设施，或采用单管伸缩式取样。

3.3.6 加热炉维护管理

在实际生产操作中，由于每个加热炉的状况及各项参数的不同，操作、维护方法也应有所不同，应结合本装置和本炉的特点，具体情况，具体分析。

点火和熄火：

（1）用油作燃料时

① 注意切水及换罐。因罐底水分较多，将使燃料油混入大量的水分，造成燃烧器熄火。

② 将燃油加热，使油的黏度降低到足以保证燃油在燃烧器中完全雾化。加热的温度根据燃烧器的技术条件确定。加热温度过高，易使燃油分解，产生积炭现象而增加泵的吸入损失。雾化蒸汽过热使火嘴易产生积炭，部分燃油在燃烧器中气化还可导致熄火。

③ 用蒸汽或空气将炉膛彻底吹扫，清除滞留在其内的可燃性气体。

④ 向炉膛吹入蒸汽时，检查疏水器是否正常，并经常用排凝阀切水。

⑤ 点火时，将火把插到燃烧器的前方，然后慢慢打开油管线上的阀门，并检查挡板的开度是否够。

⑥ 与此同时，将雾化蒸汽或雾化空气的阀门适当开启。

⑦ 一旦出现熄火时，务必按上述步骤重新点火。

⑧ 熄火时，先关油阀，然后再关闭蒸汽阀和空气阀。

（2）用燃料气作燃料时

① 检查燃料气储罐的压力是否合适，其大小足以维持燃烧为宜，压力低时易产生回火。

② 注意燃料气储罐的液面，切勿使气体管线内存积液体。

③ 滞留在炉膛内的燃料气，若其浓度达到爆炸极限时遇明火则将发生爆炸事故，故点火前，切勿用蒸汽或空气吹扫炉膛。

④ 点火时，将火把插到燃烧器的前方，然后慢慢打开燃料气阀门，待火焰稳定后再逐步增加燃料气量。

⑤ 经常观察火焰状态，注意避免出现回火。

⑥ 一旦出现熄火时，务必按上述步骤重新点火。

⑦ 熄火时，先关燃料气阀门，然后再关闭空气阀。

3.3.7　正常操作

（1）确保最佳的过剩空气率

燃料在燃烧室燃烧时，燃料完全燃烧所需的空气量叫理论空气量，为使燃烧完全和火焰稳定，燃烧过程中实际空气量应大于理论空气量。过剩空气量与理论空气量的比值称过剩空气率。

对于重油燃烧室，过剩空气率约为 15%～30%；对于燃料气燃烧室，过剩空气率约为 5%～30%。如果过剩空气率太高，就会相应加热多余的空气而使能耗增加；反之，过剩空气率太低，则燃烧不完全，而且火焰不稳定，出现长焰。

（2）压力和抽力的调节

① 注视烟道气压力表指针的变化，调节挡板，使炉膛内的压力不高于大气压。否则，烟道气由耐火砖间隙或衬里间隙向外泄漏，以致损坏炉壁。

② 注视烟道气压力表，勿使抽力(或炉内负压值)过大，否则抽风量增大，过剩空气率增加，从而导致炉膛温度降低、烟气量增大、烟囱热损失加大和炉热效率及处理能力降低。

③ 采用奥氏分析仪或其他仪器分析烟气，调节挡板以确保最佳的过剩空气率。

（3）火焰的调节

① 火焰状态的调整。对于油燃烧器可由雾化蒸汽、一次空气及二次空气量进行调整；对于气燃烧器可由一次空气量及二次空气量进行调整，以使其燃烧完全，火焰稳定。

油燃烧器空气量不足时，火焰长而呈暗红色，炉膛发暗；反之，如果空气量过大，则火焰短而发白，略带紫色，前端冒火星，炉膛完全透明，而且还会产生微弱的爆炸声甚至将火焰熄火；空气量适中，则火焰呈淡橙色，炉膛比较透明，烟气呈浅灰色。如果空气充分，雾化蒸气适当时，如仍出现长焰且烟多，或经常熄火，则属于燃烧器火嘴设计缺陷问题。

气燃烧器空气量不足时，火焰长而呈暗橙色，炉膛发暗并冒黑烟。随空气量的增大，火焰变短，前端发蓝，炉膛透明，烟气颜色变浅。

由于燃烧气较空气轻，浮力的作用使之在炉膛内上升。可采用烟囱闸板调节通过烟囱的流量，即如果开启闸板，炉内压力下降，空气自然吹入炉内，使过剩空气率增大，燃料消耗增加，热效率下降；反之，如关闭闸板，炉内压力增大，可导致火焰从炉缝隙、窥视孔等处喷出。为维护炉内正常压力，保证安全生产和提高热效率，适当地调节烟囱闸板的开启程度也是十分必要的。

② 竭力避免火焰扑向耐火砖或衬里炉壁及舔管。调节炉温时，尽量将火焰调短为宜，否则，火焰扑向炉壁，将会缩短耐火砖或衬里的使用寿命。火焰舔管，则出现局部过热现象，不仅会加速结焦，而且还严重损坏炉管外表面，除非迫不得已需要加热炉超负荷运行。

③ 在燃烧器的外围不得出现燃烧(或称后燃)。加热炉在实际负荷超过设计能力情况下，有时会出现下述现象。如果在此工况下继续维持操作，同样会损伤耐火砖、衬里、炉管及烟囱。

(4) 温度的调节

① 用温度指示仪或记录仪经常检查炉膛温度。操作时，切勿使炉膛温度超过规定温度的上限，否则将导致耐火砖或衬里的熔融，炉管及吊架氧化程度的加剧，从而使金属强度随温度上升而下降，增加维修费用。

② 必须用温度计作不定期检查，避免炉管局部过热而发生结焦现象。局部过热不仅使燃气分解、炉管结焦、导热系数降低，同时增大加热炉的压力降，严重时加热炉必须紧急熄火；炉管过热、结焦还会使管内流速降低，从而使处理量大大低于设计生产能力。

3.3.8 日常检查和保养要点

在加热炉正常运转中，要防止故障和损坏，就需要及早发现异常的迹象，不使其发展成为严重问题。为此需要进行日常检查。

(1) 炉内观察

① 加热管和管支架配件

加热管全体或局部有无发生颜色变化，管支架配件有无发生颜色变化。火焰有无直接与加热管或管支架配件接触。加热管和管支架配件有无发生弯曲和变形。加热管有无从管支架配件上开始松落或已松落。

② 燃烧器

火焰的形状、宽度、长度、有无变化。是否由点火燃烧器点着火。在正常情况下，气体火焰通常是短的蓝色火焰。如果火焰的形状有异常，这是出于燃烧器喷嘴闭塞，或是空气过多过少，可以清扫喷嘴或调节配风器加以纠正。

③ 炉壁(耐火材料)

炉内的耐火材材料(炉的侧壁、炉床等)中，有无烧得特别红的。炉内的耐火材中，有无裂纹、脱落、向前凸出(局部困热膨胀而胀起凸出)。耐火材料损坏时不仅绝热性能变差，而且由于外壳的温度上升，强度降低、会导致大的事故。

(2) 炉外检修

燃烧器和燃料气系统：①要检查燃料气的原来压力和燃烧器供给压力，检查燃料气调节阀的开度。并通过增减燃烧器的根数，调节适当压力。②燃料气管路有无漏泄。③燃料气管路的水蒸气加热管有无通入蒸汽。④燃料气、排泄液分离器中有无积存排泄液。燃烧器在燃烧气体的压力方向有一个适用范围，如果超出这一范围，燃烧就不稳定，因而需要增减燃烧器的根数来调整压力。如果燃烧气的排泄液流入燃烧器，会引起异常燃烧，所以，要经常地把气体温度加热到饱和温度以上，如果有排泄液，就应彻底加以排出。

(3) 通风装置

①炉内是否为负压

炉内压力如为正压,则由观察孔观察炉内时,有从炉内喷出燃烧气体的危险。可用烟道风门调整炉内压力。

②过剩空气率是否适当

过剩空气率掌握得不好,会引起不完全燃烧,降低加热炉效率。应以烟道风门、空气吸入口百叶窗和燃烧器配风器来调节过剩空气率。

③ 炉架结构、外壳

炉架与外壳有无变形,有无因热而涂漆脱落之处。

④ 基础

基础有无裂纹,地脚螺栓有无松弛。

⑤ 油配管

油配管有无泄漏和振动;油配管的压力和流量调节阀开度是否适当,观察油配管的压力升降流量调节阀开度变化情况,据此检查加热管内的焦炭黏附情况。

⑥ 灭火蒸汽

灭火蒸汽管线的疏水器动作是否正常。当加热管破损,管内的油喷出到炉内时,需要立即吹进灭火蒸汽来灭火,所以经常要排出泄水。

⑦ 控制室仪表

表面温度是否正常;烟道气温是否正常;油温是否正常;加热炉通油量。

3.3.9 清焦

结焦是炉管内的油品温度超过一定界限后发生热裂解,变成游离碳,堆积到管内壁上的现象。结焦使管壁温度急剧上升,加剧了炉管的腐蚀和高温氧化,引起炉管鼓包、破裂、同样增长了管内压力降,使炉子操作恶化,要及时清焦。

清焦就是清除炉管(或称加热管)内的积炭。通常采用蒸汽清焦,故称热法清焦。

清焦的方法是将蒸汽通入结焦的炉管内,同时管外壁在燃烧室加热,使管内结焦与蒸汽发生反应,并使散裂的结焦随蒸汽由管端吹除,少量的结焦可通入空气面除去。

操作程序如下:

① 燃烧室点火后,炉管温度达到150℃时,以 $90kg/(m^2 \cdot s)$ 的管内速率通入蒸汽并加热到规定的温度。一般情况下,燃烧室的燃气温度控制在700~750℃范围内,蒸汽出口温度为550~600℃。在清焦操作中要依据炉管材质,结焦程度确定其温度范围。

② 散裂的结焦随蒸汽排出,因其温度很高,故可采用水急冷使之除去。如果清焦效果差,则可采取增减蒸汽量、改变蒸汽流向等方式,对结焦进行冲击来提高清焦效率。

③ 如果用蒸汽清焦基本无效,可将蒸汽量减至1/3,慢慢通入空气,空气量约为蒸汽量的1/10。此时,需竭力避免因通入空气的流速过快发生氧化反应而损坏炉管。

④ 检测排放气中 CO_2 含量,当其达到0.1%~1.0%时,则可认为清焦完成。

3.3.10 有机热载体炉安全管理

近几年来,有机热载体炉在我国使用的范围越来越广,数量不断增多,因泄漏引起的火灾事故多有发生。

(1)有机热载体炉结构与技术要求

① 有机热载体锅炉的强度应按照 GB/T 16507.4—2013《水管锅炉 第4部分:受压元件

强度计算》对受压元件强度进行计算，其设计计算压力应为工作压力加 0.3MPa，且不低于 0.59MPa。

② 受压元件焊接与探伤应符合下列要求：

- 管子与锅筒、集箱、管道应采用焊接连接；
- 锅筒筒体的纵缝、环缝和封头拼接必须采用埋弧自动焊，当受工装限制时锅筒最后一道环缝的内侧允许采用手工电弧焊；
- 有机热载体炉的受热面管的对接焊缝应采用气体保护焊；
- 锅筒的纵环焊缝、封头的拼接缝应进行 100% 的射线探伤或 100% 超声波探伤加至少 25% 的射线探伤；受热面管的对接焊缝应进行射线探伤抽查，其数量为：辐射段不低于接头散的 10%，对流段不低于 5%。抽查不合格时，应以双倍数量进行复查；
- 批量生产的气相炉的锅筒每 10 台做一块（不足 10 台也做一块）纵缝焊接检查试板；液相炉的锅筒及管子、管道对接接头可免做焊接检查试板。

有机热载体炉的焊接工艺评定按《蒸汽锅炉安全技术监察规程》的规定执行。

③ 受压元件必须采用法兰连接时，应采用公称压力（PN）不小于 1.6MPa 的榫槽式法兰或平焊钢法兰，其垫片应采用金属网缠绕石墨垫片或膨胀石墨复合垫片。

④ 有机热载体炉的受压元件以及管道附件不得采用铸铁或有色金属制造。

⑤ 为了防止液相炉中有机热载体过热分解与积炭，必须保证受热面管中有机热载体的流速，辐射受热面不低于 2m/s，对流受热面不低于 1.5m/s。对于卧式外燃液相炉的锅筒，应采取可靠措施，以防止锅筒过热和有机热载体过早老化。

⑥ 带锅筒的气相炉直采用水管式锅炉结构，其下降管截面之和与上升管截面之和的比值、引出管截面之和的比值均不低于 40%，否则应进行流体动力计算。

⑦ 有机热载体的供货单位应提供有机热载体可靠的物理数据和化学性能资料，如最高使用温度、黏度闪点、残碳、酸值等。

⑧ 有机热载体炉设计和运行时，有机热载体炉出口处有机热载体的温度不得超过有机热载体最高使用温度。

⑨ 有机热载体炉及回流管线结构应保证有机热载体自由流动以及有利于有机热载体从锅炉中排出。

⑩ 在锅筒和管网最低处应装设排污装置，排污管应接到安全地点。整装出厂的有机热载体炉，在制造厂按 15 倍工作压力进行水压试验。

对于气相炉还应按工作压力或系统循环压力进行气密性试验，以检查有机热载体炉非焊接部位如法兰连接处、人孔、手孔、检查孔等部位密封情况。

水压试验后应将水分排净，气密试验以氮气为宜。

（2）有机热载体炉安全附件与仪表

安全阀应符合下列要求：

① 每台气相炉至少应安装两只不带手柄的全启式弹簧式安全阀。安全阀与简体连接的短管上串联一爆破片。

无论是采用注入式或抽吸式强制循环的液相炉，液相炉本体上可不装安全阀。

② 气相炉安全阀和爆破片爆破时的排放能力，应不小于气相炉额定蒸发量。

③ 气相炉安全阀开启时排出的有机热载体汽化物应通过导管进入用水冷却的面式冷凝器，再接入单独的有机热载体储存罐，以便脱水净化。

④ 安全阀至少每年一次从气相炉上拆下进行检验，检验定压后应进行铅封。检验结果应存入有机热载体炉技术档案。

⑤ 爆破片与锅筒或集箱连接的短管上应安装一只截止阀，在气相炉运行时截止阀必须处于全开位置。

压力表应符合下列要求：

① 气相炉的锅筒和出口集箱、液相炉进出口管道上应装压力表。

② 压力表至少每年校验一次校验后应进行铅封。

③ 压力表与锅筒、集箱、管道采用存液弯管连接，存液弯管存液上方应安装截止阀或针形阀。

液面计应符合下列要求：

① 气相炉的锅筒上应安装两只彼此独立的液面计；液相炉的膨胀器应安装一只液面计。

② 有机热载体炉上不允许采用玻璃管式液面计，应采用板式液面计。

③ 液面计的放液管必须接到储存罐上，放液管上应装有放液旋塞。有机热载体炉运行时，放液旋塞必须处于关闭状态。

④ 有机热载体炉出口的气相或液相有机热载体输送管道上，在截止阀前靠近有机热载体炉的地方应安装温度显示和记录仪表；有机热载体炉功率不超过 2.8MW 时可只装温度显示仪表。在液相炉回路的入口处应装温度显示仪表。

⑤ 自动控制和自动保护装置应符合下列要求：

• 液相炉有机热载体的出口处，应装有超温报警和差压报警装置，气相炉有机热载体的出口处应装有超压报警装置。

• 采用液体或气体燃料的有机热载体炉，应有下列装置：

根据有机热载体炉出口有机热载体温度和蒸发量变化而自动调节燃烧器燃烧负荷的装置。

热功率>2.8MW 时，必须装有点火程序控制器。

炉膛熄火保护装置。

• 有机热载体炉应装有自动调节保护装置，并在下列情况时应能自动停炉：液位下降到低于极限位置时；有机热载体炉出口热载体温度超过允许值时；有机热载体炉出口热载体压力超过允许值时；循环泵停止运转时。

3.3.11 有机热载体炉辅助装置和阀门

① 膨胀器应符合下列要求：

• 液相炉和管网系统应装有接收受热膨胀有机热载体的膨胀器。膨胀器可以是封闭式的或敞口式的。

• 膨胀器的调节容积应不小于液相炉和管网系统中有机热载体在工作温度下因受热膨胀而增加的容积的 1.3 倍。

• 封闭式的膨胀器上应装压力表和安全泄放装置。泄放物应通过泄放管导入储存罐。

膨胀器上应装有溢流管，溢流管应接到储存罐上。溢流管的直径与膨胀管直径一样，且溢流管上不准安装阀门。

• 膨胀器一般不得安装在有机热载体炉的正上方，以防因膨胀而喷出的有机热载体引起火灾。膨胀器的底部与有机热载体炉顶部的垂直距离应不小于 15m。

● 锅炉管网系统与膨胀器连接的膨胀管应符合下列要求：

膨胀管需要转弯时，其弯曲角度不宜小于120°；膨胀管上不得安装阀门，且不得有缩颈部分；

膨胀管的直径不小于下列数值：

额定热功率/MW　0.7　1.4　2.8　5.6　11.2　22.4　33.6

公称直径/mm　32　40　50　70　80　100　150

● 膨胀器和膨胀管不得采取保温措施，膨胀器内的有机热载体的温度不应超过70℃。

② 有机热载体储存罐应尽可能放在加热系统最低位置，以便放净锅炉中的有机热载体，储存罐与有机热载体炉之间应用隔墙隔开。储存罐应符合下列要求：

● 储存罐的容积应不小于有机热载体炉中有机热载体总量的1.2倍。

● 储存罐应装一只液面计，储存罐上部应装有排气管，排气管应接到安全地点，排气管直径应比膨胀管规定值大一档次。

③ 有机热载体炉的热载体进出口管道上均应安装截止阀，当泵与锅炉之间距离不超过5m时，在锅炉进口处可不装截止阀。阀门连接处应选用不泄漏型的密封材料，不准采用石棉制品。

④ 有机热载体炉及管网最高处应有必要数量的排气阀，以便有机热载体炉往运行中定期排放形成的气体产物。排气阀应符合下列要求：

● 排气阀的开关位置应便于操作。

● 排气阀的排气管应与固定容器相连，液相炉的排气管可直接与大气相通。固定容器、排气管口与明火热源的距离应不小于5m。

⑤ 单机运行的气相炉，每台炉一般应安装两台供给泵，一台为工作泵，另一台为备用泵。对于冷凝液可以自动回流的气相炉，可不装供给泵。

液相炉的循环系统至少安装两台电动循环泵，一台为工作泵，另一台为备用泵。循环泵的流量与扬程的选取应保证有机热载体在有机热载体炉中必要的流速。

停电频繁的地区，锅炉房内直有备用电源或采取其他措施，以保证泵的正常运转。

循环泵的入口处应装过滤器，且应定期清理过滤器。

3.3.12　有机热载体炉使用管理

① 有机热载体炉的操作人员，应经过有机热载体炉方面知识的培训，并经当地锅炉安全监察机构考核发证。

② 有机热载体炉使用单位，必须制订有机热载体炉使用操作规程。操作规程应包括有机热载体炉启动、运行、停炉、紧急停炉等操作方法和注意事项。操作人员必须按操作规程进行操作。

③ 有机热载体炉范围内的管道应采取保温措施，但法兰连接处不宜采用包覆措施。

④ 有机热载体炉在点火升压过程中，应多次打开锅炉上的排气阀，以排净空气、水及有机热载体混合蒸汽。对于气相炉，当有机热载体的温度与压力符合对应关系后，应停止排气，进入正常运行。

⑤ 有机热载体必须经过脱水后方可使用。不同的有机热载体不宜混合使用。需要混合使用时，混用前应由有机热载体生产单位提供混用条件和要求。

⑥ 使用中的有机热载体每年应对其残碳、酸值、黏度、闪点进行分析，当有两项分析

不合格或热载体分解成分的含量超过 10% 时，应更换热载体或对热载体进行再生。

⑦ 有机热载体炉受热面应定期进行检查和清洗，应将检查和清洗情况存入炉技术档案。

⑧ 有机热载体炉安装或重大修理后，在投入运行前应由使用单位和安装或修理单位进行 15 倍工作压力的液压试验；对于气相炉应进行气密性试验。合格后才能投入运行。液压试验与气密试验时，当地锅炉安全监察机构应派人参加。

⑨ 锅炉房应有有效的防火和灭火措施。

3.4 换热器安全技术

换热器是一种实现物料之间热量传递的节能设备。换热器在工业中应用非常普遍，是石油、化工、电力、冶金等行业不可缺少的工艺设备之一。因此，加强换热器的维护和保养是石油、化工、电力、冶金工业安全运行的保证。

3.4.1 换热器分类

换热器作为传热设备被广泛用于耗能用量大的领域。随着节能技术的飞速发展，换热器的种类越来越多。适用于不同介质、不同工况、不同温度、不同压力的换热器，结构形式也不同，换热器的具体分类如下：

（1）换热器按传热原理分类

① 表面式换热器

表面式换热器是温度不同的两种流体在被壁面分开的空间里流动，通过壁面的导热和流体在壁表面对流，两种流体之间进行换热。表面式换热器有管壳式、套管式和其他形式的换热器。

② 蓄热式换热器

蓄热式换热器通过固体物质构成的蓄热体，把热量从高温流体传递给低温流体，热介质先通过加热固体物质达到一定温度后，冷介质再通过固体物质被加热，使之达到热量传递的目的。蓄热式换热器有旋转式，阀门切换式等。

③ 流体连接间接式换热器

流体连接间接式换热器，是把两个表面式换热器由在其中循环的热载体连接起来的换热器，热载体在高温流体换热器和低温流体之间循环，在高温流体接受热量，在低温流体换热器把热量释放给低温流体。

④ 直接接触式换热器

直接接触式换热器是两种流体直接接触进行换热的设备，例如，冷水塔、气体冷凝器等。

（2）换热器按用途分类

① 加热器

加热器是把流体加热到必要的温度，但加热流体没有发生相的变化。

② 预热器

预热器预先加热流体，为工序操作提供标准的工艺参数。

③ 过热器

过热器用于把流体(工艺气或蒸汽)加热到过热状态。

④ 蒸发器

蒸发器用于加热流体，达到沸点以上温度，使其流体蒸发，一般有相的变化。

(3) 按换热器的结构分类

可分为：浮头式换热器、固定管板式换热器、U 形管板换热器、板式换热器等。

3.4.2 典型换热器结构

换热器的结构决定了换热器的性能，换热器的结构特点不同，适用的场合也不同。几种典型换热器的结构特点如下所示：

(1) 浮头式换热器

浮头式换热器主要有壳体、浮动式封头管箱、管束等部件组成。浮头式换热器的端管板固定在壳体与管箱之间，另一端管板可以在壳体内自由移动，也就是壳体在管束热膨胀自由，管束与壳体之间没有温差应力。一般浮头设计成可拆卸结构，使管束可自由地抽出和装入。常用的浮头有两种形式，第一种是掌夹钳形半环和若干个压紧螺钉使浮头盖和活动管板密封结合起来，保证管内和管间互不渗漏。另一种是使浮头盖法兰直接和勾圈法兰用螺栓紧固，使浮头盖法兰和活动管板密封贴合，虽然减少了管束的有效传热面积，但密封性可靠，整体较紧凑。

浮头式换热器的特点是：

① 清洗方便，管束可以抽出，清洗管壳、管程；

② 介质同温差不受限值；

③ 可在较高的温度和压力下工作，一般温度≤450℃，压力≤6.4MPa；

④ 可用于结垢比较严重的场合；

⑤ 可用于管程易腐蚀的场合；

⑥ 浮头式换热器的缺点是，小浮头易产生泄漏，金属材料耗量大，结构复杂。

(2) 固定管板式换热器

固定管板式换热器主要有外壳、管板、管束、封头压盖等部件组成。固定管板式换热器的结构特点是在壳体中设置有管束，管束两端用焊接或胀接的方法将管子固定在管板上，两端管板直接和壳体焊接在一起，壳程的进出口管直接焊在壳体上，管板外圆周和封头法兰用螺栓紧固，管程的进出口管直接和封头焊在一起。管束内根据换热管的长度设置了若干块折流板。这种换热器管程可以用隔板分成任何程数。

固定管板式换热器结构简单，制造成本低，管程清洗方便，管程可以分成多程，壳程也可以分成双程，规格范围广，故在工程上广泛应用。壳程清洗困难，对于较脏或有腐蚀性的介质不宜采用。当膨胀之差较大时，可在壳体上设置膨胀节，以减少因管、壳程温差而产生的热应力。

固定管板式换热器的特点是：①旁路渗流较小；②造价低；③无内漏；④固定管板式换热器的缺点是，壳体和管壁的温差较大，易产生温差应力，壳程无法清洗，管子腐蚀后连同壳体报废，设备寿命较低，不适用于壳程易结垢场合。

(3) U 形管换热器

U 形管换热器是由管箱、壳体、管束等组成。U 形管换热器只有一块管板，没有浮头，所有结构比较简单。换热管做成 U 形，两端固定在一块管板上，由于壳体和管子分开，可以不考虑热膨胀，管束可以自由伸缩，不会因为流体介质温差而产生温差应力。由于换热管均做成半径不等的 U 形弯，除最外层损坏后可更换外，其余的管子损坏只有堵管。和固定管板式换热器相比，它的管束的中心部分存有空隙，流体程容易走短路，影响了传热效果，管板上排列的管子也比固定管板式换热器少，体积有些庞大。为增加流体介质在壳程内的流速，可在壳体内设置折流板和纵向隔板，以提高传热效果。

U 形臂式换热器的特点是：

①管束可以自由抽入和抽出，方便清洗；②壳体和管子分开，管束可以自由伸缩，壳体和管壁不受温差限制；③可在高温、高压下工作，一般适用于温度≤500℃，压力≤10MPa；④可用于壳程结垢比较严重的场合；⑤可用于管程易腐蚀的场合；⑥管子的 U 形处易冲蚀，应控制管内的流速；⑦单管程换热器不适用；⑧管间距较大，所有传热性能较差。

（4）板式换热器

板式换热器的结构比较简单，它是由板片、密封垫片、固定压紧板、活动压紧板、压紧螺柱和螺母、上下导杆、前支柱等零部件所组成。其零部件之少，通用性之高，是任何换热器所不能比拟的。板片为传热元件，垫片为密封元件，垫片粘贴在板片的垫片槽内。粘贴好垫片的板片，按一定的顺序置于固定压紧板和活动压紧板之间，用压紧螺柱将固定压紧板、板片和活动压紧板夹紧。压紧板、导杆、压紧装置、前支柱统称为板式换热器的框架。按一定规律排列的所有板片，称为板束。在压紧之后，相邻板片的触点相互接触，使板片间保持一定的间隙，形成流体的通道。换热介质从固定压紧板，活动压紧板上的接管中出入，并相间的进入板片之间的流体通道，进行换热。

板式换热器由于框架构造不同而有多种形式，最普通的是框架夹板夹紧式。在这种结构中，活动压紧板和前支柱之间保留一段自由空间，拆卸清洗时，将活动压紧板推向前支柱，然后松开板束，就有了清洗空间，可以对拆片逐张进行清洗或检查。这一空间也是拆装板片所必需的。拆装时，只要把板片倾斜一个角度，就可以将它从上下导杆之间取出，而不必拆卸前支柱和活动压紧板。

对于小型的板式换热器，可制成简单的夹紧式。这种结构没有清洗空间，清洗检查时，板片不能挂在导杆上。虽然这种结构很轻便，但对大型的、需经常清洗的板式换热器不太适用。对于需频繁拆卸的板式换热器，可采用顶压式，有的在上、下导杆上设置顶压装置，也有的在活动压紧板中设置顶压装置。这类板式换热器拆卸很方便，但密封垫的受力不均匀，因此工作压力都不高。为了克服这种缺点，产生了顶压和夹紧联合作用的框架结构，这种结构的压紧螺栓不多，拆卸稍微方便些，但工作压力也低于框架夹板夹紧式。对于要进行两种以上介质换热的板式换热器，则可设置中间隔板。中间隔板可设置一个，也可设置数个，视换热介质的数目而定。

板式换热器的特点：①传热效率高，可使在低速下强化传热，②结构紧凑，组装方便；③热损失小，不需保温；④不易污塞；⑤使用寿命长；⑥板式换热器的缺点是焊缝较长，易泄漏，易产生应力腐蚀。

换热器应设计温度监测并远传至控制室，满足安全运行的要求。空冷器不宜布置在操作温度等于或高于自燃点的可燃液体设备上方；若布置在其上方，应用非燃烧材料的隔板隔离保护。空冷器管束两端管箱和传动机械处应设置平台。

3.4.3 换热器故障原因分析

换热器的破坏形式主要有结垢、管束失控、严重泄漏和燃烧爆炸等。其中设计不合理、制造缺陷、材料选择不当、腐蚀严重、违章作业、操作失误和维护管理不善是导致换热器破坏的主要原因。

3.4.3.1 结垢

换热器的结垢每年耗资巨大,严重时会影响安全生产的进行。结垢是指与不洁净流体相接触而在固体表面上逐渐积聚起来的那层固态物质。结垢对换热设备的影响主要有:由于污垢层具有很低的导热系数,从而增加了传热热阻,降低了换热设备的传热效率;当换热设备表面有结垢层形成时,换热设备中流体通道的过流面积将减少,导致流体流过设备时的阻力增加,从而消耗更多的泵功率,生产成本增加。

根据结垢层沉积的机理,可将污垢分为颗粒污垢、结晶污垢、化学反应腐蚀污垢、生物污垢等。

① 颗粒污垢:悬浮于流体的固体微粒在换热表面上的积聚。这种污垢也包括较大固态微粒在水平换热面上因重力作用的沉淀层,即所谓沉淀污垢和其他胶体微粒的沉积。

② 结晶污垢:溶解于流体中的无机盐在换热表面上结晶而形成的沉积物,通常发生在过饱和或冷却时典型的污垢如冷却水侧的碳酸钙、硫酸钙和二氧化硅结垢层。

③ 化学反应污垢:在传热表面上进行的化学反应而产生的污垢,传热面材料不参加反应,但可作为化学反应的一种催化剂。

④ 腐蚀污垢:具有腐蚀性的流体或者流体中含有腐蚀性的杂质对换热表面腐蚀而产生的污垢。通常,腐蚀程度取决于流体中的成分、温度及被处理流体的 pH 值。

⑤ 生物污垢:除海水冷却装置外,一般生物污垢均指微生物污垢。其可能产生黏泥,而黏泥反过来又为生物污垢的繁殖提供了条件,这种污垢对温度很敏感,在适宜的温度条件下,生物污垢可生成相当厚度的污垢层。

⑥ 凝固污垢:流体在过冷的换热面上凝固而形成的污垢。例如当水低于冰点而在换热表面上凝固成冰。温度分布的均匀与否对这种污垢影响很大。

防止结垢的技术应考虑以下几点:①防止结垢形成;②防止结垢后物质之间的黏结及其在传热表面上的沉积;③从传热表面上除去沉积物。

防止结垢采取的措施包括以下几个方面:

(1) 设计阶段应采取的措施

在换热器的设计阶段,考虑潜在污垢时的设计,应考虑如下几个方面:①换热器容易清洗和维修(如板式换热器);②换热设备安装后,清洗污垢时不需拆卸设备,即能在工业现场进行清洗;③应取最少的死区和低流速区;④换热器内流速分布应均匀,以避免较大的速度梯度,确保温度分布均匀(如折流板区):⑤在保证合理的压力降和不造成腐蚀的前提下,提高流速有助于减少污垢;⑥应考虑换热表面温度对污垢形成的影响。

(2) 运行阶段污垢的控制

① 维持设计条件

由于在设计换热器时,采用了多余的换热面积,在运行时,为满足工艺需要,需调节流速和温度,从而与设计条件不同,然而应通过旁路系统尽量维持设计条件(流速和温度)以延长运行时间,推迟污垢的发生。

② 运行参数控制

在换热器运行时，进口物料条件可能变化，因此要定期测试流体中结垢物的含量、颗粒大小和液体的 pH 值。

③ 维修措施良好

换热设备维修过程中产生的焊点、划痕等可能加速结垢过程形成，流速分布不均可能加速腐蚀。流体泄漏到冷却水中，可为微生物提供营养，对空气冷却器周围空气中灰尘缺少排除措施，能加速颗粒沉积和换热器的化学反应结垢的形成。用不洁净的水进行水压试验，可引起腐蚀污垢的加速形成。

④ 使用添加剂

针对不同类型结垢机理，可用不同的添加剂来减少或消除结垢形成。如生物灭剂和抑制剂、结晶改良剂、分散剂、絮凝剂、缓蚀剂、化学反应抑制剂和适用于燃烧系统中防止结垢的添加剂等。

⑤ 减少流体中结垢物质浓度

通常，结垢随着流体中结垢物质浓度的增加而增强，对于颗粒污垢可通过过滤、凝聚与沉淀来去除。对于结疤类物质，可通过离子交换或化学处理来去除。

紫外线、超声、磁场、电场和辐射处理

紫外线对杀死细菌非常有技，超声（大于 20kHz）可有效抑制生物污垢，现在的研究还有磁场、电场和辐射处理装置，结论有待进一步研究。

（3）化学或机械清洗技术

化学清洗技术是一种广泛应用的方法，有时在设备运行时，也能进行清洗，但其主要缺点是化学清洗液不稳定，对换热器和连结管处有腐蚀。

机械清洗技术通常用在除去壳侧的污垢，先将管束取出，沉浸在不同的液体中，使污垢泡软、松动，然后用机械方法除去垢层。

（4）机械在线除垢技术

① 使用磨粒

在流体中加入固体颗粒来摩擦换热表面，以清除污垢，但对换热表面易产生腐蚀。

② 海绵胶球连续除垢

主要应用于电站凝汽器中冷却水侧的污垢清除，海绵胶球在换热器管内通过胶球泵打循环，胶球比管子直径略大，通过管子的每只胶球轻微地压迫管壁，在运动中擦除沉积物。

③ 自动刷洗

换热器管道刷洗设施由 2 个外罩和 1 个尼龙刷组成，外罩安装在每根管的两端改变水流方向可使刷子沿管道前后推进刷洗。水流换向方向可使刷子沿管道前后推进刷洗。水流换向由压缩空气驱动并定时控制联结在管道上的四通阀来完成。

3.4.3.2 管束失控

塔设备污染。反应器触媒中毒、设备严重泄漏都是化工设备事故，而管壳式换热器、合成塔和废热锅炉的管束失效也是化工设备破坏形式之一。

管壳式换热器、合成塔和废热锅炉的管束是薄弱环节，最容易失效。管束失效的形式主要有腐蚀开裂。传热能力迅速下降、碰撞破坏、管子切开、管束泄漏等多种。其常见的原因如下：

（1）腐蚀

换热器多用碳钢制造，冷却水中溶解的氧所致的氧极化腐蚀极为严重，管束寿命往往只有几个月或 1~2 年，加之工作介质又有许多是有腐蚀性的，如小氮肥的碳化塔冷却水箱，在高浓度碳化氨水的腐蚀和碳酸氢铵结晶腐蚀双重作用下，碳钢冷却水箱有时仅使用 2~3 个月就发生泄漏。

管子与管板的接头是管束上的易损区，许多管束的失效都是由于接头处的局部腐蚀所致。

（2）结垢

在换热器操作中，管束内外壁都可能会结垢，而污垢层的热阻要比金属管材大得多，从而导致换热能力迅速下降，严重时将会使换热介质的流道阻塞。

（3）流体流动诱导振动

为强化传热和减少污垢层，通常采用增大壳程流体流速的方法。而壳程流体流速增加，产生诱导振动的可能性也将大大增加，从而导致管束中管子的振动，最终致使管束破坏。常见的破坏形式有以下几种：

① 碰撞破坏

当管子的振幅足够大时，将致使管子之间相互碰撞，位于管束外围的管子还可能和换热壳体内壁发生碰撞。在碰撞中，管壁磨损变薄，最终发生开裂。

② 折流板处管子切开

折流板孔和管子之间有径向间隙，当管子发生横向振动的振幅较大时，就会引起管壁与折流板孔的内表面间产生反复碰撞。由于折流板厚度不大，管壁次、频繁与其接触，将承受很大的冲击载荷，因而在不长的时间内就可能发生管子被切开的局部性破坏。

③ 管子与管板连接处破坏

此种连接结构可视为固定端约束，管子振动产生横向挠曲时，连接处的应力最大，因此，它是最容易产生管束失效的地区之一。此外，壳程接管也多位于管板处，接管附近介质的高速流动更容易在此区域内产生振动。

④ 材料缺陷的扩展造成失效

尽管设计得比较保守，在操作中管束的振动是不可避免的，只不过振幅很小而已。因此，如果管子材料本身存在缺陷(包括腐蚀和磨蚀产生的缺陷)，那么在振动引起的交变应力作用下，位于主应力方向上的缺陷裂纹就会迅速扩展，最终导致管子失效。

⑤ 振动交变应力场中的拉应力还会成为应力腐蚀的应力源

流动诱导振动引起管子破坏，易发生在挠度相对较大和壳程横向流速较高的区域。此区域通常是 U 形弯头、壳程进出口接管区、管板区、折流板缺口区和承受压缩应力的管子。

（4）操作维修不当

应力腐蚀只有在拉应力、腐蚀介质和材料敏化温度等条件同时具备的情况下才会发生。

3.4.3.3 严重泄漏

换热器发生燃烧爆炸、窒息、中毒和灼伤事故大都是由于泄漏引起的。易燃易爆液体或气体因泄漏而溢出，遇明火将引起燃烧爆炸事故；有毒气体外泄将起窒息中毒，有强腐蚀流体漏出，将会导致灼伤事故。最容易发生泄漏的部位有焊接接头处、封头与管板连接处。管束与管板连接处和法兰连接处。

焊接接头泄漏的直接原因是焊接质量差，如焊缝未焊透、未熔合、存在气孔夹渣、焊缝未经探伤检验，甚至未做爆破试验，只做部分部件的水压试验和采用多次割焊，造成金相改变，内应力增大，强度大大降低。

列管泄漏会造成气体走近路，如管内半水煤气泄入管间变换气中，使变换气一氧化碳升高，影响正常生产。造成列管泄漏主要是腐蚀、开停车频繁、温度变化过大、换热器急剧膨胀收缩使花板胀管处泄漏以及设备本身制造缺陷等原因所致。

具体原因如下：①因腐蚀（如蒸汽雾滴、硫化氢、二氧化碳）严重，引起列管泄漏；②由于开停车频繁，温度变化过大，设备急剧膨胀或收缩，使花板胀管泄漏；③换热器本身制造缺陷，焊接接头泄漏；④因操作温度升高，螺栓伸长，紧固部位松动，引起法兰泄漏；⑤因管束组装部位松动、管子振动、开停车和紧急停车造成的热冲击，以及定期检修时操作不当产生的机械冲击而引起泄漏。

3.4.3.4 燃烧爆炸

① 自制换热器，盲目将设备结构和材质做较大改动，制造质量差，不符合压力容器规范，设备强度大大降低。

② 焊接质量差，特别是焊接接头处未焊透，又未进行焊缝探伤检查、爆破试验，导致焊接接头泄漏或产生疲劳断裂，进而大量易燃易爆流体溢出，发生爆炸。

③ 由于腐蚀（包括应力腐蚀、晶间腐蚀），耐压强度下降，使管束失效或产生严重泄漏，通明火发生爆炸。

④ 换热器做气密性试验时，采用氧气补压或用可燃性精炼气体试漏，引起物理与化学爆炸。

⑤ 操作违章、操作失误，阀门关闭，引起超压爆炸。

⑥ 长期不进行排污，易燃易爆物质（如三氯化氮）积聚过多，加之操作温度过高导致换热器（如液氯换热器）发生猛烈爆炸。

⑦ 过氧爆炸。

3.4.3.5 换热器维护检修

为了保证换热器长久正常运行，必须对设备进行维护与检修，以保证换热器连续运转，减少事故的发生。在检查过程中，陈了查看换热器的运转记录外，主要是通过目视外观检查来弄清是否有异状，其要点如下：

（1）温度的变动情况

测定和调查换热器各流体出入口温度变动及传热量降低的推移量，以推定污染的情况。

（2）压力损失情况

要查清因管内、外附着的生成物而使流体压力损失增大的推移量。

（3）内部泄漏

换热器的内部泄漏有管子腐蚀、磨损所引起的减薄和穿孔；因龟裂、腐蚀、振动而使扩管部分松脱；因与挡板接触而引起的磨损、穿孔；浮动头盖的紧固螺栓松开、折断以及这些部分的封垫密片劣化等。由于换热器内部泄漏而使两种流体混合，从安全方面考虑应立即对装置进行拆开检查，因为在一般情况下可能会发生染色、杂质混入而使产品不符合规格，质量降低，甚至发生装置停车的情况，所以通过对换热器低压流体出口的取样和分析来及早发现其内部泄漏是很重要的。

（4）外部情况

对运转中换热器的外部情况检查是以目视来进行的，其项目有：

接头部分的检查：要检查从主体的焊接部分、法兰接头、配管连接部向外泄漏的情况或螺栓是否松开。

基础、支脚架的检查：要检查地脚螺栓是否松开，水泥基础是否开裂、脱落，钢支架脚是否异常变形、损伤劣化。

保温、保冷装置的检查：要检查保温保冷装置的外部有无损伤情况，特别是覆在外部的防水层以及支脚容易损伤，所以要注意检查。

涂料检查：要检查外面涂料的劣化情况。

振动检查：检查主体及连接配管有无发生异常振动和异音。如发生异常情况，则要查明其原因并采取必要的措施。

（5）测定厚度

长期连续运转的换热器，要担心其异常腐蚀，所以按照需要从外部来测定其壳体的厚度并推算腐蚀的推移量。测定时，要使用超声波等非破坏性的厚度测定器。

（6）操作上的注意事项

换热器不能给予剧烈的温度变化，普通的换热器是以运转温度为对象来采取热膨胀措施的，所以急剧的温度变化在局部上会产生热应力，而使扩管部分松开或管子破损等，因此温度升降时特别需要注意。

冷却水温度不要超过所需要的度数：在换热器上是使用海水作为冷却水。冷却水出口温度如达 50℃ 以上，则会促进微生物异常反之、副食生成物的分解附着，并急剧引起管子腐蚀、穿孔、性能降低，所以要注意。

要充分注意压力、温度异常上升，要充分了解换热器的设计条件，使用仪表来检查压力、温度有无异常上升。

（7）拆开检查、维修检查

根据换热器的故障、性能降低等有关规定，定期地停止运转并要进行拆开检查，其要点如下：

① 拆开时的外观检查

为了判明各部分的全面腐蚀、劣化情况，所以拆开后要立即检查污染的程度，水锈的附着情况，并根据需要进行取样分析实验。

② 壳体、通道和管板的检查

按照一般结构，拆开后的内外侧检查——肉眼检查为主。对腐蚀部分，可用深度计或超声波测厚计进行壁厚测定，判明是否超出允许范围。其次是通道、隔板往往由于使用中水垢堵塞和压力变化等情况而弯曲，或因垫圈装配不良流体从内隔板前端漏出引起腐蚀。另外管由于扩管时的应力、管子堵塞和压力变化等影响容易弯曲，所以必须进行抗拉等项目的测定。

③ 传热管的检查

管子内侧缺陷，在距管板 100mm 范围内（从管板算起），可用测径表测定，如超过以上范围要用带放大镜的管内检查器进行肉眼检查。缺陷的大小，可由检查器上的刻度测得，但其深度，用目测就很难正确掌握，管子材质如系非磁的，可用涡流探伤器测定其腐蚀量。固定管板式换热器的管子缺陷也可用超声波探伤器以水深法来测定。

④ 装配、复位、测试

清扫检查或保养修理后的换热器按照装配顺序、要领，一边进行耐压试验以检查其是否异常，一边即进行装配、复位。

3.5　大型机组安全管理

大型机组设计选型时，设计单位应根据使用单位的生产工艺技术要求，经设计计算后，向使用单位和制造厂商提供大型机组选型技术资料。制造厂商的设计方案和图纸，必须通过由设计单位、使用单位和维护单位参加的设计审查后，方能投入制造。大型机组设计选型应符合相应的最新版本的技术标准和规范，结合炼油化工企业易燃、易爆等特点，选用性能可靠、结构合理、技术先进、节能环保、易于维护检修的产品。

大型机组必须配置完善的控制系统、联锁保护系统、实时监测仪表及状态监测系统等设施。

大型机组采购时，选择的机组制造厂商必须是业绩好、信誉好、服务好、有先进的设计制造能力、有相关国际标准认证体系的厂家，机型符合国家环保标准和节能要求。大型机组采购前，必须签订技术协议并在协议中明确提出对随机备件、专用工具和出厂资料的要求。制造厂商必须按技术协议进行设计、制造、试验，如有变更，需经设计、制造、使用单位三方确认。大型机组制造过程中，应委托有相应资质和技术能力的监造单位进行监造。大型机组出厂前，使用单位应按照技术协议进行出厂质量验收。

3.5.1　大型机组安装、试车及验收

大型机组的安装单位必须选择业绩好、信誉好、服务好、有相应的设备安装资质和技术能力的单位。大型机组和附属设备安装前，制造厂商必须按技术协议及相应技术标准、规范，提供完整的技术资料(至少包括出厂合格证和全套质量证明文件、机组总装图、安装图及主要零部件图纸、装箱清单及零部件明细表、附属设备的相关技术资料等)。

大型机组安装前，物装中心应组织项目组、使用单位、监理单位、制造厂商和安装单位等共同参加开箱验收。安装单位必须按照有关标准和规范，编制大型机组安装方案，经过使用单位、设计和监理单位审核后方可进行安装，制造厂商应提供技术指导，并协助解决安装过程中出现的问题。监理单位必须按照监理合同的规定和安装方案中的要求，监督安装的全过程，监督安装质量。

大型机组安装结束后，安装单位必须在两个月内向使用单位提供完整的竣工资料，对购置的专用工具和随机配件使用单位、物装中心要分别建立目录，妥善保管。

为全面考核机组的机械运转性能、工艺技术性能和调节控制性能，应在安装完毕后对大型机组进行试车。使用单位可根据实际情况和有关合同规定，确定大型机组试车负责单位，成立相应的试车小组，由试车小组编制试车方案，并经过设计、制造厂商、使用、安装、维护等单位联合审查。

大型机组经过试车后，应至少满足下列条件，才能进行验收：

(1) 在额定工况下进行不少于 72h 的连续运转。

(2) 技术性能达到设计要求，并能充分满足生产需求。

(3) 控制系统及监测系统运行情况良好，各调节机构动作快速、灵活、准确。

(4) 有完整、真实的试车记录。

3.5.2 大型机组运行管理

大型机组的投运必须经生产单位和维保单位检查确认后方可进行。大型机组开停机，相关专业技术人员应到场监护。要逐台建立健全机组的技术档案。档案的主要内容应包括：机组制造、安装、试运的整套技术文件、记录；机组运行和检修规程；机组检修、改造的技术资料、记录；故障及事故记录；机组特护记录；运行状态监测记录和分析报告等等。

生产单位应制定大型机组安全操作规程，并组织相关人员认真学习。按安全操作规程、工艺技术卡片等技术文件组织机组运行、维护工作。严禁机组在超温、超压、超负荷、超速情况下运行。

操作人员和维保人员必须严格执行巡回检查要求，按规定的路线、内容和标准对大型机组各部位进行检查，对发现的问题及不安全因素及时处理。认真填写运行记录、缺陷记录和操作日记。操作人员发现大型机组运行不正常时，应立即检查原因、采取措施、及时报告；紧急情况下，按照应急预案的要求，采取果断措施进行处理。对于运行过程中不能及时处理的缺陷，使用单位应组织研究，制定监护运行措施；同时，制定处理方案，择机处理。机组故障停机后，应认真检查、分析原因，原因未弄清楚前，未经批准不得盲目开机。还要认真执行润滑管理制度，全面管理好润滑油、密封油、控制油、相关注油设备及油路系统。定期分析油品质量，开展铁谱分析、光谱分析等油液监测工作。

诊断时，尽量采用先进的监测技术，做好大型机组状态监测和故障诊断工作，定期对大型机组运行状况数据进行分析评估，提高大型机组运行状态的预知管理水平。

为了保证机组安全，联锁保护系统必须投入自动状态。机械、仪表、电气维修人员应按各自专业管理要求对机械设备、控制仪表、联锁保护设施、电气设备进行日常维护保养工作，提高设备完好率、仪表控制率和联锁投用率。另外，还要做好备用机组的定期维护和保养工作，使之处于完好备用状态。

3.5.3 大型机组检修

应根据检修规程和机组运行状况，以实现长周期运行为目标，确定检修项目和内容，选择技术力量雄厚、有实际经验的检修单位实施检修工作。

机组检修应贯彻"应修必修、修必修好"的原则，参考历史记录制定详细的检修方案，做到科学检修，杜绝各类违章，确保人身和设备安全。

检修单位必须建立质保体系，并按照 QHSE 体系的要求落实各项检修措施，保证安全、文明检修，确保按时、按质完成检修任务。在检修过程中，检修单位必须认真按检修方案组织施工，加强检修过程中的质量控制，对于中间环节的重要停检点，必须由使用单位和检修单位共同确认。检修单位还要认真、完整、真实地填写检查和修理记录。大机组检修扣盖和试运前，必须由使用单位组织扣盖会签确认和单机、联机试运会签确认。

大型机组检修完成后，应按照经过审核的试车方案进行机组试车，并做好试车记录。机组试车合格后，方能投入运行。

检修单位在机组投入运行正常后一个月内，将检修竣工资料经使用单位签字、进行技术合规性确认后，交付档案管理部门存档。机组检修后应达到的基本标准：

（1）设备技术状况良好。主要设备能持续达到额定出力，并能随时启动投入运行；设备效率及各项经济技术指标达到设计水平；各项技术参数符合设计要求；辅助设备技术状况良好，能保证主机安全经济运行；表计齐全准确，自动装置、保护装置完好，准确率、投入率达到标准要求。

（2）设备不漏汽、水、油，汽轮机真空严密性符合规程要求，绝热完好，管道色标符合规定。

（3）检修资料齐全、准确，及时存档。

3.6　关键机组特级维护管理

3.6.1　关键机组特护

关键机组特护小组由厂设备主管领导、机电仪专业的管理和维护人员，运行管理和操作人员、物资采购人员组成。由关键机组所在单位的设备负责人担任特护小组组长，由生产运行保障部门电仪部门(或作业部)负责人担任副组长。小组成员必须是本专业的技术骨干，而且应该相对稳定。

特护小组要每月至少召开一次特护工作会议，对关键机组运行状况和存在的问题进行分析处理并制定应对措施，认真作好会议记录。会议纪要上传至设备管理信息系统。

会议记录内容包括：特护小组成员的到会情况，各专业巡检情况、上次会议布置工作落实情况、目前机组运行状况分析、存在的问题及其解决措施和分工，下一步工作要求等。

生产单位和运行保障单位要认真做好检修记录、试车记录、缺陷记录、故障记录、典型故障评价、润滑油分析记录、状态监测记录等基础资料和信息的管理工作。

生产运行保障部门应建立机组联锁台账，掌握联锁投用情况。对机组开车前的联锁自保校验和联锁摘除手续严格按照仪表联锁管理制度要求执行。生产运行保障部门和生产单位应各自留存联锁自保联校记录和联锁摘除手续单。

要严格执行有关规定。全面管理好润滑油、密封油、调速油及相关设备，确保油质、油温、油压正常。机组在用润滑油至少每月进行一次常规采样分析，公司级关键机组每月进行一次铁谱分析，厂级关键机组每季度进行一次铁谱分析，分析结果由生产单位和分析单位分别存档。机组异常时应增加分析频次。

特护小组应充分应用设备状态监测技术手段，每月对关键机组至少进行一次振动状态频谱数据采集并进行运行状态分析，形成检测监测分析报告并上传至设备管理信息系统；报告要求有数据、有分析、有结论和措施，对机组特护具有指导意义。装置停工检修前，各生产单位要组织对机组运行状态、存在问题和隐患进行分析和判断，并写出报告；装置开工及开车后一个月要根据监、检测数据，对机组的检修质量和运行状况进行分析和评价，并写出报告。

在关键机组检修前，各单位应根据有关检修规程和机组运行状况，以实现长周期运行为目标，确定检修项目和内容，选择技术力量雄厚、有实际经验的检修单位，实施检修工作。

整个过程中，应认真做好机组故障管理，及时填写机组故障停车记录和故障分析报告，并按要求上报。公司级关键机组发生故障停机，生产单位必须立即向公司机械动力部汇报，并组织实施故障处理。故障处理后一周内将故障分析报告上报公司机械动力部。特护小组各专业按时巡检并认真作好联检记录，发现问题及时处理，暂时不能处理的应提交特护小组共同研究制订措施，保证机组安全运行。

3.6.2 关键机组检修施工方案

项目概述（机组性能、工艺参数、检修参数简介）；

编制依据和执行标准；

检修前机组存在主要问题；

检修准备；

检修施工步骤（或程序）及注意事项（须包括机组各部分质量控制数据和质量验收标准）；

关键检修环节的主要技术要求、机组质量控制措施、安全技术措施、交工资料清单、QHSE 质量保证体系；

中间质量验收签字确认表；

最终质量验收签字确认表；

检修施工人员组成和劳动力计划；

检修主要施工工机具清单；

检修施工主要辅助材料清单；

其他需要补充的相关材料；

检修施工进度网络图（按照每天 24h 施工编制，精确到小时）。

3.7 火炬系统安全监督管理

火炬设施是石油化工企业内可燃气体排放系统中一个主要的事故处理措施。企业中可以设一个排放系统和一个火炬，也可以两个排放系统合用一个火炬，或分设两个火炬。这主要取决于需要排放装置的数量，以及这些装置的排放量和排放压力的差异。

火炬系统的安全监督管理主要有以下几个方面：

（1）必须保证火焰完全燃烧。为了减少对大气的污染应力求使火炬的排放气能完全燃烧，必须采用强制的方法补充供氧，一般采用的是注入蒸汽的方法以保证完全燃烧；

（2）防止火炬头烧坏。在火炬操作中规定最小蒸汽量的目的是对火炬头起冷却保护作用和防止火焰返烧，因此即使无排放气体情况下也不允许停止蒸汽供给，并及时根据排放量大小调整蒸汽量；

（3）防止下火雨。火炬下火雨是排放气体中带液燃烧所造成的，这种情况极易造成安全事故。防止下火雨的最根本的办法是严格控制装置的排放，可燃液体必须经蒸发器蒸发后，才允许排入火炬系统；

（4）防止回火。火炬火焰发生回火会引起火炬系统的爆炸，通过保持火炬系统正压和设置分子封是防止回火的主要安全措施；

（5）长明灯应处于点燃状态。要经常检查长明灯点燃情况和长明灯气源的供应情况，以防止长明灯熄灭时火炬排放气排空而发生事故；

（6）排放低温系统物料时速度不能过快。排放速度过快容易造成火炬管线冷淬，特别当火炬罐和管线有水时，可造成冻堵；

（7）绝对禁止将工艺空气等排入火炬系统。

第4章　特种设备安全技术

本模块主要介绍石油化工企业常用的锅炉、压力容器、压力管道、电梯、起重机械、厂内专用机动车辆等特种设备相关知识、法规要求和现场安全监管的重点，使安全处(科)长了解哪些属于特种设备，按照法规要求应当进行哪些安全监管工作；知道各类特种设备事故发生的原因和常见事故类型，明确特种设备容易存在的不安全状态及管理方面的缺陷等，以便能与设备管理、工艺技术等部门共同配合做好特种设备的安全监督管理工作，提高管理水平，减少事故发生。

特种设备是指涉及生命安全、危险性较大的锅炉、压力容器(含气瓶，下同)、压力管道、电梯、起重机械、客运索道、大型游乐设施和场(厂)内专用机动车辆。即已经列入国务院特种设备安全监督管理部门制订的《特种设备目录》和《增补的特种设备目录》中的8大类设备与设施及其所用的材料、附属的安全附件、安全保护装置和与安全保护装置有关的设施。其中《特种设备目录》中规定了七大类特种设备共61个类别，301个品种。《增补的特种设备目录》中又增加2个类别，6个品种厂(场)内机动车辆目录。目前纳入《特种设备安全监察条例》监管的特种设备共计八大类，63个类别，307个品种。由于部分安全技术规范的修订，新特种设备目录正在修订中。

根据特种设备的结构特征和属性，通常将特种设备主要分为承压类和机电类两大类。承压类特种设备指锅炉、压力容器、压力管道三类特种设备，机电类特种设备指电梯、起重机械、客运索道、大型游乐设施、厂(场)内机动车辆五类特种设备。

特种设备包括其所用的材料、附属的安全附件、安全保护装置和与安全保护装置相关的设施。

4.1　锅炉

是指利用各种燃料、电或者其他能源，将所盛装的液体加热到一定的参数，并对外输出热能的设备，其范围规定为容积大于或者等于30L的承压蒸汽锅炉；出口水压大于或者等于0.1MPa(表压)，且额定功率大于或者等于0.1MW的承压热水锅炉；有机热载体锅炉。属于《特种设备目录》中列出的锅炉及其安全附件及安全保护装置部分特种设备见表4.1-1。

表 4.1-1　锅炉及其安全附件及安全保护装置部分的特种设备

代　码	种　类	类　别	品　种
1000	锅炉		
1100		承压蒸汽锅炉	
1110			电站锅炉
1120			工业锅炉
1130			生活锅炉

代 码	种 类	类 别	品 种
1200		承压热水锅炉	
1300		有机热载体锅炉	
1310			有机热载体气相炉
1320			有机热载体液相炉
B100		锅炉部件	
B210			封头
B110			锅筒
B120			集箱
B130			锅炉过热器
B140			锅炉再热器
B150			锅炉省煤器
B160			锅炉膜式水冷壁
C100		锅炉材料	
C110			锅炉用钢板
C120			锅炉用钢管
C130			特种设备用焊接材料
F000	安全附件及安全保护装置		
7310			安全阀
F110			水位表
F120			水位控制报警装置
F130			压力控制报警装置
F140			温度控制报警装置
F150			燃烧联锁保护装置
F210			液位计
F220			爆破片
F230			紧急切断阀
F240			过流保护装置
F250			快开门联锁保护装置

4.1.1　锅炉的组成

锅炉是由"锅"和"炉"及保证"锅炉"安全正常运行所必需的安全附件、阀门仪表和附属设备等几个部分组成。

"锅"部分主要是指盛装受热介质的密闭容器，用于吸收热和传热。其主要受压部件包括锅筒、对流管束、水冷壁管、集箱(联箱)、过热器、再热器和省煤器等，其中直接受火焰或高温烟气加热的部分称为受热面。

"炉"主要是指锅炉中用于燃料燃烧产生热量的部分，是锅炉的发热部分。主要包括：燃烧设备、燃烧室(炉膛)、炉墙、烟道等。

安全附件、阀门仪表和附属设备：主要包括安全阀、压力表、水位表、温度计、自动控制联锁保护装置；各类阀门、测控仪表、给水设备、送风机、引风机、除尘器、输煤与出渣设备等。

通常，也把锅炉分为本体(锅筒、水冷壁管、集箱、过热器、再热器和省煤器、炉膛、炉墙、钢架等)和辅机(给水设备、送风机、引风机、除尘器、输煤与出渣设备等)两大部分。

炉墙是用来构成封闭的燃烧室和一定形状的烟道，并使火焰和烟气与外界隔绝，为锅炉传热过程的正常进行提供必要条件的部件。锅炉构架的作用是支撑或悬吊汽包、锅炉受热面、炉墙等。

4.1.2 锅炉的基本参数

4.1.2.1 锅炉容量

蒸汽锅炉每小时所能产生蒸汽的数量称为锅炉的蒸发量。锅炉在正常、经济运行条件下的最大连续蒸发量叫作锅炉容量，也称为额定(设计)蒸发量或额定出力。即在额定蒸汽压力、额定蒸汽温度、额定给水温度、使用设计燃料，且保证设计效率的条件下，连续运行所达到的最大蒸发量。用符号 D 表示，单位是吨/时(t/h)或千克/秒(kg/s)。蒸汽锅炉出厂时铭牌上所标示的蒸发量为额定蒸发量。

热水锅炉每小时出水有效带热量，称为热水锅炉的供热量，多用符号 Q 表示，其单位为 kW。额定供热量是指热水锅炉在额定回水温度、额定回水压力和额定循环水量下，长期连续运行时应予以保证的最大供热量。热水锅炉出厂时铭牌上所标示的供热量为额定供热量。

4.1.2.2 锅炉压力和温度

锅炉的蒸汽参数一般是指锅炉过热器后主汽阀出口处过热蒸汽(也称为主蒸汽或新蒸汽)的压力和温度，称为额定蒸汽压力和额定蒸汽温度。蒸汽压力用符号 P 表示，单位 MPa；蒸汽温度用符号 t 表示，单位是℃。

供热或采暖热水锅炉的供热质量指的是热水锅炉出水阀处出口水的压力和温度，及其进水阀处进口水的温度，被称为热水锅炉的额定出口水压力和额定出口/进口温度，统称为热水锅炉的额定热水参数。

4.1.2.3 锅炉效率

锅炉效率(锅炉热效率)是指锅炉输出的热量占输入热量的百分数，用 η 表示。

4.1.3 锅炉的主要安全附件

(1)安全阀用于防止锅炉超压运行，压力超过就自动开启，压力正常后，安全阀自动关闭的设备。安全阀每年检验一次，司炉工一般应每月进行手动试验。

(2)压力表是用来显示锅炉的工作状态压力大小的设备，当出现超压或压力大小不符合工艺要求时以提示操作人员采取措施。压力表应每半年校验一次。

(3)水位计(水位表)用于监视锅炉水位。锅炉缺、满水易引发事故。

(4)其他有高低水位报警装置，自动联锁、熄火保护装置等。

4.1.4 锅炉的工作特性

4.1.4.1 爆炸的危害性

锅炉具有爆炸性,易在使用中发生破裂,使内部压力瞬时降到等于外界大气压。常见的有锅炉受压部件引发的汽水系统爆炸和炉膛发生的燃烧系统爆炸。

4.1.4.2 易于损坏性

锅炉由于长期运行在高温高压的恶劣工况下,因而经常受到局部损坏,如不能及时发现处理,会进一步导致重要部件和整个系统的全面损坏。常发生的有严重损坏事故及一般损坏事故两种类型。

严重损坏主要指由于受压部件、安全附件、安全保护装置损坏或锅炉燃烧室发生爆炸等导致设备停止运行而必须进行修理的事故。锅炉因泄漏而引起的火灾、人员中毒及设备破坏的事故均称为严重损坏事故。

一般损坏事故系指在使用过程中受压部件轻微损坏而不需要停止运行进行修理或发生泄漏而未引起其他次生灾害的事故。

4.1.4.3 连续运行性

锅炉一旦投入使用,一般要求连续运行,不能任意停车,否则影响相连接的一系列设备运行等,其间接经济损失巨大,甚至造成恶性后果。

4.1.4.4 职业健康的影响性

锅炉不仅会发生较多的设备事故,而且也存在大量对人体健康危害较严重的因素,如风机、泵或燃煤锅炉的制粉系统磨煤机等产生的噪声污染;火焰和蒸汽等高温作用给人的眼睛或皮肤带来较大危害作用。化学水处理或锅炉清洗使用的酸、碱等化学物质造成的职业性灼伤或职业性中毒事故等。

4.1.5 锅炉的分级与分类

4.1.5.1 分级

按制造许可级别分为 A、B、C、D 四级(《锅炉压力容器制造监督管理办法》质检总局22 号令):

A 级锅炉——参数不限。

B 级锅炉——额定蒸汽压力 $P \leq 2.5MPa$ 的蒸汽锅炉;额定出水压力 $P \leq 2.5MPa$,额定出水温度 $t \geq 120℃$ 的热水锅炉。

C 级锅炉——额定蒸汽压力 $P \leq 0.8MPa$ 且额定蒸发量 $\leq 1t/h$ 的蒸汽锅炉;额定出水压力 $P \leq 0.8MPa$,额定出水温度 $t \geq 120℃$ 的热水锅炉。

D 级锅炉——额定蒸汽压力 $P \leq 0.1MPa$;额定出水温度 $<120℃$ 且额定热功率 $\leq 2.8MW$ 的热水锅炉。

按《特种设备目录》分(括号内为相应代码,下同):分为承压蒸汽锅炉(1100),承压热水锅炉(1200)和有机热载体锅炉(1300)三类,其中承压蒸汽锅炉又分为电站锅炉(1110)、工业锅炉(1200)和生活锅炉(1130)三个品种。有机热载体锅炉又分为有机热载体气相炉(1310)和有机热载体液相炉(1320)两个品种。

4.1.5.2 分类

锅炉的分类方法很多,根据我国目前使用锅炉的实际情况,按常用的分类方法可将锅炉分类见表 4.1-2。

表 4.1-2　锅炉的分类

序　号	分类方法	锅炉类型
1	按燃烧方式分	室燃炉、层燃炉、旋风炉、沸腾炉
2	按燃用的燃料分	燃煤炉、燃油炉、燃气炉、废热锅炉、焦化硭炉、浆炉
3	按工质的流动特性分	自然循环锅炉、强制循环锅炉(直流锅炉、多次强制循环锅炉、复合循环锅炉)
4	按锅炉容量分	小容量(小型)锅炉($D<20t/h$);中容量(中型)锅炉($D=20\sim100t/h$)大容量锅炉($D\geqslant100t/h$)
5	按锅炉蒸汽参数分	低压锅炉($P\leqslant1.6MPa$);中压锅炉($P=2.45\sim3.82MPa$);高压锅炉($P=10MPa$);超高压锅炉($P=14MPa$);亚临界压力锅炉($P\geqslant22MPa$)
6	按燃煤炉的排渣方式分	固态排渣炉,液态排渣炉

4.1.6　锅炉的安全监督重点

4.1.6.1　锅炉管理的基本安全要求

锅炉及产品合格证。

锅炉的使用单位应逐台办理登记手续,未办理登记手续的锅炉,不得投入使用。有锅炉使用登记证,并固定在锅炉房的醒目位置,其上方有检验有效期的标志。

锅炉的使用单位应对锅炉安全管理人员、锅炉运行操作人员、锅炉水处理作业人员进行管理,必须持有原国家质检总局《特种作业人员安全监督管理办法》的要求的作业证,持证上岗,按章作业。无与锅炉相应类别的合格司炉工人,锅炉不得投入使用。B 级及以下的全自动锅炉可不设跟班锅炉运行操作人员,但应当建立定期巡回检查制度。

锅炉的使用单位应建立《岗位责任》《巡回检查制度》《交接班制度》《锅炉及辅助设备的操作规程》《设备维修保养制度》《水(介)质管理制度》《安全管理制度》《节能管理制度》《锅炉安全应急预案》等安全制度。做到规章制度齐全,并能认真执行,无违章违纪现象。

技术资料齐全,有锅炉使用登记证和定期检验合格证及相应的技术资料档案。

锅炉使用管理记录齐全,填写认真,保存良好。其中使用管理记录包括:

(1)锅炉及燃烧和辅助设备运行记录;

(2)水处理设备运行及汽水品质化验记录;

(3)交接班记录;

(4)锅炉及燃烧和辅助设备维修保养记录;

(5)锅炉及燃烧和辅助设备检查记录;

(6)锅炉运行故障及事故记录;

(7)锅炉停炉保养记录。

锅炉、压力容器及管道的设计、制造、安装、调试、修理改造、检验和化学清洗单位按国家或部门有关规定,实施资格许可证制度。

从事锅炉、压力容器及管道的运行操作、检验、焊接、焊后热处理、无损检测人员,应取得相应资格证书。

4.1.6.2　锅炉安装调试的安全要求

锅炉安装(移装)时,锅炉、锅炉房的设计必须符合相关规程、标准的规定,且须由具有相应设计资质的设计单位承担。承担锅炉安装(移装)的检修承包商须具有相应资质。锅炉安装必须符合相关技术规程、图纸及安装说明书的规定。安装单位在锅炉安装(移装)前须携带有关资料办理报装手续。

锅炉安装(移装)期间，应由相关机构依法进行安装监检。锅炉在安装过程中改变元部件结构，使用与原设计材质、规格不相同的材料以及安装工艺有重大改变时，须征得设计和使用单位同意，由设计出具设计变更并做好记录。

锅炉安装及验收按照《电力建设施工及验收技术规范》《火电施工质量检验标准及评定标准》或《工业锅炉安装及施工验收规范》的规定进行。在规定验收期限内由工程建设部门组织进行锅炉总体冷热态验收。

锅炉的启动调试验收要有锅炉总体启动调试大纲或指导书。通过启动调试校核锅炉在额定工况下的热力参数与机组设计要求是否相符，检验锅炉设计、制造、安装的质量。随后办理使用登记。办理使用登记的资料包括：

(1) 锅炉安装报装表；

(2) 锅炉图样(包括总图、安装图和主要受压部件图)；

(3) 受压元件的强度计算书；

(4) 安全阀排量计算书；

(5) 锅炉质量证明书(包括出厂合格证、金属材料证明、焊接质量证明和水压试验证明)；

(6) 锅炉安装说明书和使用说明书；

(7) 受压元件重大设计更改资料；

(8) 水流程图及水动力计算书；

(9) 锅炉房设计图；

(10) 锅炉制造安全质量监督检验证书；

(11) 锅炉安装安全质量监督检验证书。

在办理锅炉使用证后一年内，为考核锅炉性能，优化生产，应委托具有相应资质的第三方进行锅炉性能测试，并出具性能测试报告。使用单位应逐台建立锅炉设备技术档案，登录锅炉有关运行、检修、改造、事故等重大事项。档案应齐全、准确并及时记录整理。

锅炉技术档案的主要内容应包括：

(1) 锅炉主要技术规范；

(2) 技术性能、各类参数、结构尺寸；

(3) 锅炉设计、制造、安装、试验的全部技术文件；

(4) 辅助设备结构及特性；

(5) 运行记录；

(6) 锅炉运转、备用、修理情况；

(7) 锅炉承压部件检修技术资料；

(8) 锅炉改造竣工技术资料；

(9) 历次锅炉检验报告；

(10) 安全阀、压力表、水位计等安全附件台账及校验报告；

(11) 故障及事故记录、原因分析等。

在用锅炉必须按照《锅炉定期检验规则》的要求进行外部检验、内部检验和水压试验。

只有上述三项均在合格有效期内的锅炉才能投入运行除定期检验外，锅炉有下列情况之一时，也应进行内部检验：

(1) 移装锅炉投运前；

(2) 锅炉停止运行一年以上需投入或恢复运行前；

(3) 受压元件经重大修理、改造后及重新运行一年后；

(4) 根据上次内部检验结果和锅炉运行情况，对设备安全可靠性有怀疑时。

锅炉检验、修理、改造、化学水清洗必须由具备相应资质且在公司备案的检修承包商承担，施工前要求制定合理可行的施工方案。使用单位要按照《设备检修管理制度》的要求按时上报锅炉的年度、月度修理计划，经公司设备主管部门审批下达后予以实施，锅炉所属安全附件要按规定实施定检。

所属电站锅炉和工作压力≥3.82MPa的工业锅炉要实行金属监督。金属监督的范围包括：

工作温度≥450℃的高温承压金属部件(含主蒸汽管道、过热器管、联箱、阀壳和三通)以及与主蒸汽管道相连的小管道；工作温度≥435℃的导汽管；工作压力≥3.82MPa的锅筒；工作压力≥5.88MPa的承压汽水管道和部件(含水冷壁管、省煤器管、联箱和主给水管道)；工作温度≥400℃的螺栓等。

锅炉金属监督按DL 438《火力发电厂金属技术监督规程》执行。

锅炉暂停使用一年以上要办理停用手续并报公司主管部门备案。锅炉拆迁过户按《锅炉压力容器使用登记管理办法》办理注销手续并报公司设备主管部门备案。不符合《锅炉压力容器使用登记管理办法》中规定的安全要求，地方质量技术监督部门不予发放使用证的锅炉以及按上级有关规定应予报废的锅炉，确定为报废锅炉，应及时办理注销手续并报公司设备主管部门备案。报废锅炉就地解体，严禁再次使用。

4.1.6.3 锅炉运行的安全要求

锅炉运行操作人员在锅炉运行前必须做好各项检查；按安全操作规程进行启动和运行；不应当任意提高运行参数。

当锅炉运行中发生受压元件泄漏、炉膛严重结焦、液态排渣锅炉无法排渣、锅炉尾部烟道严重堵灰、炉墙烧红、受热面金属严重超温、汽水质量严重恶化等情况时，应当停止运行。

对工业用蒸汽锅炉运行中发生下列情况时也需要立即停炉：

(1) 锅炉水位低于水位表最低可见边缘时；

(2) 不断加大给水及采取其他措施但水位仍然继续下降时；

(3) 锅炉满水，水位超过最高可见水位，经过放水仍不能见到水位时；

(4) 给水泵失效或给水系统故障，不能向锅炉给水时；

(5) 水位表、安全阀或者装设在汽空间的压力表全部失效时；

(6) 锅炉元(部)件受损坏，危及锅炉运行操作人员安全时；

(7) 燃烧设备损坏、炉墙倒塌或者锅炉构架被烧红等，严重威胁锅炉安全运行时；

(8) 其他危及锅炉安全运行的异常情况时。

安全阀符合规程要求，灵敏可靠，有定期校验记录。

设备的运行参数，包括压力、温度及其蒸发量，在允许范围内，不存在超压、超温和高水位等运行。

110

锅炉及其零部件的采购必须购置具有相应制造许可资质的制造厂商的产品。

使用单位应根据有关规范、锅炉技术管理的规章制度，结合设备系统实际以及制造厂技术文件，编制《锅炉运行规程》等技术文件。

《锅炉运行规程》应包括下列内容：

（1）锅炉的技术规范和特性；

（2）锅炉设备检修后的检查与试验；

（3）锅炉的启动；

（4）锅炉运行控制与调整；

（5）锅炉的停止；

（6）锅炉辅助设备的试验及运行；

（7）锅炉事故及事故处理；

（8）应附有下列图纸或简图：

① 锅炉纵剖面图；

② 锅炉蒸汽、给水系统图；

③ 锅炉空气、烟气系统图；

④ 锅炉燃料系统图。

锅炉设备或系统有重大变动时，必须修订运行规程，一般每五年修订一次。锅炉使用单位应按《锅炉运行规程》等工艺技术文件组织生产，严禁超温、超压、超负荷运行。应做好运行日志、交接班日志的记录，建立相关工艺技术台账，编制有关生产、技术、经济等报表。锅炉的各种运行记录（包括：运行日志、交接班记录、巡回检查记录、缺陷记录及定期试验记录等）应保存三年以上，以备查阅。使用单位应制定巡回检查制度及标准。操作人员应按巡回检查标准要求对锅炉进行定时、定人、定内容、定线路巡检，并及时处理巡检过程中出现的问题。

使用单位要建立锅炉定期维护的工作制度，按时完成定期维护工作，主要内容应包括：锅炉定期排污、锅炉吹灰、备用设备定期切换和试运、水位计的校对和冲洗、汽包压力的校对、调节阀（挡板）的校验、储气罐和油罐（箱）的脱水等。使用单位应配备足够保证锅炉安全运行的司炉人员、水质化验人员和其他操作人员。锅炉操作人员上岗前必须经过系统培训，取得企业上岗证，严格持证上岗。司炉人员和水质化验人员还必须持有地方质量技术监督局颁发的《锅炉司炉操作证》和《锅炉水质化验员操作证》等特种作业证。

使用单位应制定锅炉设备事故应急预案，并定期组织操作人员进行预案演练，不断提高处理突发事故的能力。还应制定燃料管理规定，确保入炉燃料满足锅炉安全运行要求，设备腐蚀速度在受控范围，烟气排放符合政府环保要求。明确燃料热值、灰分等指标的检验标准，严格入库燃料的数量与质量管理。

要定期进行炉效监测，积极推广使用节能技术和设备，努力提高锅炉热效率，使之达到或超过设计值。在锅炉大修前后应进行热效率测试，以检测大修效果。每年至少对锅炉进行一次综合炉效测试。在日常运行管理中，对锅炉的排烟温度、烟气氧含量、风机电耗、给水泵电耗等进行检查分析，使之经济合理。

锅炉的主要技术控制指标如下：

（1）锅炉运行的实际出力，原则上一般不低于设计出力的 80%（生产调度指令或蒸汽平衡需要除外）。

（2）锅炉主汽压力的允许变化范围为：高压锅炉±0.2MPa（表压），中压锅炉±0.1MPa（表压）。

（3）锅炉主汽温度的允许变化范围为±5℃。

（4）在正常负荷条件下，在用锅炉热效率达到或超过设计值（或标定值）。

使用单位要根据《绝热管理制度》对锅炉系统所属热力管线定期进行测试与维护，保证绝热外观良好，散热损失不超标。要加强锅炉化学监督、热工监督、绝缘监督、金属技术监督、环保监督、节能监督等六项基本监督工作，并遵照"六项监督"的有关规定执行。

4.1.6.4 锅炉安全附件及附属设备的安全要求

每台锅炉至少应装设两个安全阀（不包括省煤器安全阀）。符合下列规定之一的，可只装一个安全阀：

（1）额定蒸发量小于或等于0.5t/h的锅炉；

（2）额定蒸发量小于4t/h且装有可靠的超压联锁保护装置的锅炉。

（3）可分式省煤器出口处、蒸汽过热器出口处都必须装设安全阀。

锅炉的安全阀应采用全启式弹簧式安全阀、杠杆安全阀和控制式安全阀（脉冲式、气动式、液动式和电磁式等）。选用的安全阀应符合有关技术标准的规定。

对于额定蒸汽压力小于或等于0.1MPa的锅炉可采用静重式安全阀或水封式安全装置。水封装置的水封管内径不应小于25mm，且不得装设阀门，同时应有防冻措施。

锅筒（锅壳）上的安全阀和过热器上的安全阀的总排放量，必须大于锅炉额定蒸发量，并且在锅筒（锅壳）和过热器上所有安全阀开启后，锅筒（锅壳）内蒸汽压力不得超过设计时计算压力的1.1倍。

对于额定蒸汽压力小于或等于3.8MPa的锅炉，安全阀的流道直径不应小于25mm；对于额定蒸汽压力大于3.8MPa的锅炉，安全阀的流道直径不应小于20mm。

安全阀应铅直安装，并应装在锅筒（锅壳）、集箱的最高位置。在安全阀和锅筒（锅壳）之间或安全阀和集箱之间，不得装有取用蒸汽的出汽管和阀门。

安全阀应装设排汽管，排汽管应直通安全地点，并有足够的流通截面积，保证排汽畅通。同时排汽管应予以固定。

如排汽管露天布置而影响安全阀的正常动作时，应加装防护罩。防护罩的安装应不妨碍安全阀的正常动作与维修。

安全阀排汽管底部应装有接到安全地点的疏水管。在排汽管和疏水管上都不允许装设阀门。

安全阀上必须有下列装置：

（1）弹簧式安全阀应有提升手把和防止随便拧动调整螺钉的装置。

（2）电磁控制式安全阀必须有可靠的电源。

在用锅炉的安全阀每年至少应校验一次。检验的项目为整定压力、回座压力和密封性等。安全阀的校验一般应在锅炉运行状态下进行。如现场校验困难或对安全阀进行修理后，可在安全阀校验台上进行，此时只对安全阀进行整定压力调整和密封性试验。

安全阀校验后，其整定压力、回座压力、密封性等检验结果应记入锅炉技术档案。

安全阀经校验后，应加锁或铅封。严禁用加重物、移动重锤、将阀瓣卡死等手段任意提高安全阀整定压力或使安全阀失效。锅炉运行中安全阀严禁解列。

每月对安全阀做手动排气试验，并做记录。

压力表符合规程要求，灵敏可靠，有定期校验记录。

每台锅炉除必须装有与锅筒(锅壳)蒸汽空间直接相连接的压力表外，还应在下列部位装设压力表：

(1) 给水调节阀前；

(2) 过热器出口和主汽阀之间；

(3) 燃气锅炉的气源入口。

选用压力表应符合下列规定：

(1) 对于额定蒸汽压力小于2.5MPa的锅炉，压力表精确度不应低于2.5级；对于额定蒸汽压力大于或等于2.5MPa的锅炉，压力表的精确度不应低于1.5级。

(2) 压力表应根据工作压力选用。压力表表盘刻度极限值应为工作压力的1.5~3.0倍，最好选用2倍。

(3) 压力表表盘大小应保证司炉人员能清楚地看到压力指标值，表盘直径不应小于100mm。

选用的压力表应符合有关技术标准的要求，其校验和维护应符合国家计量部门的规定。压力表装用前应进行校验并注明下次的校验日期。压力表的刻度盘上应划红线指示出工作压力。压力表校验后应封印。

压力表装设应符合下列要求：

(1) 应装设在便于观察和吹洗的位置，并应防止受到高温、冰冻和震动的影响；

(2) 蒸汽空间设置的压力表应有存水弯管。存水弯管用钢管时，其内径不应小于10mm。

压力表与筒体之间的连接管上应装有三通阀门，以便吹洗管路、卸换、校验压力表。汽空间压力表上的三通阀门应装在压力表与存水弯管之间。

压力表有下列情况之一时，应停止使用：

(1) 有限止钉的压力表在无压力时，指针转动后不能回到限止钉处；没有限止钉的压力表在无压力时，指针离零位的数值超过压力表规定允许误差。

(2) 表面玻璃碎或表盘刻度模糊不清；

(3) 封印损坏或超过校验有效期限；

(4) 表内泄漏或指针跳动；

(5) 其他影响压力表准确指示的缺陷。

水位表符合规程要求，灵敏可靠，无泄漏，指示清晰准确，有冲洗记录和定期校验记录。

每台锅炉至少应装两个彼此独立的水位表。但符合下列条件之一的锅炉可只装一个直读式水位表：

(1) 额定蒸发量小于或等于0.5t/h的锅炉；

(2) 电加热锅炉；

(3) 额定蒸发量小于或等于2t/h，且装有一套可靠的水位示控装置的锅炉；

(4) 装有两套各自独立的远程水位显示装置的锅炉。

水位表应装在便于观察的地方。水位表距离操作地面高于6000mm时，应加装远程水位显示装置。远程水位显示装置的信号不能取自一次仪表。

用远程水位显示装置监视水位的锅炉，控制室内应有两个可靠的远程水位显示装置，同时运行中必须保证有一个直读式水位表正常工作。

水位表应有下列标志和防护装置：

（1）水位表应有指示最高、最低安全水位和正常水位的明显标志（红线）。水位表的下部可见边缘应比最高火界至少高 50mm，且应比最低安全水位至少低 25mm，水位表的上部可见边缘应比最高安全水位至少高 25mm。

（2）为防止水位表损坏时伤人，玻璃管式水位表应有防护装置（如保护罩、快关阀、自动闭锁珠等），但不得妨碍观察真实水位。

（3）水位表应有放水阀门和接到安全地点的放水管。

水位表清晰显示正常水位，每班至少冲洗一次，防止出现假水位。

水位表与锅筒之间的汽水连接管上装有阀门，锅炉运行时阀门必须处于全开位置。

每台锅炉应装独立的排污管，排污管应尽量减小弯头，保证排污畅通并接到室外安全的地点或排污膨胀管。采用有压力的排污膨胀箱时，排污箱上应装安全阀。几台锅炉排污合用一根总排污管时，不应有两台或两台以上的锅炉同时排污。

锅炉的排污阀、排污管不应采用螺纹连接。

额定蒸发量大于或等于 2t/h 的锅炉，应装设高低水位报警（高、低水位警报信号须能区分）、低水位联锁保护装置；额定蒸发量大于或等于 6t/h 的锅炉，还应装蒸汽超压的报警和联锁保护装置。

水位报警器符合规程要求，动作可靠，有定期校验记录。

低水位联锁保护装置最迟应在最低安全水位时动作。蒸汽锅炉低水位联锁保护：水位表的实际水位低于最低安全水位线时，锅炉炉排和鼓、引风机立即停止运转。且炉前指示灯亮，并响铃报警。极限低水位联锁保护装置灵敏可靠，有定期校验记录。

超压联锁保护装置动作整定值应低于安全阀较低整定压力值。锅炉内实际压力超过设定的压力时，炉排自动停止运转，降低气压，且炉前指示灯亮并响铃报警。超压联锁保护装置灵敏可靠，有定期校验记录。

热水锅炉联锁保护：当泵房突然停电时，由电压继电器传给锅炉房，强制锅炉炉排、鼓、引风机停止转动，即锅炉停止运行。

用煤粉、油或气体作燃料的锅炉，应装有下列功能的联锁装置：

（1）全部引风机断电时，自动切断全部送风和燃料供应；

（2）全部送风机断电时，自动切断全部燃料供应；

（3）燃油、燃气压力低于规定值时，自动切断燃油或燃气的供应。

熄火保护装置灵敏可靠，有定期校验记录。

蒸汽管道是否能自由膨胀，不应相互碰磨。

锅炉炉墙无漏烟、漏风现象。

扶梯、走台符合要求。

消防水管道和消火栓的完好。

运行的仪器仪表的运行参数正常，与直读的水位表、压力表一致；运行记录上的各项参数记录与实际一致，在允许的参数内。

蒸汽锅炉供水备用电源必须保证随时有电，能接通使用。

联轴器有防护装置；电机、轴承座地角螺栓无松动，运转平稳；锅炉房各处均有照明，通风良好。

锅炉房地面、门窗、设备及用具做到定人定时清扫、整齐清洁。

4.1.6.5 锅炉检修的安全要求

锅炉检修作业应当符合下列要求：

进入锅筒(锅壳)内部工作之前，必须用能指示出隔断位置的强度足够的金属堵板(多用盲板)(电站锅炉可用阀门)将连接其他运行锅炉的蒸汽、热水、给水、排污等管道可靠地隔开；用油或者气体作燃料的锅炉，必须可靠地隔断油、气的来源；

进入锅筒(锅壳)内部工作之前，对其内部进行温度、含氧量(要求达到 19.5%～23.5%)、可燃气体含量、有毒有害物质检查。(当可燃气体爆炸下限大于 4%时，其被测浓度不大于 0.5%为合格；爆炸下限小于 4%时，其被测浓度不大于 0.2%为合格；氧含量 19.5%～23.5%为合格)，有毒有害物质不超过国家规定的"车间空气中有毒物质最高容许浓度"的指标(分析结果报出后，样品至少保留 4h)。设备内温度宜在常温左右，作业期间应至少每隔 4h 取样复查一次，如有 1 项不合格，应立即停止作业。检查上述合格后，还必须将其上面的人孔和集箱上的手孔打开，使空气对流一段时间，工作时锅炉外面有人监护；

进入烟道及燃烧室工作前，必须进行通风，并且与总烟道或者其他运行锅炉的烟道可靠隔断；

在锅筒(锅壳)和潮湿的炉膛、烟道内工作而使用电灯照明时，照明电压不能超过 24V；在比较干燥的烟道内，有妥善的安全措施，可以采用不高于 36V 的照明电压；禁止使用明火照明。

4.1.6.6 锅炉定期检验的安全要求

锅炉定期检验工作包括锅炉在运行状态下的外部检验、锅炉在停炉状态下进行的内部检验和水(耐)压力试验。

锅炉使用单位应当安排锅炉的定期检验工作，并且在锅炉下次检验日期前 1 个月向检验检测机构提出定期检验申请。

定期检验周期按照 TSG G0001—2012《锅炉安全技术监察规程》。

4.1.7 汽水品质管理

要按照《火力发电机组及蒸汽动力设备水汽质量》及《工业锅炉水质》，制定锅炉汽水品质的标准和相应的水质分析管理规定，并贯彻执行。

锅炉应有加药、除氧、排污设施、汽水分离装置及取样装置，确保汽水品质符合要求。当汽水品质异常时，应按有关规定增加分析频率，并调整锅炉运行和加药工况，经处理不能恢复时，应按 GB/T 12145—2016《火力发电机组及蒸汽动力设备水汽质量》及 GB/T 1576—2018《工业锅炉水质标准》的"水汽质量劣化时的处理"要求执行，直至停炉。

进口锅炉低于 GB/T 12145—2016 标准的应按此标准执行；高于此标准的按制造国的国标或制造厂的厂标执行。

废(余)热锅炉应参照同等压力锅炉标准执行。对废(余)热锅炉应加强水、汽质量监测，锅炉设备所在车间应设专人管理。锅炉在检验时应有相应的水质检验项目，当锅炉的垢含量超过有关规定时，应安排酸洗。凡设有化学水处理装置的单位，对化学水处理的技术管理必须执行下列标准。化学水汽质量监督参照 DL/T 561《火力发电厂水汽化学监督导则》执行。热力设备的化学清洗参照 DL/T 794《火力发电厂锅炉化学清洗导则》执行。热力设备在停备用期间的防腐参照 DL/T 956《火力发电厂停(备)用热力设备防锈蚀导则》执行。

在此之上，还必须建立离子交换树脂质量的管理制度，定期对使用中的离子交换树脂的交换容量等主要性能进行检测。

化学水系统仪器和仪表管理应符合以下要求：

（1）应有化学分析仪器和仪表管理规定。

（2）阴、阳、混床、反渗透和热力系统应安装在线水质分析仪表。

（3）化学分析仪表应定期进行校验和维修，校验和维修工作必须由制造单位或具有相应资质的单位承担。

（4）所有使用化学水的点都要求安装水计量仪表。

4.2　压力容器

压力容器是指盛装气体或者液体，承载一定压力的密闭设备，其范围规定为最高工作压力大于或者等于 0.1MPa（表压），且压力与容积的乘积大于或者等于 2.5MPa·L 的气体、液化气体和最高工作温度高于或者等于标准沸点的液体的固定式容器和移动式容器；盛装公称工作压力大于或者等于 0.2MPa（表压），且压力与容积的乘积大于或者等于 1.0MPa·L 的气体、液化气体和标准沸点等于或者低于 60℃ 液体的气瓶、氧舱等。压力容器分为固定式、移动式压力容器和气瓶三类。均有相应的安全技术监察规定对其实施安全监督管理工作。属于《特种设备目录》中列出的压力容器及其安全附件及安全保护装置部分特种设备见表 4.2-1。

表 4.2-1　压力容器及其安全附件及安全保护装置部分的特种设备

代　码	种　类	类　别	品　种
2000	压力容器		
2100		固定式压力容器	
2110			超高压容器
2120			高压容器
2130			第三类中压容器
2140			第三类低压容器
2150			第二类中压容器
2160			第二类低压容器
2170			第一类压力容器
2200		移动式压力容器	
2210			铁路罐车
2220			汽车罐车
2230			长管拖车
2240			罐式集装箱
2300		气瓶	
2310			无缝气瓶
2320			焊接气瓶
2330			液化石油气钢瓶

代　码	种　　类	类　　别	品　　　种
2340			溶解乙炔气瓶
2350			车用气瓶
2360			低温绝热气瓶
2370			缠绕气瓶
2380			非重复充装气瓶
23T0			特种气瓶
B200		压力容器部件	
B210			封头
C200		压力容器材料	
C210			压力容器用钢板
C230			气瓶用钢板
C240			气瓶用钢管
F000	安全附件及安全保护装置		
7310			安全阀
F130			压力控制报警装置
F140			温度控制报警装置
F210			液位计
F220			爆破片
F230			紧急切断阀
F240			过流保护装置
F250			快开门联锁保护装置
F260			气瓶瓶阀
F270			气瓶减压阀
F280			液位限制阀
F2A0			氧舱测氧仪

4.2.1　固定式压力容器的界定和适用范围

固定式压力容器按《特种设备目录》包括：超高压容器、高压容器、第三类中压容器、第三类低压容器、第二类中压容器、第二类低压容器、第一类压力容器。

按照 TSG R0004—2009《固定式压力容器安全技术监察规程》规定，固定式压力容器是指：安装在固定位置处使用的压力容器。要求同时具备下列条件的为固定式压力容器：

（1）工作压力大于或者等于 0.1MPa；

注：工作压力指压力容器在正常工作情况下，容器顶部可能达到的最高压力（表压力）。

（2）工作压力与容积的乘积大于或者等于 2.5MPa·L；

注：容积是指压力容器的几何容积，即由设计图样标注的尺寸计算（不考虑制造公差）并且圆整。一般应当扣除永久连接容器内部的内件的体积。

（3）盛装介质为气体、液化气体以及介质最高工作温度高于或者等于其标准沸点的液体。

注：容器内介质为最高工作温度低于其标准沸点的液体时，如气相空间的容积与工作压力的乘积大于或者等于2.5MPa·L时，也属于《固定式压力容器安全技术监察规程》的适用范围。

其中，超高压容器应当符合《超高压容器安全技术监察规程》的规定，非金属压力容器应当符合《非金属压力容器安全技术监察规程》的规定，简单压力容器应当符合《简单压力容器安全技术监察规程》的规定。不在上述规程适用范围内的压力容器，应当符合《固定式压力容器安全技术监察规程》的规定。

按照《超高压容器安全技术监察规程》规定，超高压容器应同时具备下列条件：
（1）设计压力大于或者等于100MPa；
（2）内直径大于等于25mm；
（3）介质为气体、最高工作温度高于或者等于标准沸点的液体。

4.2.2　固定式压力容器的构成与分类

4.2.2.1　构成
固定式压力容器是由压力容器本体和安全附件两大部分构成。
（1）压力容器本体包括：
① 压力容器与外部管道或者装置焊接连接的第一道环向接头的坡口面、螺纹连接的第一个螺纹接头端面、法兰连接的第一个法兰密封面、专用连接件或者管件连接的第一个密封面；
② 压力容器开孔部分的承压盖及其紧固件；
③ 非受压元件与压力容器的连接焊缝。
压力容器本体中的主要受压元件包括壳体、封头（端盖）、膨胀节、设备法兰；球罐的球壳板；换热器的管板和换热管；M36（含M36）以上的设备主螺栓及公称直径大于或者等于250mm的接管和管法兰等十大件。
（2）安全附件包括：
安全阀、爆破片装置、爆破帽、紧急切断装置、安全联锁装置、压力表、液位计、测温仪表等。

4.2.2.2　分类
压力容器的分类方法很多，分类标准不同同一种压力容器的表述方式也不同，常用的分类方法有：
（1）按照危险程度分类
按照危险程度分三类，并要求分类监管。其分类、分级方法要根据介质的危害程度特性先进行分组，到对应的分类图上确定其类别，具体方法如下所示：
① 介质分组
固定式压力容器的介质分为以下两组，包括气体、液化气体或者最高工作温度高于或者等于标准沸点的液体。
第一组介质：毒性程度为极度危害、高度危害的化学介质，易爆介质，液化气体。
第二组介质：除第一组以外的介质。
② 介质危害性
介质危害性指压力容器在生产过程中因事故致使介质与人体大量接触，发生爆炸或者因

经常泄漏引起职业性慢性危害的严重程度，用介质毒性程度和爆炸危害程度表示。

毒性程度：综合考虑急性毒性、最高容许浓度和职业性慢性危害等因素。极度危害最高容许浓度小于 $0.1mg/m^3$；高度危害最高容许浓度 $0.1\sim1.0mg/m^3$；中度危害最高容许浓度 $1.0\sim10.0mg/m^3$；轻度危害最高容许浓度大于或者等于 $10.0mg/m^3$。

易爆介质：指气体或者液体的蒸汽、薄雾与空气混合形成的爆炸混合物，并且其爆炸下限小于10%，或者爆炸上限和爆炸下限的差值大于或者等于20%的介质。

具体介质毒性危害程度和爆炸危险程度按 GBZ 230—2010《职业性接触毒物危害程度分级》、HG/T 20660—2017《压力容器中化学介质毒性危害和爆炸危险程度分类标准》两个标准确定。两者不一致时，以危害（危险）程度高的为准。

③ 分类方法

基本分类：

固定式压力容器分类应当先根据介质特性，按照以下要求选择分类图，再根据设计压力 p（单位 MPa）和容积 V（单位 L），标出坐标点，确定容器类别：

对于第一组介质，固定式压力容器的分类见图 4.2-1。

对于第二组介质，固定式压力容器的分类见图 4.2-2。

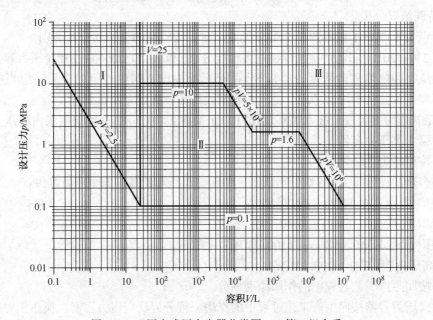

图 4.2-1　固定式压力容器分类图——第一组介质

多腔固定式压力容器分类：

多腔固定式压力容器（如换热器的管程和壳程、夹套容器等）按照类别高的压力腔作为该容器的类别并且按该类别进行使用管理。但应当按照每个压力腔各自的类别分别提出设计、制造技术要求。对各压力腔进行类别划定时，设计压力取本压力腔的设计压力，容积取本压力腔的几何容积。

- 同腔多种介质容器分类：一个压力腔内有多种介质时，按组别高的介质分类。
- 介质含量极小容器分类：当某一危害性物质在介质中含量极小时，应当按其危害程度及其含量综合考虑，由压力容器设计单位决定介质组别。

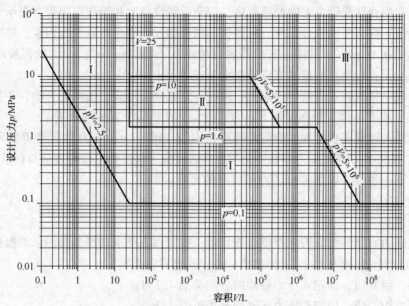

图 4.2-2　固定式压力容器分类图——第二组介质

● 特殊情况分类：

坐标点位于图 8-1 或者图 8-2 的分类线上时，按较高的类别划分其类别。

GBZ 230—2010《职业性接触毒物危害程度分级》和 HG/T 20660—2017《压力容器中化学介质毒性危害和爆炸危险程度分类标准》两个标准中没有明确规定的介质，应当按化学性质、危害程度及其含量综合考虑，由压力容器设计单位决定介质组别。

《固定式压力容器安全技术监察规程》（以下简称《容规》）第 1.4 条范围内的压力容器统一划分为第 I 类压力容器。

（2）按照压力等级划分

压力容器的设计压力（p）划分为低压、中压、高压和超高压四个压力等级：

1 低压（代号 L）0.1MPa≤p<1.6MPa；

2 中压（代号 M）1.6MPa≤p<10.0MPa；

3 高压（代号 H）10.0MPa≤p<100.0MPa；

4 超高压（代号 U）p≥100.0MPa。

（3）按照生产工艺过程中的作用原理划分

固定式压力容器按照生产工艺过程中的作用原理分为反应压力容器、换热压力容器、分离压力容器、储存压力容器。具体划分如下：

① 反应压力容器（代号 R）：主要是用于完成介质的物理、化学反应的压力容器，如反应器、反应釜、分解锅、合成塔、变换炉、蒸煮锅等。

② 换热压力容器（代号 E）：主要是用于完成介质的热量交换的压力容器，如管壳式余热锅炉、热交换器、冷却器、冷凝器、蒸发器、加热器、消毒锅、染色器等。

③ 分离压力容器（代号 S）：主要是用于完成介质的流体压力平衡缓冲和气体净化分离的压力容器，如分离器、过滤器、集油器、缓冲器等。

④ 储存压力容器（代号 C，其中球罐代号 B）：主要是用于储存、盛装气体、液体、液化气体等介质的压力容器，如各种形式的储罐。

⑤ 在一种压力容器中，如同时具备两个以上的工艺作用原理时，应当按工艺过程中的

主要作用来划分品种。

（4）按操作温度分

① 低温容器（$t \leqslant -20℃$）。

② 常温容器（$150℃ > t > -20℃$）。

③ 中温容器（$450℃ > t \geqslant 150℃$）。

④ 高温容器（$t \geqslant 450℃$）。

4.2.3 固定式压力容器的安全状况等级划分

根据压力容器的安全状况，将新压力容器划分为1、2、3级三个等级，在用压力容器划分为2、3、4、5，共四个等级，每个等级划分原则见表4.2-2。

表 4.2-2　压力容器的安全状况等级划分

安全状况等级	技 术 条 件	质 量 状 况	能否满足安全使用条件
1（新）	设计、制造等出厂技术资料齐全	设计、制造质量符合《容规》及其他有关法规和标准的要求	在规定的定期检验周期内，能按设计条件安全使用
2（新）	设计、制造等出厂技术资料齐全	设计、制造质量基本符合有关法规和要求，但存在某些不危及安全且难以纠正的缺陷，出厂时已取得设计单位、使用单位和使用单位所在地安全监察机构同意	在规定的定期检验周期内，能按设计规定的操作条件能安全使用
2（在用）	设计、制造等技术资料基本齐全	设计制造质量基本符合有关法规和标准的要求；根据检验报告，存在某些不危及安全且不易修复的一般性缺陷	在规定的定期检验周期内，能按规定的操作条件安全使用
3（在用）	设计、制造等技术资料不够齐全	主体材料、强度、结构基本符合有关法规和标准的要求；制造时存在的某些不符合法规和标准的问题或缺陷，焊缝存在超标的体积性缺陷，根据检验报告，未发现缺陷发展或扩大	在规定的检验周期内，能按规定的操作条件安全使用
4（在用）	设计、制造资料严重不齐全	主体材料不符合有关规定，或材料不明，或虽属选用正确，但已有老化倾向；主体结构有较严重的不符合有关法规和标准的缺陷，强度经校核尚能满足要求；焊接质量存在线性缺陷；根据检验报告，未发现缺陷由于使用因素而发展或扩大；使用过程中产生了腐蚀、磨损、损伤、变形等缺陷，其检验报告确定为不能在规定的操作条件下或在正常的检验周期内安全使用	不能在规定的操作条件下或在正常的检验周期内安全使用。必须采取相应措施进行修复和处理，提高安全状况等级，否则只能在限定的条件下短期监控使用
5（在用）	无制造许可证的企业或无法证明原制造单位具备制造许可证的企业制造的压力容器	缺陷严重、无法修复或难于修复、无返修价值或修复后仍不能保证安全使用的压力容器	判废，不得继续做承压设备使用

注：1. 安全状况等级中所述缺陷，是制造该压力容器最终存在的状态。如缺陷已消除，则以消除后的状态，确定该压力容器的安全状况等级。

2. 技术资料不全的，按有关规定由原制造单位或检验单位经过检验验证后补全技术资料，并能在检验报告中作出结论的，则可按技术资料基本齐全对待。无法确定原制造单位具备制造资格的，不得通过检验验证补充技术资料。

3. 安全状况等级中所述问题与缺陷，只要确认其具备最严重之一者，既可按其性质确定该压力容器的安全状况等级。

超高压力容器的安全状况等级分为三级，分别为继续使用、监控使用、判废。监控使用的超高压容器，应根据技术状况和使用条件确定监控使用时，一般不应超过 12 个月，且只允许监控使用一次。监控使用必须保证监控措施的落实。

依据《固定式压力容器安全技术监察规程》第 139 条，大型关键性的在用压力容器，经定期检验，发现大量难于修复的超标缺陷。使用单位因生产急需，确需通过缺陷安全评定来判定为监控使用的，使用期限不应超过一个检验周期。

4.2.4 压力容器的基本参数

4.2.4.1 压力

与压力容器相关的压力有：

(1) 表压力：测量压力的仪表(如压力表、压力计)上所测出的压力值为表压。表压只是表明被测量容器中的压力与周围大气压的差值，是一个相对压力。

(2) 工作压力：也称操作压力系指容器顶部在正常工作过程中可能产生的表压力(即不包括液体静压力)。

(3) 最高工作压力：系指容器在工艺操作过程中可能出现的最大表压力(不含液柱压力)。

(4) 设计压力：系指多为设定的容器顶部的压力，在相应设计温度下用以确定容器壳壁计算壁厚及其元件尺寸的压力，并作为超压释放装置调定压力的基础。一般取等于或略高于最高工作压力的值。

压力容器的设计压力不得低于最高工作压力，装有安全泄放装置的压力容器，其设计压力不得低于安全阀的开启压力或爆破片的爆破压力。

(5) 许用压力：系指在设计温度下，容器顶部所允许承受的最大压力。容器的几个受压元件所计算确定的许用压力不相等时，取其中的最小值作为容器的许用压力。使用许用压力(最大允许工作压力)时，应在图样和铭牌中注明。

(6) 试验压力：系指容器耐压试验压力。

4.2.4.2 温度

压力容器的设计温度是指容器在工作过程中，在相应的设计压力下，壳壁或元件金属可能达到最高或最低(指-20℃以下)的温度(指壳体沿截面厚度的平均温度)，不同于工作温度。它是选择金属材料机械性能、物理性能的基础。

确定容器的设计温度时，应注意以下各点：

(1) 对常温或高温操作的容器，其设计温度不得低于壳体金属可能达到的最高金属温度；

(2) 对 0℃以下操作的容器，其设计温度不得高于壳体金属可能达到的最低金属温度；

(3) 在任何情况下，容器壳体或其他受压元件金属的表面温度不得超过材料的允许使用温度；

(4) 安装在室外且器壁无保温装置的容器，壁温受环境温度的影响而可能小于或等于-20℃时，其设计温度一般应按容器使用地区历年各月、日最低温度月平均值的最小值确定其最低设计温度。

4.2.4.3 强度

对于某一种材料来说，所能承受的应力有一定的极限，超过了这个极限，物体则会发生破坏，这一极限就称为强度。

4.2.4.4 公称直径

压力容器的公称直径是按容器零部件标准化系列而选定的壳体直径，用符号 DN 及数字表示，单位为 mm。应该注意的是，焊接的圆筒形容器，公称直径是指它的内径。而用无缝钢管制作的圆筒形容器，公称直径是指它的外径。因为无缝钢管的公称直径不是内径，而是接近而又小于的一个数值。为了方便，用无缝钢管作为容器的筒体时，选它的外径作为容器的公称直径。

4.2.4.5 容器的壁厚

表示容器壁厚的参数常见的有：名义厚度、设计厚度、计算厚度、有效厚度、厚度附加量等。

（1）名义厚度：是将设计厚度向上圆整至钢材标准规格的厚度，即是图样上标准的厚度。

（2）厚度附加量：是指钢材的厚度负偏差和腐蚀余量之和。

（3）计算厚度：是指按各计算公式计算所得的厚度（不包括厚度附加量）。

（4）设计厚度：是指计算厚度与厚度附加量之和。

（5）有效厚度：是指名义厚度减去厚度附加量。

压力容器的工艺参数是由生产工艺要求确定的，是进行压力容器设计和安全操作的主要依据，其主要工艺参数为压力和温度。

4.2.5 压力容器用钢

石油化工装置的压力容器绝大多数为钢制。制造材料多种多样，比较常用的有如下几种。

（1）Q235A

Q235A 钢，含硅量多，脱氧完全，因而质量较好。限定的使用范围为：设计压力≤1.0MPa，设计温度 0~350℃，用于制造壳体时，钢板厚度不得大于16mm。不得用于盛装液化石油气体、毒性程度为极度、高度危害介质及直接受火焰加热的压力容器。

（2）20g

20g 锅炉钢板与一般 20 号优质钢相同，含硫量较 Q235A 钢低，具有较高的强度，使用温度范围为-20~475℃，常用于制造温度较高的中压容器。

（3）16MnR

16MnR 普通低合金容器钢板，制造中、低压容器可减轻温度较高的容器质，使用温度范围为-20~475℃。

（4）低温容器（低于-20℃）材料

主要是要求在低温条件下有较好的韧性以防脆裂，一般低温容器用钢多采用锰钒钢。

（5）高温容器用钢

温度<400℃可用普通碳钢，使用温度 400~500℃可用 15MnVR、14MnMoVg，使用温度 500~600℃可采用 15CrMo、12Cr2Mol，使用温度 600~700℃应采用 0Cr13Ni9 和 1Cr18Ni9Ti 等高合金钢。

4.2.6 压力容器的事故和事故隐患

要确保压力容器安全运行，因此要求压力容器必须具有较强的强度、刚度、稳定性、耐久性、密封性等。但在实际生产过程中常由于多种原因会导致压力容器由于过度失效而不能发挥原有效能或引发更大的事故影响企业的安全生产。

所谓压力容器失效是指包括爆炸、破裂、泄漏及容器过度变形、膨胀、局部鼓胀、严重腐蚀、产生较大裂纹、裂纹的疲劳扩展或腐蚀扩展、高温下过度的蠕变变形、几何形状受压失衡变形、金属材料长期使用的变形等现象。即凡因安全问题导致容器不能发挥原有效能的现象均为失效。但在石油化工生产过程中影响较大，且常见的压力容器失效情况有如下几种。

（1）裂纹

裂纹是压力容器中最危险的一种常见缺陷，是导致容器发生脆性破坏的主要因素。裂纹存在于焊缝的融合区到热影响区范围内。同时它还加速容器的疲劳破裂和腐蚀断裂。

压力容器的裂纹，按其产生的原因可分为：原材料裂纹、焊接裂纹、过载裂纹、热应力裂纹、热疲劳裂纹、蠕变裂纹、腐蚀裂纹、苛性脆化裂纹、氢裂纹等。不同的裂纹产生的位置不同，并且具有不同的形貌。压力容器中腐蚀裂纹及疲劳裂纹是最常见的两种裂纹。

（2）腐蚀

腐蚀是压力容器中较常见的一种缺陷，根据它产生的现象可以分为：均匀腐蚀、蚀坑、点蚀、应力腐蚀、晶间腐蚀、腐蚀疲劳和氢损伤等。

（3）变形

根据变形产生的原因看内外检验中发现的变形有：超压引起的变形、超温引起的变形及其他原因引起的变形等。变形是一种严重缺陷。

（4）磨损

在物料进、出口管与容器连接处，由于流体速度的突然变化等原因，常常在此发现冲刷磨损的缺陷。在内外检验过程中发现的磨损缺陷有均匀磨损和局部磨损两种。

（5）渗漏

渗漏不是一种独立的缺陷，而是容器中各种缺陷的一种"症状"，在压力容器上一般是不允许存在渗漏的。因此，一旦发现渗漏存在，必须查明原因，进行处理，以免引起大的事故。

（6）组织恶化

工作在高温状态下的压力容器，常会发生长期高温状态下的珠光体的球化和碳钢的石墨化。组织恶化是金属材料中较严重的一种缺陷。

（7）元件缺损

压力容器上备的附件缺损是造成压力事故的重要原因。如安全附件缺乏或失灵，螺栓缺少等。

（8）压力容器产生破裂

从压力容器安全的角度，按金属材料破裂的现象不同，把压力容器的破裂分为延性破裂、脆性断裂、疲劳破裂、腐蚀破裂和蠕变破裂等形式。

4.2.7 固定式压力容器安全监督重点

4.2.7.1 固定式压力容器管理的基本安全要求

在用压力容器逐台编号、登记、建台账且编号标示于容器显要部位。

压力容器的安全管理规章制度、救援预案和安全操作规程，运行记录、压力容器台账

(或者账册)是否齐全、真实，与实际相符。有定期巡回检查记录。

压力容器图样、使用登记证、产品质量证明书、使用说明书、监督检验证书、历年检验报告以及维修、改造资料等建档资料齐全并且符合要求。

压力容器作业人员持证上岗。

上次检验、检查报告中所提出的问题是否解决。

危险区域有醒目的安全警示标牌。

连接管道有防静电跨接，安全色要正确。

容器与相邻管道，构件间无异常振动、响声、摩擦。

底部支架应牢固，不得有活动现象。

罐体有接地装置。

外表面无腐蚀严重现象。

设备的本体没有明显的损坏。

在用压力容器必须定期检验。

4.2.7.2 压力容器本体及运行状况的安全要求

压力容器的铭牌、漆色、标志及喷涂的使用证号码是否符合有关规定。

压力容器的本体等是否有变形、泄漏等。

外表面有无腐蚀，有无异常结霜、结露等。

支承或者支座有无损坏，基础有无下沉、倾斜，是否完好。

快开门式压力容器安全联锁装置是否符合要求。

设备的运行参数，包括压力、温度等在允许范围内，不存在超压、超温运行。

所运行仪器仪表运行参数正常，与直读水位表、压力表一致。

运行记录上的各项参数记录与实际一致，在允许的参数内。

4.2.7.3 压力容器安全附件的安全要求

(1) 压力表

① 压力表的选型、定期检验有效期及其封印是否符合要求。

② 压力表外观、精度等级、量程、表盘直径是否符合要求。

凡发现以下情况之一的，要求使用单位限期改正并且采取有效措施确保改正期间的安全，如果逾期仍未改正的，应当暂停该压力容器使用，如下：

- 选型错误。
- 表盘封面玻璃破裂或者表盘刻度模糊不清。
- 封印损坏或者超过检定有效期限。
- 指针扭曲断裂或者外壳腐蚀严重。

(2) 液位计

① 是否有液位计的定期检修维护制度。

② 液位计外观及附件是否符合要求。

凡发现以下情况之一的，要求使用单位限期改正并且采取有效措施确保改正期间的安全，如果逾期仍未改正应当暂停该压力容器使用，如下：

- 超过规定的检修期限。
- 玻璃板(管)有裂纹、破碎。
- 防止泄漏的保护装置损坏。

（3）测温仪表

① 是否有测温仪表的定期检定和检修制度。

② 测温仪表的量程与其检测的温度范围的匹配情况。

凡发现以下情况之一的，要求使用单位限期改正并且采取有效措施确保改正期间的安全，如果逾期仍未改正则该压力容器暂停使用，如下：

- 超过规定的检定、检修期限。
- 仪表及其防护装置破损。
- 仪表量程选择错误。

（4）爆破片装置

① 爆破片是否超过产品说明书规定的使用期限。

② 核实铭牌上的爆破压力和温度是否符合运行要求。

对有问题的，要求使用单位限期更换爆破片装置并且采取有效措施确保更换期的安全，如果逾期仍未更换则该压力容器暂停使用

（5）安全阀

① 有效期是否过期。

② 如果安全阀和排放口之间装设了截止阀，检查截止阀是否处于全开位置及铅封是否完好。

4.2.8　移动式压力容器和气瓶

按《特种设备目录》规定，移动式压力容器有铁路罐车、汽车罐车、长管拖车、罐式集装箱。气瓶包括无缝气瓶、焊接气瓶、液化石油气钢瓶、溶解乙炔气瓶、车用气瓶、低温绝热气瓶、缠绕气瓶、非重复充装气瓶、特种气瓶。

移动式压力容器和气瓶除具有固定式压力容器的很多危险特性外，由于它常装载易燃、易爆、有毒及腐蚀性的危险介质，压力范围遍及高、中、低压，而且移动式压力容器和气瓶在移动或搬运过程中，易与硬物撞击而增加移动式容器和气瓶的爆炸危险，同时经常处于储存物的灌装和使用的交替进行中，承受较大的交变载荷的作用，极易破坏而污染环境或造成人员伤亡或燃烧爆炸等事故。

4.2.8.1　移动式压力容器和气瓶的主要安全附件与装置

移动式压力容器和气瓶上的主要安全附件与装置有安全阀、爆破片、易熔塞、压力表、温度计、液位计、紧急切断装置和安全联锁装置等。

4.2.8.2　气瓶颜色

按照 GB/T 7144—2016《气瓶颜色标志》规定，常见气体的气瓶颜色见表 4.2-3。

表 4.2-3　常见气体的气瓶颜色

序号	充装气体名称	化学式	瓶色	字样	字色	色环
1	乙炔	$CH \equiv CH$	白	乙炔不可近火	大红	
2	氢	H_2	淡绿	氢	大红	$P=20$，淡黄色单环 $P=30$，淡黄色双环
3	氧	O_2	淡（酞）蓝	氧	黑	
4	氮	N_2	黑	氮	淡黄	$P=20$，白色单环 $P=30$，白色双环
5	空气		黑	空气	白	

序号	充装气体名称	化学式	瓶色	字样	字色	色环
6	二氧化碳	CO_2	铝白	液化二氧化碳	黑	$P=20$，黑色单环
7	氨	NH_3	淡黄	液氨	黑	
8	氯	Cl_2	深绿	液氯	白	
9	氟	F_2	白	氟	黑	
10	一氧化氮	NO	白	一氧化氮	黑	
11	二氧化氮	NO_2	白	液化二氧化氮	黑	

4.2.8.3 移动式压力容器和气瓶的事故和事故隐患

（1）爆炸事故；

（2）泄漏及引发的二次事故（火灾＼爆炸＼中毒＼窒息等）；

（3）移动式压力容器设备损坏事故；

（4）错装及混装引发的二次事故（火灾＼爆炸＼中毒＼窒息等）；

（5）静电或雷电引发的事故等。

造成移动式压力容器和气瓶事故的原因很多，常见的有：

（1）超装：是低压液化气体移动式压力容器事故的主要原因。

（2）错装：如氧气瓶错装了氢，或者相反，是永久性气体气瓶事故的主要原因。

（3）混装：对于永久性气体气瓶（氢、氧混装，这在电解制氢时极易发生）和液化气瓶（如液化石油气不纯，混入空气后装瓶，或液氯、液氨混水装瓶或瓶中有水，对气瓶造成强腐蚀）都是致害因素。

（4）泄漏：阀或接管处容易泄漏，这主要是使用不当或产品质量不合格造成移动式压力容器产生事故。

（5）超温：太阳曝晒、火灾、化学反应等影响使移动式压力容器温度升高显著。一旦超过移动式压力容器的最高工作压力对应的极限温度，移动式压力容器有发生爆破的危险。

（6）移动式压力容器本体或构件损坏：长期的移动式压力容器本体腐蚀、构件的磨损等造成移动式压力容器的强度不足，发生事故。

4.2.8.4 移动式压力容器和气瓶的安全监督重点

移动式压力容器和气瓶的基本安全管理要求：

（1）贯彻执行《移动式压力容器安全技术监察规程》和《气瓶安全监察规定》移动式压力容器和气瓶有关的安全技术规范。

（2）建立健全移动式压力容器和气瓶安全管理制度，制定移动式压力容器和气瓶安全操作规程；使用单位应当配备具有移动式压力容器和气瓶专业知识，熟悉国家相关法律、法规、安全技术规范和标准的工程技术人员作为安全管理人员负责移动式压力容器和气瓶的安全管理工作。

移动式压力容器和气瓶的使用单位，应当在工艺操作规程和岗位操作规程中，明确提出移动式压力容器和气瓶安全操作要求，操作规程至少包括以下内容：

① 操作工艺参数，包括工作压力、工作温度范围以及最大允许充装量的要求；

② 岗位操作方法，包括车辆停放、装卸的操作程序和注意事项；

③ 运行中应当重点检查的项目和部位，运行中可能出现的异常现象和防止措施，以及

紧急情况的处置和报告程序；

④ 车辆安全要求，包括车辆状况、车辆允许行驶速度以及运输过程中的作息时间要求。

（3）办理移动式压力容器和气瓶使用登记，建立移动式压力容器和气瓶技术档案；其中档案包括：《移动式压力容器使用登记证》及电子记录卡、移动式压力容器和气瓶登记卡、设计制造技术文件和资料、定期检验报告及有关检验的技术文件和资料、维修和技术改造文件和资料、定期自行检查和日常维护保养记录、安全附件和承压附件（如果有）的校验、修理和更换记录、有关事故的记录资料和处理报告等。

（4）负责移动式压力容器和气瓶的设计、采购、使用、充装、改造、维修、报废等全过程管理。

（5）移动式压力容器和气瓶装卸现场必须设置明显的警示标志，涉及危险化学品的要注明危险化学品的主要品种、特性、危害防治、处置措施、报警电话等；装卸有毒危险化学品的场所应按照规定设置卫生间、洗眼器、淋洗器等安全卫生防护设施和有毒气体检测报警仪。装卸易燃易爆危险化学品的场所区域内应当按照规定设置可燃气体报警设施。装卸危险化学品的场所必须配备应急通信器材，并保证畅通。现场必须装设风向标，其位置和高度应设在容易看到的显著位置。现场及时清理杂物，保持整洁。对岗位职工必须定期进行健康检查，并建立健康监护档案。

（6）移动式压力容器和气瓶装卸现场必须按照法律法规要求发放配备符合国家标准或者行业标准的劳动防护用品，且保证从业人员能够正确佩戴和熟练使用；各种防护器具都应定点存放在安全、方便的地方，并有专人负责保管，定期校验和维护，每次校验后应记录或铅封，主管人应经常检查。必须建立防护用品和器具的领用登记制度，并根据有关规定制订发放标准。

（7）组织开展移动式压力容器和气瓶安全检查，至少每月进行一次自行检查，并且作出记录。

日常维护保养和定期自行检查应当至少包括如下内容：

① 罐体涂层及漆色是否完好，有无脱落等；

② 罐体保温层、真空绝热层的保温性能是否完好；

③ 罐体外部的标志标识是否清晰；

④ 紧急切断阀以及相关的操作阀门是否置于闭止状态；

⑤ 安全附件的性能是否完好；

⑥ 承压附件（阀门、装卸软管等）的性能是否完好；

⑦ 紧固件的连接是否牢固可靠、是否有松动现象；罐体与底盘（底架或框架）的连接紧固装置是否完好、牢固；

⑧ 罐体内压力、温度是否异常及有无明显的波动；

⑨ 罐体各密封面有无泄漏；

⑩ 随车配备的应急处理器材、防护用品及专用工具、备品备件是否齐全，是否完好有效。

（8）编制移动式压力容器和气瓶的定期检验计划，督促安排落实移动式压力容器和气瓶定期检验和事故隐患的整治。

（9）向主管部门和登记地的质量技术监督部门报送当年移动式压力容器和气瓶数量和变更情况的统计报表，移动式压力容器和气瓶定期检验计划的实施情况，存在的主要问题及处理情况等。

（10）按规定报告移动式压力容器和气瓶事故，组织、参加移动式压力容器和气瓶事故的救援、协助调查和善后处理。

（11）组织开展移动式压力容器和气瓶作业人员的教育培训。

（12）按照《特种设备作业人员监督管理办法》、TSG R6001—2011《压力容器安全管理人员和操作人员考核大纲》等规定，移动式压力容器和气瓶的管理人员和操作人员应当持相应的特种设备作业人员证。移动式压力容器和气瓶使用单位应当对移动式压力容器和气瓶作业人员定期进行安全教育与专业培训并且作好记录，保证作业人员了解所运载介质的性质、危害特性和罐体的使用特性，具备必要的压力容器安全作业知识、作业技能，及时进行知识更新，确保作业人员掌握操作规程及事故应急措施，按章作业。

对于从事移动式压力容器和气瓶运输押运的作业人员，需取得国家有关管理部门规定的资格证书。进行特种设备作业人员取证；

（13）制定事故救援预案并且组织演练。

（14）移动式压力容器发生下列异常现象之一时，操作人员或者押运人员应当立即采取紧急措施，并且按规定的报告程序，及时向有关部门报告：

① 罐体工作压力、工作温度超过规定值，采取措施仍不能得到有效控制；

② 罐体的主要受压元件发生裂缝、鼓包、变形、泄漏等危及安全的现象；

③ 安全附件失灵、损坏等不能起到安全保护的情况；

④ 承压管路、紧固件损坏，难以保证安全运行；

⑤ 发生火灾等直接威胁到移动式压力容器安全运行；

⑥ 装运介质质量超过核准的最大允许充装量；

⑦ 装运介质与核准不符的；

⑧ 真空绝热低温罐体外壁局部存在严重结冰、结霜，介质压力和温度明显上升；

⑨ 移动式压力容器的走行部分及其与罐体连接部位的零部件等发生损坏、变形等危及安全运行；

⑩ 其他异常情况。

（15）确保移动式压力容器的运输过程作业安全。

使用单位应当严格执行国家相关主管部门的有关规定，在运输过程至少还需满足以下安全要求：

① 在道路运输过程中，除驾驶人员外，应当另外配备操作人员，操作人员应当对运输全过程进行监管；

② 运输过程中，任何的操作阀门必须置于闭止状态；

③ 快装接口安装盲法兰或等效装置；

④ 真空绝热移动式压力容器的停放不得超过其无损储存时间；

⑤ 罐式集装箱按规定的要求进行吊装和堆放；

⑥ 移动式压力容器和气瓶的使用单位应当为操作人员或者押运员配备日常作业必需的安全防护措施，专用工具和必要的备品、备件等，还应当根据所装运介质的物理化学性质随车配备必需的应急处理器材和个人防护用品；

⑦ 除携带国家相关主管部门颁发的证书外，如交通部门颁发的《道路运输证》、公安部门发放的剧毒危险化学品道路运输通行证或者国务院铁路运输主管部门颁发的《铁路危险货

物自备货车安全技术审查合格证》等，还应当携带的文件和资料至少包括：《移动式压力容器使用登记证》及电子记录卡；《特种设备作业人员证》和相关管理部门的从业资格证；液面计指示值与液体容积对照表；移动式压力容器装卸记录及运行记录；事故应急救援预案等。

压力容器的设计必须由具有相应资质的设计单位承担。压力容器的设计文件应符合相应压力容器安全技术监察规程等法规和相应设计标准的要求。压力容器制造（含现场组焊）必须由具有相应制造许可资质的单位承担，物资采购部门要对采购的压力容器质量负责，压力容器到货的同时，要向使用单位提供符合国家法规要求、齐全合格的压力容器制造文件资料。进口压力容器（指境外制造的压力容器）应采购取得中国政府颁发许可证书企业的产品，并按有关法规要求进行安全性能的监督检验。

现场组焊的压力容器应由地方特种设备监督管理部门批准认可的检验检测机构进行现场组装监督检验，出具安全质量监督检验证书。压力容器安装必须由具有相应制造资质或安装资质的单位承担。压力容器安装竣工后，主管部门组织或参与竣工验收，竣工验收合格后方可投入使用。施工单位应在竣工验收合格后的 30 个工作日内将下列文件移交给使用单位，办理使用证。

安全技术规范要求的压力容器设计文件需要包括竣工总图及其零部件图，Ⅲ类压力容器的强度计算书、风险评估报告，按 JB 4732 设计的压力容器的分析计算书、设计变更通知书等。

安全技术规范要求的压力容器制造、现场组焊技术文件要包括产品质量合格证明，制造、安装过程的监督检验证明，设备安装使用维修说明等；从国外采购的压力容器应提供《进口产品安全性能监督检验证明》；移动式压力容器应提供车辆行走部分和承压附件的质量证明书以及强制性产品认证证书。

设备安装技术文件要包括设备安装前的检查验收记录、设备安装记录、基础检查记录、现场耐压试验记录、隐蔽工程记录等。

压力容器投入使用前或使用后 30 天内，应按规定办理压力容器注册和使用登记，首次投用的新容器由使用单位依据《锅炉压力容器使用登记管理办法》确定安全状况等级。按照属地监察的原则，接受当地特种设备监督管理部门的监督指导，在所在地进行登记注册。租赁使用的压力容器（除移动式压力容器外）均由产权单位向使用地登记机关办理使用登记证，随设备交付使用；各单位不得租赁使用未取得使用登记证的压力容器。各单位出租的压力容器，应在出租的法律有效文件中明确界定使用、检验与安全管理的责任；未取得使用登记证的压力容器禁止出租作为特种设备使用。需要注意的是，每年至少对管理情况进行一次全面检查。

除此之外，还应建立压力容器台账，并逐台建立压力容器档案资料。档案资料应包括下列内容：

（1）资料目录。

（2）特种设备使用登记证及注册登记卡。

（3）安全技术规范要求的压力容器设计文件。

包括竣工总图及其零部件图，Ⅲ类压力容器的强度计算书、风险评估报告，按 JB 4732 设计的压力容器的分析计算书、设计变更通知书等。

（4）安全技术规范要求的压力容器制造、现场组焊技术文件。包括产品质量合格证明，制造、安装过程的监督检验证明，设备安装使用维修说明等；从国外采购的压力容器应提供

《进口产品安全性能监督检验证明》；移动式压力容器应提供车辆行走部分和承压附件的质量证明书以及强制性产品认证证书。

（5）压力容器安装技术文件。包括设备安装前的检查验收记录、设备安装记录、基础检查记录、现场耐压试验记录、隐蔽工程记录等。

（6）压力容器定期检验报告、年度检查报告。

（7）修理改造记录（包括修理改造方案或图样及施工方案、实际修理改造情况记录、材料质量证明书、施工质量检验技术文件和资料、压力容器重大修理和改造监督检验证书等）。

（8）安全附件的校验、修理和更换记录。

（9）异常工况记录。

（10）有关事故的记录和分析、处理报告。

其中，压力容器建造时的设计文件、制造、现场组焊技术文件、安装技术文件以及重大修理改造的技术文件和竣工资料，即第(3)(4)(5)(7)项，由档案中心统一保管并向使用单位提供详细的资料目录。其余用于日常管理和维护的资料由使用单位负责建档保存，使用单位要对压力容器重大修理、改造和更新的情况做好记录。

盛装介质为液化石油气、液化烃的储存压力容器及高强钢压力容器（指标准抗拉强度下限 $\sigma_b \geqslant 540MPa$ 材料制造的压力容器），各单位应定期对工作介质进行腐蚀介质含量分析，并控制在设计要求范围内。

压力容器的工艺操作规程和岗位操作规程中，应明确压力容器安全操作要求，其内容至少应包括：

（1）压力容器的操作工艺指标（含工作介质、最高工作压力、最高或最低工作温度、液位控制等）。

（2）压力容器的岗位操作法（含开、停车的操作程序和注意事项）。

（3）压力容器运行中应重点检查的项目和部位，运行中可能出现的异常现象和防止措施，以及紧急情况的处置和报告程序。

（4）压力容器备用、停用时的封存和保养方法。

（5）压力容器事故应急措施和救援预案。

压力容器操作人员取得特种作业人员证书后，方可从事压力容器操作，并严格执行工艺操作规程、岗位操作规程及有关的安全规章制度，并按工艺要求定点、定期进行巡检，发现压力容器有下列异常现象时，立即采取有效措施，并按程序上报。

（1）工作压力、介质温度或壁温超过规定值，采取措施仍不能得到有效控制。

（2）主要受压元件发生裂纹、鼓包、变形、泄漏、衬里层失效等危及安全的现象。

（3）安全保护装置及联锁失效。

（4）接管、紧固件损坏，难以保证安全运行。

（5）发生火灾等直接威胁到压力容器安全运行。

（6）过量充装。

（7）液位异常，采取措施仍不能得到有效控制。

（8）压力容器与管道发生严重振动，危及安全运行。

（9）真空绝热压力容器外壁局部存在严重结冰、介质压力和温度明显上升。

（10）其他异常情况。

在此过程中，任何人不能任意更改压力容器注册登记时的各项技术参数。如提高技术参数使用，应以书面形式委托原设计单位或者具有相应资格的设计单位进行校核。经设计单位和主管单位同意并到地方特种设备监督管理部门办理变更手续后，方能变更。

压力容器修理改造工作必须由具有相应资质的施工单位承担，使用单位应督促其在施工前将拟修理改造内容书面告知当地的特种设备安全监督管理部门。

报废压力容器必须办理注销手续。作为废旧设备材料销售时，必须先进行破坏性解体。压力容器铭牌、使用登记证及相关制造、使用文件统一交回使用单位设备管理部门。

压力容器的绝热层应牢固、整齐、美观，绝热效果达到设计标准要求，压力容器的防腐、防震、防静电、防雷击等设施均需符合有关规定。对备用、闲置的压力容器应妥善维护和处理，避免压力容器内的剩余介质引起不良反应或腐蚀。对暂时停用的压力容器应采取安全封存措施。

压力容器停用、变更、过户应执行《锅炉压力容器使用登记管理办法》的规定。使用单位发生变更的，要在变更前后30日内由原使用单位到监督部门办理使用登记证注销手续，由接收单位办理换证手续，原使用单位要在移交设备使用权的同时将相关设备资料移交接收单位。停用压力容器启用要征得设备主管领导的同意，启用前应按国家有关法规要求进行全面检验及耐压试验，并到地方质量技术监督部门办理相应手续。

压力容器事故处理按《特种设备事故报告和调查处理规定》及公司相关安全管理制度执行。

4.2.9 定期检验

压力容器定期检验执行《压力容器定期检验规则》。压力容器的年度检查工作由各使用单位取得《特种设备作业人员证》的设备管理人员承担。年度检查报告加盖厂章后归入压力容器技术档案。

要依法实施压力容器的定期检验工作，对经过长周期运行、风险较高的压力容器，具备停工检验条件的，要优先选择开罐检验。对因装置连续运行等原因不能按期实施全面检验的，可以采用基于风险的检验方法，依据风险分析的结果办理延期备案申请。同时，按基于风险的检验策略，采用在线检测等措施降低风险水平。要提前30个工作日做好月度定期检验计划安排，连同当月检验情况在设备技术月报中进行提报。大型、关键压力容器(如球罐、反应器等)的检验计划，要提前60个工作日上报，统一进行协调安排。

对不能按期检验的压力容器，经确认确实存在危及安全运行的隐患或缺陷，各单位应立即报告公司生产管理部和机械动力部，停工进行检验和检修。对不能按期检验的压力容器，各单位必须制定监护措施和应急预案，定期检查执行情况。对于压力容器存在的超标缺陷，要优先安排进行修复；合于使用评价(缺陷安全评定)仅限于大型、关键设备缺陷的特殊处理。压力容器确因缺陷无法修复，需要采用合于使用评价的方法时，必须上报，并按照评价结果制定缺陷处理和监护的措施。

4.2.10 安全附件、密封件与紧固件

关于安全附件、密封件与紧固件，要建立安全附件台账。压力容器安全附件的管理应符合相应安全技术规范和《压力容器定期检验规则》的要求。应使用国家质检部门颁发制造许可证的单位制造的安全阀和爆破片，物资中心对安全阀和爆破片的采购质量负责。

安全阀校验周期依据《压力容器定期检验规则》与相关安全技术规范的要求，按以下原则执行：

（1）新安全阀应当校验合格后才能安装使用。

（2）停工检修装置的安全阀，要求在检修期间解体进行离线校验；非停工检修装置有底阀、并联阀可以拆下校验的安全阀，要求在到期日前安排校验或者采取局部系统倒停的方式拆下校验。

（3）开展 RBI 检验的连续运行装置或系统，可以依据风险分析的结果和检验策略安排安全阀校验工作；尚未开展 RBI 的生产装置中因长周期运行确实不具备条件拆下校验的安全阀，委托检验机构进行 RBI 评估，根据风险分析的结果安排安全阀校验工作。

（4）汽包上的高压蒸汽安全阀按上述原则开展热态校验工作。

安全阀校验合格后，应打上铅封，并出具安全阀校验报告。生产运行期间校验的安全阀，校验报告应同安全阀一起交付使用单位。对于出入口加设截断阀的安全阀，在正常运行时，生产装置负责工艺技术、设备的相关管理人员要对截断阀的开闭状态进行确认，填写确认单(详见表 4.2-4)。现场截断阀需加装铅封。

表 4.2-4　安全阀截断阀铅封确认单

序号	单位	隶属装置	安全阀位号	开启状态		铅封确认人签字	铅封日期
				前截断阀	后截断阀		

注：铅封确认人为使用单位技术工艺或设备管理人员。

爆破片装置要定期更换。一般爆破片装置应在 2~3 年内更换，在苛刻条件下使用的爆破片装置应每年更换。

压力表的校验和维护要符合国家有关规定。压力表由具有相应资格的检定单位校验并铅封。校验单位要及时将校验合格证交使用单位，并注明下次校验日期。

液面计要定期进行检修，检修周期由使用单位根据实际情况确定，但不允许超过压力容器全面检验周期。压力容器上的玻璃管(板)等液面计液位要求指示清晰，自动控制液面计要灵敏可靠。液面计的选用要求、耐压试验按相应的安全技术规范执行。

现场温度计、自动控制温度计要灵敏可靠。测温仪表要定期校验，校验周期应符合国家有关规定。

紧急切断装置在压力容器全面检验时应当从压力容器上拆下，进行解体、检验、维修和调整，做耐压、密封、紧急切断等性能试验。检验合格并且重新铅封方准使用。压力容器及其接管所用紧固件、密封件要符合相应标准。采用特殊要求的紧固件、密封件要建立紧固件、密封件规格表和有关更换记录，并定期更换。

4.3 压力管道

压力管道是指利用一定的压力，用于输送气体或者液体的管状设备，其范围规定为最高工作压力大于或者等于 0.1MPa（表压）的气体、液化气体、蒸汽介质或者可燃、易爆、有毒、有腐蚀性、最高工作温度高于或者等于标准沸点的液体介质，且公称直径大于 25mm 的管道。

4.3.1 压力管道的分类

4.3.1.1 按用途分类

工业管道、公用管道和长输管道。

（1）长输管道为 GA 类，级别划分为：

① 符合下列条件之一的长输管道为 GA1 级：

• 输送有毒、可燃、易爆气体介质，设计压力 p>1.6MPa 的管道；

• 输送有毒、可燃、易爆液体流体介质，输送距离（输送距离指产地、储存库、用户间的用于输送商品介质管道的直接距离）≥200km 且管道公称直径 DN≥300mm 的管道；

• 输送浆体介质，输送距离 ≥50km 且管道公称直径 DN≥150mm 的管道。

② 符合以下条件之一的长输管道为 GA2 级：

• 输送有毒、可燃、易爆气体介质，设计压力 p≤1.6MPa 的管道；

• GA1（2）范围以外的管道；

• GA1（3）范围以外的管道。

（2）公用管道为 GB 类，级别划分如下：

① GB1：燃气管道；

② GB2：热力管道。

（3）工业管道为 GC 类，级别划分如下：

① 符合下列条件之一的工业管道为 GC1 级：

• 输送 GB 50160《石油化工企业设计防火规范》及 GB 50016《建筑设计防火规范》中规定的火灾危险性为甲、乙类可燃气体或甲类可燃液体介质且设计压力 p≥4.0MPa 的管道；

• 输送可燃流体介质、有毒流体介质，设计压力 p≥4.0MPa 且设计温度 ≥400℃ 的管道；

• 输送流体介质且设计压力 p≥10.0MPa 的管道。

② 符合以下条件之一的工业管道为 GC2 级：

• 输送 GB 50160《石油化工企业设计防火规范》及 GB 50016《建筑设计防火规范》中规定的火灾危险性为甲、乙类可燃气体或甲类可燃液体介质且设计压力 p<4.0MPa 的管道；

• 输送可燃流体介质、有毒流体介质，设计压力 p<4.0MPa 且设计温度 ≥400℃ 管道；

• 输送非可燃流体介质、无毒流体介质，设计压力 p<10MPa 且设计温度 ≥400℃ 的管道；

• 输送流体介质，设计压力 p<10MPa 且设计温度<400℃ 的管道。

③ 符合以下条件之一的 GC2 级管道划分为 GC3 级：

• 输送可燃流体介质、有毒流体介质，设计压力 p<1.0MPa 且设计温度<400℃ 的管道；

- 输送非可燃流体介质、无毒流体介质，设计压力 $p<4.0$MPa 且设计温度<400℃的管道。

4.3.1.2 按压力分类

① 低压管道工程压力<1.6MPa；

② 中压管道工程压力 $1.6\sim6.4$MPa；

③ 高压管道工程压力 $6.4\sim10$MPa；

④ 超高压管道工程压力 $10\sim20$MPa。

4.3.2 压力管道的基本参数

4.3.2.1 设计压力

管道的设计压力是指不低于正常操作时，由内压（或外压）与温度构成的最苛刻条件下的压力。

最苛刻条件：是指导致管子及管道组成件最大壁厚或最高公称压力等级的条件。

设计压力确定：考虑介质的静液柱压力等因素的影响，设计压力一般应略高于由（或）外压与温度构成的最苛刻条件下的最高工作压力，见表4.3-1。

表 4.3-1 一般情况下管道元件的设计压力确定 MPa

工作压力 p_w	设计压力 p	工作压力 p_w	设计压力 p
$p_w\leqslant1.8$	$p=p_w+0.18$	$4.0<p_w\leqslant8.0$	$p=p_w+0.4$
$1.8<p_w\leqslant4.0$	$p=1.1p_w$	$p_w>8.0$	$p=1.05p_w$

※当按该原则确定的设计压力会引起管道压力等级变化时，应判断该工作压力是否就是由内压（或外压）与温度构成的最苛刻条件下的最高工作压力，如果是，在报请有关技术负责人批准的情况下，设计压力可取此时的最高工作压力，而不加系数。

4.3.2.2 设计温度

管道的设计温度：不低于正常操作时，由内压（或外压）与温度构成的最苛刻条件下的温度。

最苛刻条件：指导致管子及管道组成件最大壁厚、最高公称压力等级或最高材料等级的条件。

设计温度的确定：考虑环境、隔热、操作稳定性等因素的影响，设计温度应略高于由内压（或外压）与温度构成的最苛刻条件下的最高工作温度，见表4.3-2。

表 4.3-2 一般情况下管道元件的设计温度确定 ℃

工作温度 T_w	设计温度 T	工作温度 T_w	设计温度 T
$-20<T_w\leqslant15$	$T=T_w-5$（最低取-20）	$T_w>350$	$T=T_w+(5\sim15)$
$15<T_w\leqslant350$	$T=T_w+20$		

※当按该原则确定的设计温度会引起管道压力等级或材料变化时，应判断该工作温度是否就是由内压（或外压）与温度构成的最苛刻条件下的最高工作温度，如果是，在报请有关技术负责人批准的情况下，设计温度可取此时的最高工作温度，而不加系数。

4.3.3 压力管道的安全保护装置

压力管道上常用的安全保护装置有安全阀、压力表、爆破片和爆破帽、紧急切断阀等。

4.3.4 工业管道的识别和安全标识

4.3.4.1 基本识别色

（1）根据管道内物质的性能，分为八类，并相应规定了八种基本识别色和相应的颜色标准编号及色样（见表4.3-3）。

（2）工业管道的基本识别色标识方法，使用方应从以下5种方法中选择。

① 管道全长上标识；

② 在管道上以宽为150mm的色环标识；

③ 在管道上以长方形的识别色标牌标识；

④ 在管道上以带箭头的长方形识别色标牌标识；

⑤ 在管道上以系挂的识别色标牌标识。

表4.3-3 八种基本识别色和色样及颜色标准编号

物 质 种 类	基本识别色	颜色标准编号
水	艳绿	G03
水蒸气	大红	R03
空气	淡灰	B03
气体	中黄	Y07
酸或碱	紫	P02
可燃液体	棕	YR05
其他液体	黑	
氧	淡蓝	PB06

（3）当采用（2）中②、③、④、⑤方法时，二个标识之间的最小距离应为10m。

（4）在（2）中③、④、⑤的标牌最小尺寸应以能清楚观察识别色来确定。

（5）当管道采用（2）中②、③、④、⑤基本识别色标识方法时，其标识的场所应该包括所有管道的起点、终点、交叉点、转弯处、阀门和穿墙孔两侧等的管道上和其他需要标识的部位。

4.3.4.2 识别符号

工业管道的识别符号由物质名称、流向和主要工艺参数等组成，其标识应符合下列要求：

（1）物质名称的标识

① 物质全称。例如：氮气、硫酸、甲醇。

② 化学分子式。例如：N_2、H_2SO_4、CH_3OH。

（2）物质流向的标识

① 工业管道内物质的流向用箭头表示，如果管道内物质的流向是双向的，则以双向箭头表示。

② 当基本识别色的标识方法采用4.3.4.1中（2）内④和⑤时，则标牌的指向就作为表示管道内的物质流向，如果管道内物质流向是双向的，则标牌指向应做成双向的。

（3）物质的压力、温度、流速等主要工艺参数的标识，使用方可按需自行确定采用。

（4）在（2）和（3）中的字母、数字的最小字体，以及箭头的最小外形尺寸，应以能清楚观察识别符号来确定。

4.3.4.3 安全标识

（1）危险标识

① 适用范围：管道内的物质，凡属于《危险化学品目录》（2015 版）所列的危险化学品，其管道应设置危险标识。

② 表示方法：在管道上涂 150mm 宽黄色，在黄色两侧各涂 25mm 宽黑色的色环或色带，安全色范围应符合 GB 2893—2008《安全色》的规定。

③ 表示场所：基本识别色的标识上或附近。

（2）消防标识

工业生产中设置的消防专用管道应遵守 GB 13495.1—2015《消防安全标志第 1 部分：标志》的规定，并在管道上标识"消防专用"识别符号。标识部位、最小字体应分别符合 GB 13495.1—2015 的规定。

4.3.5 压力管道的安全监督重点

使用压力管道的单位和个人（以下统称使用单位），应当按照该规则的规定办理压力管道使用登记。使用登记证有效期为 6 年。

使用单位应当贯彻执行有关压力管道安全的法律、法规、国家安全技术规范和国家现行标准；配备满足压力管道安全所需求的资源条件，建立健全压力管道安全管理体系，在管理层设有 1 名人员负责压力管道安全管理工作。派遣具备相应资格的人员从事压力管道的安全管理、操作和维修工作；

压力管道安全管理人员和操作人员应当经安全技术培训和考核；

建立健全安全管理制度；在管理制度中应当对下列事项作出明确规定：①在用压力管道需要进行一般修理、改造时，其修理、改造方案由使用单位技术负责人批准；②在用压力管道需要进行重大修理、改造时，向负责使用登记部门的安全监察机构申报，并由经核准的监检机构进行监督检验；③使用有安全标记的压力管道元件；④按期进行定期检验。

输送可燃、易爆或者有毒介质压力管道的使用单位应具备：

（1）事故预防方案（包括应急措施和救援方案）；

（2）巡线检查制度；

（3）根据需要建立抢险队伍，并且定期演练。

在用工业管道定期检验分为在线检验和全面检验。在线检验是在运行条件下对在用工业管道进行的检验，在线检验每年至少一次。在线检验一般以宏观检查和安全保护装置检验为主，必要时进行测厚检查和电阻值测量。管道的下述部位一般为重点检查部位：①压缩机、泵的出口部位；②补偿器、三通、弯头（弯管）、大小头、支管连接及介质流动的死角等部位；③支吊架损坏部位附近的管道组成件以及焊接接头；④曾经出现过影响管道安全运行的问题的部位；⑤处于生产流程要害部位的管段以及与重要装置或设备相连接的管段；⑥工作条件苛刻及承受交变载荷的管段。

全面检验是按一定的检验周期对在用工业管道停车期间进行的较为全面的检验。安全状况等级为 1 级和 2 级的在用工业管道，其检验周期一般不超过 6 年；安全状况等级为 3 级的在用工业管道，其检验周期一般不超过 3 年。管道检验周期可根据规定适当延长或缩短。

属于《特种设备目录》中列出的压力管道及其安全附件及安全保护装置部分特种设备见表 4.3-4。

表 4.3-4　压力管道及其安全附件及安全保护装置部分的特种设备

代　码	种　类	类　别	品　种
8000	压力管道		
8100		长输(油气)管道	
8110			输油管道
8120			输气管道
8200		公用管道	
8210			燃气管道
8220			热力管道
8300		工业管道	
8310			工艺管道
8320			动力管道
8330			制冷管道
7000	压力管道元件		
7100		压力管道管子	
7110			无缝钢管
7120			焊接钢管
7130			有色金属管
7140			铸铁管
71F0			非金属材料管
7200		压力管道管件	
7210			无缝管件
7220			有缝管件
7230			锻制管件
7240			铸造管件
7250			汇管
7260			过滤器
72F0			非金属材料管件
7300		阀门	
7310			安全阀
7320			调压阀
7330			调节阀
7340			闸阀
7350			球阀
7360			蝶阀

代　码	种　　类	类　　别	品　　种
7370			截止阀
7380			止回阀
7390			疏水阀
73A0			隔膜阀
73F0			非金属材料阀门
73T0			特种阀门
7400		法兰	
7410			钢制法兰
74F0			非金属材料法兰
7500		补偿器	
7510			金属波纹膨胀节
75T0			特种形式金属膨胀节
75F0			非金属材料膨胀节
7520			金属波纹管
7600		压力管道支承件	
7610			支架
7620			吊架
7700		压力管道密封元件	
7710			金属密封元件
77F0			非金属密封元件
7720			紧固件
7T00		压力管道特种元件	
7T10			防腐管道元件
7T20			阻火器
7TZ0			元件组合装置
C800		压力管道材料	
C810			压力管道用钢板
F000	安全附件及安全保护装置		
F710			超压限制装置
F720			测压调压装置
F730			检漏装置
F740			阴极保护装置

　　新建、扩建、改建工程压力管道的设计、安装工作应由具备相应设计、安装资质的单位承担，严禁不具备相应资质的单位承担压力管道的设计、安装工程。

　　新建、扩建、改建工程压力管道均应按相应的国家标准和行业标准进行设计，并提供详细的设计资料(包括空视图，必要时需提供电子版格式的空视图)。使用单位设备管理部门应参与设计审查。

新建、扩建、改建工程所涉及到的压力管道元件必须选用有注册制造许可证单位制造的产品，压力管道安装工程施工前，应按有关规定办理告知及安装质量监督检验手续。

施工过程中需要制定严格的材料进场验收、保管制度。材料没有质量证明书或质量证明书不符合要求的不得使用；不符合设计要求的材料不得使用；材料的化学成分及各项性能指标不符合有关技术标准规定的不得使用。

管道的设计变更或材料代用应经原设计单位或具有相应设计资质的单位同意。

工程建设管理部门应组织施工单位在工程完工后 30 日内，向使用单位提供以下竣工资料，用于管道办证。资料包括下列内容：

（1）管道设计文件（包括平面布置图、轴测图等，同时提供电子版文件）。

（2）管道元件、焊接材料的产品质量证明书以及复验、补验报告。

（3）设计变更通知单及材料代用单。

（4）管道安装质量证明文件（包括焊接记录、无损检测报告、管道系统压力试验、泄漏性试验、真空度试验记录等）。

（5）安装质量监督检验证书。

使用、修理和改造时，使用单位应按有关规定办理压力管道使用登记。应将压力管道的安全操作要求纳入工艺操作规程和岗位操作规程中，明确压力管道运行中重点检查的项目和部位，运行中可能出现的异常现象和防止措施以及紧急情况的处置和报告程序。且必须建立压力管道档案资料，包括：

（1）压力管道使用证和登记表。

（2）压力管道平面布置图、轴测图等。

（3）压力管道安装、重大修理和更新、改造的工程竣工资料。

（4）压力管道的年度检验计划、技术总结及报表等

（5）压力管道检验方案和检验报告。

（6）压力管道异常运行记录、缺陷记录和事故记录。

（7）其他技术资料（包括相关手册、图册、规程、制度，重大修理、改造方案等）。

（8）长输管道还应包括以下内容：

① 管线起始泵站、中间站、中间阀室（及其与前后站的距离）、泄放阀、安全阀、缓冲罐（蓄水池）、末站等全线的相关信息等。

② 管线所跨越的区、县、主要城镇、途经的主要公路、桥梁、铁路、市政设施以及其水工防护构筑物、抗震设施、管堤、管桥及专用涵洞和隧道等。

③ 权属长输管线外敷防腐绝缘层、阴极保护装置、防盗系统设置情况等。

其中，压力管道建造时的设计、安装技术文件以及重大修理改造的技术文件和竣工资料［第（2）、（3）、（7）项］，由档案管理部门统一保管并向使用单位提供详细的资料目录。其余用于日常管理和维护的资料由使用单位负责建档保存，使用单位要对压力管道重大修理、改造和更新的情况做好记录。

严禁压力管道超温、超压运行。更改管道的输送介质或提高操作参数使用，应征得设计单位和主管部门同意，必要时要进行强度和管系应力校核；确定满足安全使用要求后，到地方特种设备监督管理部门办理变更手续。

使用单位和维护保障单位要根据职责分工，定期对长输管道、厂际管网进行巡线检查，对发现的影响管道安全运行的问题，及时进行维修、处理，并由管理人员及时将问题和处理

情况记入档案。

从事压力管道安装修理改造的检修承包商须具备相应的安装修理许可资质，方可从事压力管道的修理改造工作。使用单位和施工单位要按照设计要求和相关技术规范，对压力管道元件进行复验和确认，要注意防止材料的错用、混用。

压力管道和租赁的压力管道要统一编制管理台账，落实安全管理和专业管理的责任人，每年至少对管理情况进行一次全面检查。因租赁、转让或承包等原因变更压力管道产权或使用单位时，要按照相关使用登记管理规定在变更前后 30 日内由原使用单位到监督部门办理使用登记证注销手续，由接收单位办理换证手续，原使用单位要在移交压力管道使用权的同时将全套压力管道资料移交接收单位。

租赁使用的压力管道均由产权单位向使用地登记机关办理使用登记证，随设备交付使用；各单位不得租赁使用未取得使用登记证的压力管道。各单位出租的压力管道，应在出租的法律有效文件中明确界定压力管道使用、检验与安全管理的责任；未取得使用登记证的压力管道禁止出租作为压力管道使用。停用的压力管道，经各单位设备及相关管理部门确认后，按规定办理停用或注销手续。

压力管道在使用和检验过程中发现的影响安全运行的缺陷或隐患，使用单位应立即采取措施修复缺陷，消除隐患，同时上报主管部门。压力管道发生事故时按事故预案进行处置，压力管道事故处理按《特种设备事故报告和调查处理规定》及公司相关安全管理制度执行。

对于工业管道，依据《在用工业管道定期检验规程（试行）》开展定期检验工作；长输管道依据《长输（油气）管道定期检验规则》开展定期检验工作。

管理部门每年 12 月 20 日前，编制本单位下一年度压力管道定期检验计划并上报，按审批下达的检验计划组织实施压力管道的定期检验工作。且要提前 30 个工作日做好月度定期检验计划安排，连同当月检验情况在设备技术月报中进行提报。关键、重要压力管道（如长输管道、民用燃气管道干线和公用管网系统所属压力管道）的检验计划，要提前 60 个工作日上报，统一进行协调安排。对不能按期检验的压力管道，经确认确实存在危及安全运行的隐患或缺陷，应立即报告，停工进行检验和检修。对不能按期检验的压力管道，各单位必须制定监护措施和应急预案，定期检查执行情况。

对于存在的影响压力管道安全使用的缺陷，要首先考虑进行修复和更换；基于使用评价（缺陷安全评定）仅限于重要管道缺陷的特殊处理。压力管道确因缺陷无法修复，需要采用基于使用评价的方法时，必须上报，进行批准，并按照评价结果制定缺陷处理和监护的措施。

4.3.6 安全保护装置

压力管道安全保护装置包括安全阀、爆破片、压力表、测温仪表、紧急切断装置等。安全保护装置的采购、校验、维护、更换等相关管理工作应符合相应规程与标准的规定。各使用单位不得随意变更压力管道安全阀的整定压力、爆破片的设计爆破压力，如确需修改时，应经设计单位确认，并向相关主管部门进行审批。

安全阀校验依据《在用工业管道定期检验规程（试行）》与相关安全技术规范的要求，按以下原则执行：

（1）新安全阀应当校验合格后才能安装使用。

（2）停工检修装置的安全阀，要求在检修期间解体进行离线校验；非停工检修装置有底阀、并联阀可以拆下校验的安全阀，要求在到期日前安排校验或者采取局部系统倒停的方式拆下校验。

（3）开展 RBI 检验的连续运行装置或系统，可以依据风险分析的结果和检验策略安排安全阀校验工作；尚未开展 RBI 的生产装置中因长周期运行确实不具备条件拆下校验的安全阀，委托检验机构进行 RBI 评估，根据风险分析的结果安排安全阀校验工作。

（4）过热蒸汽管道上的高压蒸汽安全阀按上述原则开展热态校验工作。

4.3.7 长输管道

长输管道的阴极保护系统硬件设施（包括地上部分和地下部分）的日常维护、维修、更新改造、日常巡检、阴极保护电位测试与相关记录工作由生产运行保障部门负责。巡检与测试工作每季度至少进行一次。长输管道阴极保护系统腐蚀防护的有效性评价、阴极保护系统管理的执行效果评价由使用单位负责。生产运行保障部门每次完成测试工作后，要将测试结果及时反馈给使用单位。

在规定的日常巡检中和对电位测试结果进行确认后，发现存在问题，要及时组织维修。使用单位对所属长输管道负有安全管理主体责任。

4.4　电梯

电梯是指动力驱动，利用沿刚性导轨运行的箱体或者沿固定线路运行的梯级（踏步），进行升降或者平行运送人、货物的机电设备，包括载人（货）电梯、自动扶梯、自动人行道等。

属于《特种设备目录》中列出的电梯及其安全附件及安全保护装置部分的特种设备见表4.4-1。

表 4.4-1　电梯及其安全附件及安全保护装置部分的特种设备

代　码	种　类	类　别	品　种
3000	电梯		
3100		乘客电梯	
3110			曳引式客梯
3120			强制式客梯
3130			无机房客梯
3140			消防电梯
3150			观光电梯
3160			防爆客梯
3200		载货电梯	
3210			曳引式货梯
3220			强制式货梯
3230			无机房货梯
3240			汽车电梯
3250			防爆货梯

代 码	种 类	类 别	品 种
3300		液压电梯	
3310			液压客梯
3320			防爆液压客梯
3330			液压货梯
3340			防爆液压货梯
3400		杂物电梯	
3500		自动扶梯	
3600		自动人行道	
B300		电梯部件	
B310			绳头组合
B320			电梯导轨
B330			电梯耐火层门
B340			电梯玻璃门
B350			电梯玻璃轿壁
B360			电梯液压泵站
B370			杂物电梯驱动主机
B380			自动扶梯梯级
B390			自动人行道踏板
B3A0			梯级踏板链
B3B0			自动扶梯自动人行道驱动主机
B3C0			自动扶梯自动人行道滚轮
B3D0			自动扶梯自动人行道扶手带
B3E0			自动扶梯自动人行道控制屏
F000	安全附件及安全保护装置		
F310			限速器
F320			安全钳
F330			缓冲器
F340			电梯门锁装置
F350			电梯轿厢上行超速保护装置
F360			含有电子元件的电梯安全电路
F370			电梯限速切断阀
F380			电梯控制柜
F390			曳引机

4.4.1 电梯分类

电梯的种类很多，可以从不同的角度进行分类，常用的分类方法主要有以下几种：

（1）按用途分类：客梯、载货电梯、客货(两用)电梯病床电梯、住宅电梯、杂物电梯、船用电梯、观光电梯、车辆电梯。

（2）按运行速度分类：低速梯（低于 1.0m/s），快速梯（1.0~2.0m/s），高速梯（2.0~3.5m/s），超高速梯（大于 3.5m/s）。

（3）按拖动方式分类：直流电梯、交流电梯、液压电梯、齿轮齿条电梯、螺杆式电梯、永磁无齿轮曳引电梯。

（4）按控制方式分类：手柄控制电梯、按钮控制电梯、信号控制电梯、集选控制电梯等。

（5）按有无司机分类：有司机电梯、无司机电梯、有/无司机电梯。

（6）按机房位置分类：上、下、旁置式电梯。

（7）按机房形式分类：有机房电梯、无机房电梯、小机房电梯、侧置机房电梯。

（8）其他特殊梯和自动梯。

4.4.2 电梯的安全保护设施或保护功能

（1）超速（失控）和断绳保护装置——限速器、安全钳；凡是有钢丝绳或链条悬挂的电梯轿厢均应设置安全钳，用于制停轿厢的最终动作执行；

（2）超越上下极限工作位置（防越程）的保护装置——强迫减速开关、终端限位开关、终端极限开关来达到强迫换速、切断控制电路、切断动力电源三级保护；

（3）撞底（与冲顶）保护装置——缓冲器；

（4）层门门锁与轿门电气联锁装置；

（5）门的安全保护装置；

（6）电梯不安全运行防止系统——轿厢超载装置、限速器断绳开关等；

（7）供电系统断相、错相保护装置——相序保护器；

（8）停电或电气系统发生故障时，轿厢慢速移动装置；

（9）报警、救援装置——轿厢内外警铃、电话等；

（10）不正常状态处理系统——机房曳引驱动的手动盘车、自备发电机以及轿厢安全窗、轿门手动开门设备等；

（11）超载保护装置。当轿厢超过额定载荷时，以发出警告信号并使轿厢不关门不能运行；

（12）消防功能。在火灾发生时必须使所有电梯停止应答召唤信号，直接返回撤离层站，具有火灾自动返基站功能；

（13）其他安全保护装置。机构安全防护主要有轿厢顶部的安全窗、轿顶护栏、安全防护罩等机械安全防护装置。电气安全防护主要有直接触电的防护、间接触电的防护、电气故障的防护以及安全装置等安全保护装置。

4.4.3 电梯事故及事故隐患

电梯事故的种类按发生事故的系统位置，可分为门系统事故、冲顶或蹲底事故、其他事故。按照电梯事故的性质可分为机械设备事故、人身伤害事故和运行事故等。

4.4.4 电梯的安全监督重点

电梯使用单位，应当严格执行电梯有关安全生产的法律、行政法规的规定，保证电梯设备的安全使用。

电梯交付使用前，应由有资格的检测部门进行安全检验，检验合格后并在相关特种设备安全监督管理部门登记，电梯方可投入使用。投入使用前，使用单位与安装单位进行设备交接时，应办理相应的交接手续。使用单位应当核对其是否附有《电梯制造与安装安全规范》（GB 7588—2003）要求相关资料和文件。

使用单位应建立电梯安全技术档案。

使用单位应当根据本单位拥有的电梯使用实际情况，设置电梯安全管理机构或者配备专职的安全管理人员。

使用单位电梯作业人员（电梯司机、维护人员）及其相关管理人员应当按照国家有关规定经特种设备安全监督管理部门考核合格，取得国家统一格式的相应的资格证书，方可从事相应的作业或者管理工作。

电梯作业人员在作业中应当严格执行电梯的操作规程和有关的安全规章制度。在作业过程中发现事故隐患或者其他不安全因素，应当立即向现场安全管理人员和单位有关负责人报告。

对在用电梯应当至少每月进行一次自行检查，并作出记录。

应当对在用电梯的安全附件、安全保护装置、限速器及有关附属仪器仪表进行定期校验、检修，并作出记录。

电梯使用单位应将电梯的安全注意事项和警示标志置于易于为乘客注意的显著位置，并在安全检验合格有效期届满前1个月向特种设备检验检测机构提出定期检验要求。未经定期检验或者检验不合格的电梯，不得继续使用。

电梯使用单位应当对在用特种设备进行经常性日常维护保养，并定期自行检查。

健全必要的规章制度，进行必要的监督和管理。

电梯存在严重事故隐患，无改造、维修价值，电梯使用单位应当及时予以报废，并应当向原登记的特种设备安全监督管理部门办理注销。

电梯使用单位应当制定电梯的事故应急措施和救援预案。

4.5　起重机械

是指用于垂直升降或者垂直升降并水平移动重物的机电设备，其范围规定为额定起重量大于或者等于0.5t的升降机；额定起重量大于或者等于1t，且提升高度大于或者等于2m的起重机和承重形式固定的电动葫芦等。属于《特种设备目录》中列出的起重机械及其安全附件及安全保护装置部分的特种设备见表4.5-1。

表 4.5-1　起重机械及其安全附件及安全保护装置部分的特种设备

代　码	种　类	类　别	品　种
4000	起重机械		
4100		桥式起重机	
4110			通用桥式起重机
4120			电站桥式起重机
4130			防爆桥式起重机

代　码	种　类	类　别	品　种
4140			绝缘桥式起重机
4150			冶金桥式起重机
4160			架桥机
4170			电动单梁起重机
4180			电动单梁悬挂起重机
4190			电动葫芦桥式起重机
41A0			防爆梁式起重机
4200		门式起重机	
4210			通用门式起重机
4220			水电站门式起重机
4230			轨道式集装箱门式起重机
4240			万能杠件拼装式龙门起重机
4250			岸边集装箱起重机
4260			造船门式起重机
4270			电动葫芦门式起重机
4280			装卸桥
4300		塔式起重机	
4310			普通塔式起重机
4320			电站塔式起重机
4330			塔式皮带布料机
4400		流动式起重机	
4410			轮胎起重机
4420			履带起重机
4430			全路面起重机
4440			集装箱正面吊运起重机
4450			集装箱侧面吊运起重机
4460			集装箱跨运车
4470			轮胎式集装箱门式起重机
4480			汽车起重机
4490			随车起重机
4600		铁路起重机	
4610			蒸汽铁路起重机
4620			内燃铁路起重机
4630			电力铁路起重机
4700		门座起重机	
4710			港口门座起重机
4720			船厂门座起重机

代　码	种　　类	类　别	品　　种
4730			带斗门座式起重机
4740			电站门座起重机
4750			港口台架起重机
4760			固定式起重机
4770			液压折臂起重机
4800		升降机	
4810			曲线施工升降机
4820			锅炉炉膛检修平台
4830			钢索式液压提升装置
4840			电站提滑模装置
4850			升船机
4860			施工升降机
4870			简易升降机
4880			升降作业平台
4890			高空作业车
4900		缆索起重机	
4910			固定式缆索起重机
4920			摇摆式缆索起重机
4930			平移式缆索起重机
4940			辐射式缆索起重机
4A00		桅杆起重机	
4A10			固定式桅杆起重机
4A20			移动式桅杆起重机
4B00		旋臂式起重机	
4B10			柱式旋臂式起重机
4B20			壁式旋臂式起重机
4B30			平衡悬臂式起重机
4C00		轻小型起重设备	
4C10			输变电施工用抱杆
4C20			电站牵张设备
4C30			内燃平衡重式叉车
4C40			蓄电池平衡重式叉车
4C50			内燃侧面叉车
4C60			插腿式叉车
4C70			前移式叉车
4C80			三向堆垛叉车
4C90			托盘堆垛车

代 码	种 类	类 别	品 种
4CA0			防爆叉车
4CB0			钢丝绳电动葫芦
4CC0			防爆钢丝绳电动葫芦
4CD0			环链电动葫芦
4CE0			气动葫芦
4CF0			防爆气动葫芦
4CG0			带式电动葫芦
4D00		机械式停车设备	
4D10			升降横移类机械式停车设备
4D20			垂直循环类机械式停车设备
4D30			多层循环类机械式停车设备
4D40			平面移动类机械式停车设备
4D50			巷道堆垛类机械式停车设备
4D60			水平循环类机械式停车设备
4D70			垂直升降类机械式停车设备
4D80			简易升降类机械式停车设备
4D90			汽车专用升降机类停车设备
F000	安全附件及安全保护装置		
F410			起重机械起重量限制器
F420			起重机械起重力矩限制器
F430			起重机械起升高度限制器
F440			起重机械防坠安全器
F450			起重机械制动器

4.5.1 起重机械的工作特点

（1）起重机械通常具有庞大的结构和比较复杂的机构，能完成一个起升运动、一个或几个水平运动。

（2）所吊运的重物多种多样，载荷是变化的。

（3）需要在较大的范围内运行，有的要装设轨道和车轮(如塔吊、桥吊等)，有的要装设轮胎或履带在地面上行走(如汽车吊、履带吊等)，还有的需要在钢丝绳上行走，一旦造成事故影响的面积也较大。

（4）有些起重机械，需要直接载运人员在导轨、平台或钢丝绳上做升降运动，其可靠性直接影响人身安全。

（5）暴露的、活动的零部件较多，且常与吊运作业人员直接接触(如吊钩、钢丝绳等)，潜在许多偶发的危险因素。

（6）作业环境复杂。作业场所常常会遇有高温、高压、易燃易爆、输电线路、强磁等危险因素，对设备和作业人员形成威胁。

(7) 作业中常常需要多人配合，共同进行一个操作，要求指挥、捆扎、驾驶等作业人员配合熟练、动作协调、互相照应，作业人员应有处理现场紧急情况的能力。多个作业人员之间的密切配合，存在较大的难度。

4.5.2 起重机械分类

起重机械类型很多，按《特种设备目录》，结合功能、构造类型和运动方式大致可分为轻小型起重机械、桥式起重机、门式起重机、塔式起重机、流动式起重机、铁路起重机、门座起重机、缆索起重机、桅杆起重机、臂架类型起重机和升降类型起重机等类型。

4.5.3 起重机的主要技术参数

起重机械的主要参数是表征起重机械性能特征的指标，也是设计和选择起重机械的基本技术依据，也是起重机械安全技术要求的重要依据。

起重机械的主要参数有：起重量、跨度、轨距、基距、幅度、起重力矩、起重倾覆力矩、最大轮压、起升高度和下降深度、运行速度、起重机工作级别、起重特性曲线等。其中，起重机工作级别是考虑起重量和时间的利用程度以及工作循环次数的工作特性，它是按起重机利用等级(整个设计寿命期内，总的工作循环次数)和载荷状态划分的。

4.5.4 起重机械安全装置

(1) 上升极限位置限制器和下降极限位置限制器；

(2) 运行极限位置限制器；

(3) 缓冲器；

(4) 夹轨器和锚定装置；

(5) 超载限制器；

(6) 力矩限制器；

(7) 防碰撞装置；

(8) 防偏斜和偏斜指示装置。

4.5.5 起重机械事故

起重机械由于蕴藏危险因素较多，因此成为发生事故概率较大的机械设备。根据不同的事故分类方法，可以将起重机构事故分为以下几种：

(1) 按起重机械常见的事故灾害类型分类

① 失落事故

脱绳事故；

脱钩事故；

断绳事故；

吊钩破断事故。

② 挤伤事故

挤伤事故多发生在以下作业条件下：

吊具或吊载与地面物体间的挤伤事故；

升降设备的挤伤事故；

机体与建筑物间的挤伤事故；

机体旋转击伤事故；

翻转作业中的撞伤事故。

③ 坠落事故

常见的坠落事故有：

从机体上滑落摔伤事故；

机体撞击坠落事故；

轿厢坠落摔伤事故；

维修工具零部件坠落砸伤事故；

振动坠落事故；

制动下滑坠落事故。

④ 触电事故

室内作业的触电事故；

室外作业的触电事故。

⑤ 机体毁坏事故

断臂事故；

倾翻事故；

机体摔伤事故；

相互撞毁事故。

（2）按照发生事故的责任分类

① 责任事故

操作不当：包括工作前检查准备不周，操作不当，工作粗心大意，违反操作规程，超速，超负荷等原因所造成的事故；

维护保养不善：不按规定进行检查保养、检查不周、润滑不良、调整不当、紧固不良、安全装置失效，脏物进入油道或工作面等所造成的事故；

施工措施不利：施工条件恶劣，妨碍机械正常工作，不能保证安全运行，事先又未采取有效措施，盲目作业所造成的事故；

管理不严：如机械带病作业，事先未经科学分析做出技术鉴定，未采取有效措施，而运行中又检查不力，以及不按冬季防寒防冻规定等使用机械所造成的事故；

修理质量不良：不符合修理质量要求以及事先可检查排除的故障未能查出等所造成的事故；

指挥失误：指挥人员或主管领导强迫工人违反机械性能或操作规程，进行危险作业，使机械在恶劣环境中工作所造成的事故；

违反纪律：包括非司机开车，学员擅自独立操作，擅离工作岗位等所造成的事故；

交通肇事：机动车辆发生交通事故造成的机械损坏事故。

② 非责任事故

凡因自然灾害或不可抗拒的外界原因而引起的事故；

设计制造或修理造成的先天性缺陷，而又无法预防和补救所引起的事故；

破坏性事故。因坏人有意破坏所造成的机械事故。

4.5.6 起重机械安全监督重点

起重机械在投入使用前或者投入使用后 30 日内,使用单位应当按照规定到登记部门办理使用登记。

流动作业的起重机械,使用单位应当到产权单位所在地的登记部门办理使用登记。

起重机械使用单位发生变更的,原使用单位应当在变更后 30 日内到原登记部门办理使用登记注销;新使用单位应当按规定到所在地的登记部门办理使用登记。

起重机械报废的,使用单位应当到登记部门办理使用登记注销。

起重机械使用单位应当履行下列义务:

① 使用具有相应许可资质的单位制造并经监督检验合格的起重机械;

② 建立健全相应的起重机械使用安全管理制度;

③ 设置起重机械安全管理机构或者配备专(兼)职安全管理人员从事起重机械安全管理工作;

④ 对起重机械作业人员进行安全技术培训,保证其掌握操作技能和预防事故的知识,增强安全意识;

⑤ 对起重机械的主要受力结构件、安全附件、安全保护装置、运行机构、控制系统等进行日常维护保养,并做出记录;

⑥ 配备符合安全要求的索具、吊具,加强日常安全检查和维护保养,保证索具、吊具安全使用;

⑦ 制定起重机械事故应急救援预案,根据需要建立应急救援队伍,并且定期演练。

使用单位应当建立起重机械安全技术档案。起重机械安全技术档案应当包括以下内容:

① 设计文件、产品质量合格证明、监督检验证明、安装技术文件和资料、使用和维护说明;

② 安全保护装置的形式试验合格证明;

③ 定期检验报告和定期自行检查的记录;

④ 日常使用状况记录;

⑤ 日常维护保养记录;

⑥ 运行故障和事故记录;

⑦ 使用登记证明。

起重机械定期检验周期最长不超过 2 年,不同类别的起重机械检验周期按照相应安全技术规范执行。

使用单位应当在定期检验有效期届满 1 个月前,向检验检测机构提出定期检验申请。

流动作业的起重机械异地使用的,使用单位应当按照检验周期等要求向使用所在地检验检测机构申请定期检验,使用单位应当将检验结果报登记部门。

旧起重机械应当符合下列要求,使用单位方可投入使用:

① 具有原使用单位的使用登记注销证明;

② 具有新使用单位的使用登记证明;

③ 具有完整的安全技术档案;

④ 监督检验和定期检验合格。

起重机械承租使用单位应当按照相关规定,在承租使用期间对起重机械进行日常维护保养并记录，对承租起重机械的使用安全负责。

禁止承租使用下列起重机械：

① 没有在登记部门进行使用登记的；

② 没有完整安全技术档案的；

③ 监督检验或者定期检验不合格的。

起重机械具有下列情形之一的，使用单位应当及时予以报废并采取解体等销毁措施：

① 存在严重事故隐患，无改造、维修价值的；

② 达到安全技术规范等规定的设计使用年限或者报废条件的。

起重机械出现故障或者发生异常情况，使用单位应当停止使用，对其全面检查，消除故障和事故隐患后，方可重新投入使用。

发生起重机械事故，使用单位必须按照有关规定要求，及时向所在地的质量技术监督部门和相关部门报告。

起重机械检验检测工作应当符合安全技术规范的要求。

4.6 场(厂)内专用机动车辆

场(厂)内专用机动车辆是指除道路交通、农用车辆以外仅在工厂厂区、旅游景区、游乐场所等特定区域使用的专用机动车辆。属于《增补的特种设备目录》中列出的场(厂)内专用机动车辆部分的特种设备见表 4.6-1。

表 4.6-1 场(厂)内专用机动车辆设施部分的特种设备

代 码	种 类	类 别	品 种
5000	场(厂)内专用机动车辆		
5100		场(厂)内专用机动工业车辆	
5110			叉车
5120			搬运车
5130			牵引车
5140			推顶车

为减少由特种设备引发的各种事故，《特种设备安全监察条例》要求对上述特种设备的生产(含设计、制造、安装、改造、维修，下同)、使用、检验检测等环节都应实施安全监督监察。

4.6.1 分类

按照《增补的特种设备目录》规定，属于场(厂)内专用机动工业车辆的有：叉车、搬运车、牵引车、推顶车。

4.6.2 对投入运行的规定

依据《特种设备安全监察条例》的规定，购进场(厂)内专用机动车辆后，必须经国家特种设备安全监察机构授权的检验机构进行监督检验，取得"安全检验合格证"并在有效期内使用；是否取得有效牌照；车辆转向系统是否灵活；车辆及挂车是否有可靠且彼此独立的行车和驻车制动系统；车辆的照明系统正常；易燃、易爆车辆要求备有消防器材和相应的安全措施，并喷有禁止烟火字样等。场(厂)内专用机动车辆因场地转移等原因需要临时上道路行驶的，应当持使用登记证和特种设备作业人员证书，接受公安交通部门的管理。

4.6.3 对检验周期的规定

依据《特种设备安全监察条例》、《厂内机动车辆监督检验规程》的规定，新增以及经大修或者改造场(厂)内车辆，投入使用前，应当按照规程的内容进行验收检验；在用场(厂)内专用机动车辆每年进行一次定期检验。

4.6.4 对作业人员资格的要求

按照国家有关规定，经特种设备安全监督管理部门考核合格，取得国家统一格式的特种作业人员证书，方可从事相应的作业(即驾驶员)。日常维修保养应当由有特种设备作业资格的人员进行；无特种设备作业资格人员的场(厂)内专用机动车辆使用单位，应当委托有取得特种设备作业资格人员的单位进行日常维修保养。特种设备作业人员证书实行复审，复审周期为2年。持证人员应当在复审期满3个月前向发证部门提出复审申请。复审不合格的，可在2个月内再复审一次。经复审仍不合格的，收回其特种设备作业人员证书。

4.6.5 对建立管理制度的要求

车辆应进行日检、月检、年度检查制度；作业人员证书年审制度；车辆日常维修的安全操作规程；车辆应配备消防备的管理制度；意外事件和事故调查处理与奖惩制度；车辆的技术档案管理制度；应有每日用前检查，维护记录；应急救援和演练制度。

4.6.6 场(厂)内机动车辆的事故类型

(1) 运输货物引发的事故或事件
① 产品倾翻；
② 在搬运过程中发生倾翻；
③ 制动失效；
④ 货物下滑或物件坠落砸人；
⑤ 搬运易燃易爆、有毒物质引发的事故。
(2) 车辆引发的事故或事件
① 车辆启动或行驶中撞人；
② 车辆燃烧；
③ 高速行驶转弯时翻车；
④ 制动失效；
⑤ 货物散落砸伤人；
⑥ 修理车辆时，未采取防护措施砸伤人或溜车压人或撞人等。

4.7 特种设备安全监督管理的法规依据

特种设备是生产和生活中广泛使用的重要设备，如果设计不合理、安装和使用不当、管理不善或者设备缺陷扩展，就可能发生设备损坏甚至坍塌、爆炸、人身伤亡等事故。一旦发生爆炸，不但设备本身遭到毁坏，而且将波及周围环境，破坏附近建筑物和设备，并极易造成人员伤亡。因此，国家成立了专门负责特种设备安全监察的机构国家质量技术监督检验检疫总局，并制定与修订了一系列法规、规范和标准，供从事设计、制造、安装、使用、检验、修理和改造等方面的人员遵循，进行安全监督检查管理，避免事故发生、减少财产损失和人身伤亡。我国现行常用的特种设备安全监督管理法规见表 4.7-1。

表 4.7-1　现行的特种设备相关的法律、法规和标准

序号	名　　称	文　　号	备注
1	安全生产法		
2	生产安全事故报告和调查处理条例	国务院 493 号令	
3	石油化工企业设计防火规范	GB 50160—2008	
4	建筑设计防火规范	GB 50016—2018	
5	压力容器中化学介质毒性危害和爆炸危险程度分类	HG 20660	
6	职业性接触毒物危害程度分级	GBZ 230—2010	
7	特种设备安全监察条例	2009 年国务院第 549 号令	
8	特种设备质量监督与安全监察规定	质监局 13 号令	
9	特种设备作业人员监督管理办法	质检总局 70 号令	
10	特种设备事故报告和调查处理规定	质检总局 115 号令	
11	关于修改〈特种设备作业人员监督管理办法〉的决定	质检总局 2011 年第 140 号令	
12	关于调整改革特种设备行政许可工作的公告	2009 年第 67 号	
13	特种设备事故调查处理导则	质检总局 135 号公告	
14	特种设备目录	国质检锅〔2004〕31 号	公共部分
15	增补的特种设备目录	国质检特〔2010〕22 号	
16	特种设备注册登记与使用管理规则	质技监局锅发〔2001〕57 号	
17	特种设备行政许可实施办法	国质检锅函〔2003〕408 号	
18	特种设备安全技术规范	TSG D0001—2009	
19	特种设备制造、安装、改造、维修质量保证体系基本要求	TSG Z0004—2007	
20	特种设备事故调查处理导则	TSG Z0006—2009	
21	特种设备作业人员考核规则	TSG Z6001—2005	
22	特种设备焊接操作人员考核细则	TSG Z6002—2010	
23	蒸汽锅炉安全技术监察规程	劳部发〔1996〕276 号	
24	热水锅炉安全技术监察规程	劳锅字〔1997〕74 号	
25	有机热载体炉安全技术监察规程	劳部发〔1993〕356 号	
26	锅炉压力容器压力管道特种设备事故处理规定	质检总局 2 号令	锅炉部分
27	小型和常压热水锅炉安全监察规定	质监局 11 号令	
28	锅炉安全技术监察规程	TSG G0001—2012	
29	锅炉节能技术监督管理规程	TSG G0002—2010	
30	锅炉压力容器压力管道特种设备安全监察行政处罚规定	质检总局 14 号令	
31	锅炉压力容器制造监督管理办法	质检总局 22 号令	

序号	名　　称	文　号	备注
32	锅炉定期检验规则	质技监局锅发〔1999〕202号	锅炉部分
33	锅炉化学清洗规则	质技监局锅发〔1999〕215号	
34	锅炉水处理监督管理规则	质技监局锅发〔1999〕217号	
35	锅炉安装改造单位监督管理规则	TSG G3001—2004	
36	锅炉安装监督检验规则	TSG G3002—2004	
37	锅炉水(介)质处理监督管理规则	TSG G5001—2010	
38	锅炉水(介)质处理检验规则	TSG G5002—2010	
39	锅炉化学清洗规则	TSG G5003—2008	
40	锅炉安全管理人员考核大纲	TSG G6001—2006	
41	锅炉水处理作业人员考核大纲	TSG G6003—2008	
42	锅炉压力容器用钢板(带)制造许可规则	TSG ZC001—2009	
43	锅炉安全管理人员和操作人员考核大纲	TSG G6001—2009	
44	锅炉水(介)质处理检测人员考核规则	TSG G8001—2011	
45	燃油(燃气)燃烧器安全技术规则	TSG ZB001—2008	
46	燃油(燃气)燃烧器型式试验规则	TSG ZB002—2008	
47	《锅炉压力容器压力管道特种设备无损检测单位监督管理办法》的通知	国质检锅〔2001〕148号	
48	锅炉压力容器使用登记管理办法	国质检锅〔2003〕207号	
49	关于锅炉压力容器安全监察工作有关问题的意见	质检办特函〔2006〕144号	
50	非金属压力容器安全技术监察规程	TSG R0001—2004	压力容器部分
51	超高压容器安全技术监察规程	TSG R0002—2005	
52	简单压力容器安全技术监察规程	TSG R0003—2007	
53	固定式压力容器安全技术监察规程	TSG R0004—2009	
54	压力容器设计资格许可与监督管理规则	TSG R1001—2004	
55	压力容器压力管道设计许可规则	TSG R1001—2008	
56	压力容器安装改造维修许可规则	TSG R3001—2006	
57	移动式压力容器充装许可规则	TSG R4002—2011	
58	压力容器使用管理规则(征求意见稿)	TSG R5002—2010	
59	压力容器定期检验规则(征求意见稿)	TSG R7001—2010	
60	压力容器安全管理人员和操作人员考核大纲	TSG R6001—2008	
61	压力容器压力管道带压密封人员考核大纲	TSG R6003—2006	
62	压力容器	GB/T 150.1~4	
63	热交换器	GB/T 151—2014	
64	钢制球形储罐	GB 12337—2014	
65	气瓶安全监察规程	质技监局锅发〔2000〕250号	移动式压力容器部分
66	气瓶安全监察规定	质检总局〔2003〕46号令	
67	移动式压力容器安全技术监察规程	TSG R0005—2011	

序号	名　　称	文　号	备注
68	车用气瓶安全技术监察规程	TSG R0009—2009	移动式压力容器部分
69	气瓶充装许可规则	TSG R4001—2006	
70	移动式压力容器充装许可规则	TSG R4002—2011	
71	气瓶使用登记管理规则	TSG R5001—2005	
72	气瓶充装人员考核大纲	TSG R6004—2006	
73	长管拖车定期检验附加要求	TSG R7001—2007	
74	气瓶型式试验规则	TSG R7002—2009	
75	气瓶制造监督检验规则	TSG R7003—2011	
76	气瓶附件安全技术监察规程	TSG RF001—2009	
77	压力管道安全技术监察规程—工业管道	TSG D0001—2009	压力管道部分
78	压力管道安装许可规则	TSG D3001—2009	
79	压力管道使用登记管理规则	TSG D5001—2009	
80	压力管道安全管理人员和操作人员考核大纲	TSG D6001—2006	
81	压力管道定期检验规则—长输(油气)管道	TSG D7003—2010	
82	关于印发《压力管道使用登记管理规则》(试行)的通知	国质检锅[2003]213号	
83	关于公布《安全阀安全技术监察规程》第1号修改单的公告	2009年第43号	安全附件部分
84	安全阀安全技术监察规程	TSG ZF001—2006	
85	安全阀维修人员考核大纲	TSG ZF002—2005	
86	爆破片装置安全技术监察规程	TSG ZF003—2011	
87	起重机械安全监察规定	质检总局92号令	起重机械部分
88	起重机械安全技术监察规程　桥式起重机	TSG Q0002—2008	
89	起重机械使用管理规则	TSG Q5001—2009	
90	起重机械安全管理人员和作业人员考核大纲	TSG Q6001—2009	
91	起重机械安装改造重大维修监督检验规则	TSG Q7012—2008	
92	起重机械安全保护装置型式试验细则	TSG Q7014—2008	
93	起重机械定期检验规则	TSG Q7015—2008	
94	电梯使用管理和维护保养规则	TSG T5001—2009	电梯部分
95	电梯安全管理人员和作业人员考核大纲	TSG T6001—2007	
96	电梯监督检验和定期检验规则—液压电梯	TSG T7004—2012	
97	电梯监督检验和定期检验规则—杂物电梯	TSG T7006—2012	
98	电梯监督检验和定期检验规则—防爆电梯	TSG T7003—2011	
99	电梯监督检验和定期检验规则—消防员电梯	TSG T7002—2011	

除上述由国务院及其相关部门颁布的法规和规章外，还有大量设计、制造等方面的相关标准。

4.8 特种设备通用安全管理要求

在用机电类特种设备实行安全技术性能定期检验制度，应按时申报检验计划。电梯定期检验周期为1年，起重机械的定期检验周期为2年，厂（场）内机动车辆定期检验周期待国家质量技术监督部门颁布相应的安全技术规范后再行确定。

超过安全检验周期的机电类特种设备禁止使用。经检验发现设备有异常情况时，必须及时处理；检验不合格的机电类特种设备，在没有彻底消除设备缺陷前禁止使用。

在爆炸危险场所使用的机电类特种设备，应符合防爆安全技术要求，并有明显防爆标志。

新增机电类特种设备在投入使用前须经特种设备检验机构验收检验，取得安全检验合格证并办理注册登记后，方可投入使用。

机电类特种设备的安装、维修保养和改造单位必须具备相应的资质（单位持有国家质量技术监督部门颁发的从业许可证，维修作业人员持有特种作业资格证），从事其资质范围内的业务，并且对施工质量和设备的安全技术性能负责。

机电类特种设备作业人员（指进行设备的安装、维修保养、操作等人员）必须经专业培训和考核，取得特种作业人员资格证后方可从事相应工作。

机电类特种设备安装、大修和改造前，施工单位必须持施工方案等相关资料向负责单位办理告知手续。

机电类特种设备安装、大修、改造后，施工单位必须根据国家有关法规和标准的要求，对设备的质量和安全技术性能进行自检并出具自检报告，由使用管理单位签字认可后，方可向特种设备检验机构申请检验，取得安全检验合格证后交付使用管理单位。

安装、大修、改造的机电类特种设备验收合格后，施工单位必须在20日内将施工技术资料、检验合格证书移交使用单位。

机电类特种设备因发生事故经大修处理再次使用前，须对其进行全面检查并通过特种设备检验机构的检验。

停用的机电类特种设备，使用单位应以书面形式及时向产权管理部门申请办理停用登记手续，并落实相应的安全措施。设备再次使用前，必须进行安全技术性能检验，经检验合格后，方能重新投入使用。

机电类特种设备变更产权时，原产权单位应将随机的技术文件、检验报告等全部档案资料一同转交给新产权单位，并办理产权变更手续。

机电类特种设备存在严重事故隐患，且无改造、维修价值，应及时予以报废，并办理注销手续。报废后的设备禁止使用。

机电类特种设备应建立技术档案，档案内容应包括以下内容：

（1）设备的设计文件、产品质量合格证、使用维护说明书以及安装技术文件和资料等。

（2）定期安全技术性能检验记录、日常维护记录等。

特种设备通用安全管理要求见表4.8-1。

表 4.8-1　特种设备通用安全管理要求

序号	项　目	安全管理要求	备注
1	制定安全生产责任制	主要负责人应对本单位特种设备的安全全面负责 分管负责人应熟悉特种设备法律法规规定和相关安全知识，了解本单位特种设备安全状况 应根据本单位实际制定各职能部门及有关人员的安全生产责任制。应包括但不限于： 特种设备安全管理机构(专职/兼职)及负责人职责； 车间、班组及负责人职责； 管理人员(专职/兼职)职责； 岗位培训教育部门安全职责； 档案管理部门安全管理职责； 特种设备作业人员岗位职责； 安全教育人员岗位职责； 特种设备安全技术档案管理人员岗位职责	
2	机构设置和人员配备	特种设备使用单位，应根据情况设置特种设备安全管理机构或者配备专职、兼职的安全管理人员。有重要特种设备应明确安全管理机构，并逐台落实安全管理责任人 应根据特种设备的种类，配备特种设备作业人员 特种设备作业岗位人员应年满18周岁，具有初中以上文化程度，身体健康，无妨碍从事本工种作业的疾病和生理缺陷	
3	特种作业人员持证上岗	特种设备作业人员应按照国家有关规定经特种设备安全监督管理部门考核合格，取得国家统一格式的特种设备作业人员证书，方可从事相应的作业或者管理工作 持有《特种设备作业人员证》的人员，必须经用人单位的法定代表人(负责人)或者其授权人雇(聘)用后，方可在许可的项目范围内作业 特种设备作业人员证书应按照国家规定每2年复审一次。使用单位应对本单位持有作业证书的人员建立档案，并按规定定期及时组织作业人员参加证件复审	
4	特种设备作业人员培训	应加强作业人员安全教育和培训，保证特种设备作业人员具备必要的特种设备安全作业知识、作业技能 对在岗的作业人员应进行经常性安全生产教育培训，及时进行知识更新	
5	特种设备规章制度	应根据本单位实际制定特种设备规章制度。应包括但不限于： 安全生产奖惩及责任追究制度； 安全教育、培训制度； 特种设备维护保养记录制度； 特种设备安全事故和隐患排查治理制度； 特种设备安全生产会议制度； 特种设备相关文件和记录的管理制度； 特种设备应急救援制度； 特种设备事故报告、救援、处理制度； 特种设备定期检验申报制度； 个体防护用具(品)和保健品发放管理制度； 安全生产投入及使用制度； 定期自行检查及记录制度； 日常使用状况及记录制度； 运行故障和事故记录制度； 安全附件、安全保护装置、测量调控装置及有关附属仪器仪表定期校验、检修及记录制度；	

序号	项目	安全管理要求	备注
5	特种设备规章制度	重大危险源监控及重要特种设备检测、监控、管理制度； 技术档案管理制度； 安全操作规程； 建立特种设备和操作人员台账制度	
6	文件执行和记录管理	特种设备岗位安全责任制度及规章制度等安全管理文件应字迹清楚，注明日期(包括修订日期)，应有编号(包括版本编号)，并保管有序且有一定的使用期限。文件的形式可以是书面的，也可以是电子化形式或其他媒体形式，具体按相关特种设备规定执行	
		责任制和制度落实措施具体，落实情况要记录。记录应填写完整、字迹清楚，并确定记录的保存期，应以适当方式或按法规要求妥善保管，以防损坏	
7	使用登记变更管理	特种设备安全状况发生变化、长期停用、移装或者转让过户的；应在变化后30日内持有关文件向质量技术监督行政部门告知、申请办理变更、办理注册登记变更等； 特种设备存在严重事故隐患，无改造、维修价值，或者超过安全技术规范规定使用年限，应及时予以报废，并向质量技术监督行政部门办理注销	
8	对相关方的管理	应对从事特种设备制造、安装、改造、维修、检验检测、化学清洗、维护保养、安全评价等分包方及其作业人员是否取得国家有关法定的资格进行鉴定和判断，并选择具备资质的相关方	
		应对特种设备制造、安装、改造、维修、检验检测、化学清洗、维护保养、安全评价等相关方的活动实施有效管理。应对相关方在本单位场所内对特种设备开展的相关活动进行监督和检查，包括其人员和作业活动	
9	报检、定检	特种设备使用单位，应当按照有关要求，在安全检验合格有效期届满前一个月向特种设备检验检测机构提出定期检验申请。安全检验合格标志超过有效期的特种设备不得使用。使用电梯的定期检验周期为一年；使用起重机械的定期检验周期为一年；使用厂内机动车辆的定期检验周期为一年；气瓶定期检验资格证书有效期为五年	
		特种设备停用一年以上，重新启用应当检测，并且检测合格后使用	
		特种设备定检率达100%	
10	租赁特种设备管理	租赁特种设备使用的，应明确安全技术档案管理、维护保养、定期检验和隐患排查治理等方面安全责任	
11	重要特种设备、特种设备重大危险源、风险评价与控制	应确定本单位是否存在重大危险源和重要特种设备，若存在应登记建档，报质量技术监督行政部门备案	
		应定期开展重要特种设备和特种设备重大危险源辨识，不间断地组织风险评价工作，每隔一定时间或发生重大变更时，应重新进行辨识和风险评价。确定与业务活动有关的危害、影响和隐患，并对它们进行科学的评价分析，确定最大危害程度和或能影响的最大范围，以便采取有效或适当的控制措施，从而把风险降低或控制在可以承受的程度。应针对风险评价的结果采取风险控制措施，风险控制应与风险的程度相适应。对重要特种设备和构成重大危险源的特种设备，其控制措施应充分	
12	应急准备与响应	应建立可靠的防范措施和应急预案。有特种设备重大危险源和重要特种设备的使用单位应将应急预案报质量技术监督行政部门备案	
		应按照国家要求，建立应急救援组织和队伍；特种设备使用影响较小的单位，可以不建立应急救援组织的，应指定兼职的应急救援人员	

序号	项　目	安全管理要求	备注
12	应急准备与响应	应急物资准备：准备事故或紧急情况应急所需的物资，包括通信设备和器材，安全检测仪器，消防设施、器材及材料，个人防护、照明设施，破拆工具及其他救灾物资。 应急资料准备：包括特种设备的技术资料、现场工艺流程图及平面示意图、现场作业人员岗位布置与名单、应急人员的联络方式和地址、生产现场承包方或供货方人员名单、质量技术监督、医疗、消防、公安等部门的电话、地址及其他联系方式等	
		应建立内、外部应急联络渠道，包括：市质量技术监督行政部门、分包方（特种设备维护保养方）、医院、消防等部门/人员联络方式和地址、电话及其他联系方式。应保证应急救援联络的畅通	
		应在应急预案中详细描述并规定应急的流程，包括发现或发生紧急情况时，应急的启动与恢复，各应急机构和人员的现场应急响应，以及有关方面报告的程序	
		应对在特种设备使用中负重要职责岗位的员工进行应急培训，使其熟知岗位上可能遇到紧急情况及应采取的对策	
		应针对特种设备应急预案定期演练，演练前应经过演练策划和批准，必要时对相关人员进行告知	
		应针对特种设备应急预案和响应计划演习和实施过程中暴露的问题进行总结和评审，对演练规定、内容和方法进行及时修订，也应注意总结本单位及外单位的事故教训，及时修订相关的应急预案	
13	事故处理	应建立事故调查处理规定，以确保能及时准确的调查、处理特种设备事故，分析发生的原因，并制定出相应的纠正和预防措施	
14	特种设备故障处理和隐患整改	应制定日常检查故障处理和隐患排查、隐患整改工作流程并建立隐患整改台账	
		对物质技术条件暂时不具备整改的重大隐患，必须采取应急的防范措施，并纳入计划，限期解决或停产	
		各级检查组织人员都应将检查出的隐患告知使用单位，使用单位整改情况报告检查组织，重大隐患及整改情况交本单位主管部门汇总并存档	

第5章 电气设备安全监督管理

电气设备是构成电力系统的基础，其健康水平和运行状况直接影响到电力系统的安全运行，从而影响到生产装置的安全生产。因此，应高度重视电气设备管理工作。

电气设备的管理应实行全员、全方位和全过程的管理。要抓好专业技术人员和管理人员的业务培训，建立、健全设备管理制度以及有关规程、规定，严格执行国家电气设备管理的有关规章制度，切实做好电气设备的管理工作。

电气工作必须严格执行电气管理"三三二五"制。电气作业必须按照规章制度办理相关作业票证并按规定执行，确保安全生产。

电气设备管理应具有如下基础技术资料：

（1）图纸：一次系统结线（模拟）图，二次接线原理图，电缆走向图，接地极分布图，一次系统阻抗图，继电保护配置图。

（2）票证：电气倒闸操作票，电气第一种工作票，电气第二种工作票，停电联系票，送电联系票，临时用电票，低压电动机检修工作票。

（3）记录：运行记录，检修记录，试验记录，事故记录，缺陷记录，继电保护动作记录，避雷器动作记录，巡检记录（包括：常规设备、电源装置、SF_6装置、保护装置等），电气作业票登记本（包括：电气第一种工作票、电气第二种工作票、停送电联系票、低压电动机检修工作票、临时用电票）。

（4）台账：设备（包括电力线路）台账，继电保护定值台账，隐患治理台账、事故及故障台账、检修台账、试验台账、安全用具台账。

（5）资料：原始资料，交接资料，竣工资料。

电气设备管理必须具有如下规程、制度：

（1）规程：安全工作规程，运行规程，检修规程，试验规程，事故处理规程，操作规程（包括系统及设备），特种电气设备（如：GIS等）的运行及维护规程，应急处理预案。

（2）制度：岗位专责制度，交接班制度，维护保养制度，巡回检查制度，电气"三定"管理制度。

按照在生产中的重要程度，将电气设备划分为重要设备和一般设备，各单位应对重要电气设备加强管理。35kV及以上电压等级系统中的电气设备（包括一次设备和二次设备）为重要设备；10kV及以下电压等级系统中，在生产装置内和与生产密切相关的装置内使用的重要电气设备的范围如下：

（1）高压开关柜（包括断路器）、低压开关柜（包括进线、母联断路器）；

（2）发电机、高压电动机、100kW及以上容量的低压电动机及直流电动机；

（3）接地变压器、消弧线圈、消谐装置；

（4）185mm² 及以上截面的高压电力电缆；

（5）800kV·A及以上容量的电力变压器；

（6）综合自动化装置（包括综合保护装置）、调度自动化装置、故障录波装置；

（7）直流电源装置；

（8）10kV·A 及以上容量的 UPS 装置；

（9）30kV·A 及以上容量的交流变频调速装置。

在电气设备的选用与购置方面，更新或新上设备前，应委托设计单位进行设计。设计方案要保证设备的安全、稳定、经济运行，达到额定参数和出力，维护方便，满足设备寿命周期内的需要，并考虑最终容量，为今后的发展留有余地。电力设备的选型应遵循运行可靠、技术先进、经济合理的原则。不得选用国家公布淘汰的产品、无质量标准和未经国家质量检验机构检验认证的产品，不得采用技术落后、性能不可靠的产品。同时，设备的选型还应遵循标准化、系列化、规范化，以便设备的管理，备品、备件的采购和检维修工作的开展。

涉及到与电气设备相关的机泵或工艺设备的改造与选型时，对配套电气设备的选型以及改造方案的可行性，有关部门、单位应征求电气设备管理单位专业管理部门的意见。

电力设备的购置应按照有关规定执行。应严格按照已签订的技术协议的要求购置设备，确因需要进行技术变更的，必须经公司项目主管部门和技术协议签署人员的同意。

设备到货后，项目实施管理单位机动专业管理部门、车间（作业部）和相关单位人员应会同物资供应单位和厂家人员进行开箱验收，清点设备、配件的数量及安装、使用说明书和图纸；核实产品的型号、规格；检查产品外观；对于某些特殊的产品，安装前要进行必要的检修和试验。

重要设备的安装必须要有完整的施工方案，要有完善的安全和质量保证体系。属于电气设备更新和大修的项目，其施工方案须经施工单位、项目实施管理单位及相关单位盖章通过后方可实施。

工程施工必须遵守有关规定，保证施工安全，不得发生安全事故，不得损坏设备及其他设施。设备的安装必须严格执行国家的有关技术标准，不得随意缺项和降低标准，确保施工质量。

设备安装完毕后，送电前项目实施管理单位机动专业管理部门应组织设计单位、车间（作业部）、施工单位及相关单位，按照国家有关施工、安装验收标准进行验收；验收合格后，方可送电试运；试运结束合格后，施工单位、项目实施管理单位及相关单位的人员在验收单上共同签字，同意后方可通过。

施工单位在设备移交时，应将设备的安装记录、试验记录、调试报告、有关设计修改的说明书和附图、竣工图、隐蔽工程图、设备装配制造图等进行整理，列出清单，移交使用单位。更应保证新安装的设备在规定的设备检修周期内的安全、可靠运行，不得发生因安装质量问题影响装置开车或造成非计划停车。

在新系统、新设备投用前，须制订相应的管理制度、操作规程和规定；对有关运行维护、检修人员进行技术培训，符合要求后方可上岗。电气运行维护人员对所管辖区域内的设备必须做到"四懂"（懂原理、懂结构、懂性能、懂用途）、"三会"（会使用、会维护保养、会排除故障）。做到正确使用、科学维护，确保设备的安全运行。并严格执行岗位专责制；对关键设备要加强维护，做好特护工作。严格执行交接班制，交接清楚设备的运行状况。严格执行设备的操作规程、规定。操作前要确定设备状况和有关条件是否满足操作要求；操作过程中要严格执行规定的操作步骤和程序，并注意观察设备运行状况是否正常，有关参数是否运行在正常范围内。严格执行巡回检查制，应定时、定点、定路线进行巡检，做好巡检记录；特殊情况下，应增加巡检次数；要认真开展设备状态监测工作，全面了解设备运行状况，及时发现并处理设备隐患。各单位应明确负责设备巡检工作的主管人员或部门。要做好电气设备的绝缘监督工作，对备用的电气设备要定期检测绝缘状况并作好记录；要建立健全设备绝缘监督技术档案，认真分析绝缘的变化规律，掌握设备绝缘状况和健康水平，及时发现和消除绝缘缺陷。对发现的设备隐患要及时排除，暂不能排除的要及时向有关部门负责人汇报，并做好缺陷记录。对影响生产的安全隐患，在问题解决前，厂级、车间(作业部)要制订相应的应急处理预案，并定期组织相关人员进行现场演练。建立健全设备事故、故障记录和台账，设备发生事故、故障应及时上报公司机械动力部，并分析事故、故障原因，制订防范及整改措施。

设备管理单位应组织、安排好对设备的日常维护保养工作，掌握设备运行状况，并根据设备的实际运行状况及时安排设备的修理工作。

5.1　电气设备的检修与试验

电气设备的检修计划包括清扫、检修和预试项目，分为年度检修计划、月度检修计划、月度追加计划和停工大修计划。检修计划的上报时间按照设备管理的有关规定执行。设备检修计划应依据设备维护检修规程和设备的运转状况编制，检修计划的编制、审查、批准和下达必须执行内控管理制度的有关规定。

编制检修计划要严格执行定期清扫、定期检修和定期预试。对于重要设备、技术复杂和有重大技术变动的关键设备及重点检修项目，要提前落实检修方案、明确技术负责人、编制施工网络图，检修后应有完整的交工资料和单项技术总结。

应严格执行检修计划，无正当理由不得随意增项或甩项，如确需变更，应按内控管理制度的有关规定执行。在保证检修质量的前提下，没有特殊情况必须按计划时间完成检修任务。检修和试验工作应遵守有关规定，保证检修安全，不得发生安全事故，不得损坏设备及其他设施。要严把检修质量关。检修所用的材料、零配件要有质量合格证。设备的检修、试验项目和标准必须严格执行有关规程的规定，不得随意缺项和降低标准。检修结束后，检修单位应向设备的运行维护管理单位提供完整、合格的交工资料(包括检修记录、试验记录、试运记录、有关图纸和资料)，由设备的运行维护管理单位的专业管理部门组织检修单位、车间(作业部)、班组及相关单位的人员进行验收，在检修项目验收单上共同签字，同意后方可通过。这样才能保证检修后的设备在规定的设备检修周期内的安全、可靠运行。不会发生因检修质量问题影响装置开车或造成非计划停车。

5.2　供电设备安全

电力不能大量储存，从生产、输送、分配到使用在同一时间内完成，其传输速度快，一旦出现事故，影响面大。

石油化工企业有其自己的用电特点。大型石油化工企业和其他行业一样，电力的应用非常普遍，从动力到照明、从电热到制冷、从控制到信号、从仪表到计算机等，无不使用电力，电力遍布企业的各个角落。大电机较多，大电机的启动过渡过程对电网的冲击较大。发电机自备容量较大的企业对外电网的影响很大。石油化工生产具有高温、高压、易燃、易爆、有毒、有腐蚀性、工艺复杂、连续性强、高新技术密集等特点，对电力供应要求更严格。

5.2.1 电气安全管理的核心

用系统的观点看待影响安全生产、构成事故的诸种因素，在人、机器设备、具体环境以及管理四种对象中，人是最为能动和丰富的。所以人是电气安全生产管理的核心，必须以人为本。

电气工作人员必须具备的条件：经医师鉴定，无妨碍工作的病症(体格检查每两年至少一次)。具备必要的电气知识和业务知识——主要包括规程制度、电气基本理论知识和专业技能(特种作业应持证上岗)。具备必要的安全生产知识，学会紧急救护法，特别要学会触电急救，并能正确执行。

5.2.2 保证电气安全的组织措施

保证电气安全的组织措施就是为了实现电气作业安全而制定的管理方法、体系和原则。它是通过对电气设备上工作全过程中的安全行为普遍进行总结、提炼而建设完善起来的。正确实施保证电气安全的组织措施，能够从不同的职能层次对工作安全的主要环节予以合理把握，使得在保证安全的组织工作上主观努力与客观条件相结合，安全工作与组织措施有效结合，保证电气工作安全。

保证电气安全的组织措施内容很多，首先介绍石油化工企业长期推广的"三三、二五制"即：

三图：操作系统模拟图、设备状况指示图、二次结线图；

三票：运行操作票、检修工作票、临时用电票；

三定：定期检修、定期清扫检查、定期试验；

五规程：运行规程、检修规程、试验规程、事故处理规程、安全规程；

五记录：运行记录、检修记录、试验记录、事故记录、设备缺陷记录；

实践证明对石油化工生产的电气安全是比较有效的组织措施之一。

在电气设备上工作，必须完成下列组织措施：工作票制度；工作许可制度；工作监护制度；工作间断、转移和终结制度。

5.2.2.1 工作票

所谓工作票，顾名思义就是批准在电气设备上进行工作的凭证和依据，是不同于口头命令或电话命令的书面命令形式。

办理工作票，实质上是要进行目的性的安全作业。因此，必须依据工作票面上所填内容核实保安措施。工作票负责人、工作票许可人及工作票签发人明确安全职责，同样，工作票也是工作间断、转移和办理终结手续的依据。

在电气设备上工作，应填用工作票或按命令执行，其方式有下列两种：

填用第一种工作票的工作为：

(1) 高压设备上工作需要全部停电或部分停电者；

(2) 高压室内的二次接线和照明等回路上的工作，需要将高压设备停电者或做安全措施者。

填用第二种工作票的工作为：

(1) 在带电设备外壳上及带电线路杆塔上的工作；

(2) 控制盘和低压配电盘、配电箱、低压干线以及运行中的变压器室内的工作；

（3）二次结线回路上的工作，无需将高压设备停电者；

（4）转动中的发电机、电动机、同期调相机的励磁回路或高压电动机转子电阻回路上的工作；

（5）核相、非当值值班人员测量电流、电压工作。

5.2.2.2　工作许可

是指工作许可人在检查完成施工现场的安全措施后，会同工作负责人到工作现场所作的一系列证明、交代、提醒和签字而准许工作开始的过程。

5.2.2.3　工作监护

认真执行工作监护制度，可以对工作人员工作过程中的不安全动作、错误做法及时进行纠正和制止。同时，工作负责人到位监护能够对他们的技术技巧予以必要的指导和监督。

工作监护制度的具体内容如下：

（1）完成工作许可手续后，工作负责人（监护人）应向工作班人员交代现场安全措施、带电部位和其他注意事项。工作负责人（监护人）必须始终在工作现场，对工作班人员的安全认真监护，及时纠正威胁安全的行为。

（2）所有工作人员（包括工作负责人），不许单独留在高压室内和室外变电所高压设备区内。

（3）若工作需要（如测量极性、回路导通试验等），且现场设备具体情况允许时，可以准许工作班中有实际经验的一人或几人同时在它室进行工作，但负责人应在事前将有关安全注意事项予以详尽的指示。

（4）工作负责人（监护人）在全部停电时，可以参加工作班工作。在部分停电时，只有在安全措施可靠，人员集中在一个工作地点，不致误碰导电部分的情况下，方能参加工作。

（5）工作票签发人或工作负责人，应根据现场的安全条件、施工范围、工作需要等具体情况，增设专人监护和批准被监护的人数。

（6）专责监护人不得兼做其他工作。

（7）工作期间，工作负责人若因故必须离开工作地点时，应指定能胜任的人员临时代替，离开前应将工作现场交代清楚，并告知工作班人员。原工作负责人返回工作地点时，也应履行同样的交代手续。

（8）若工作负责人需要长时间离开现场，应由原工作票签发人变更新工作负责人，两工作负责人应做好必要的交代。

（9）值班员如发现工作人员违反安全规程或任何危及工作人员安全的情况，应向工作负责人提出改正意见，必要时暂时停止工作，并立即报告上级。

5.2.2.4　工作间断、转移和终结

工作间断是指工作过程中，因需要补充营养、需要进行休息或其他原因，工作人员从工作现场撤出而停止一段时间工作的情况。根据实际情况，工作间断主要有两种：当天短时间之内的工作间断。这种工作间断，工作票不交回值班许可人，所以，工作间断后开工也无须通过许可人，也就是说，工作间断时间中工作现场的安全措施全部原封不动，可称之为当日间断。隔日工作间断。虽然是执行中的工作票，但因为工作间断的时间较长，现场布置的设施可能对正常运行产生妨碍，生产过程中也可能出现一些意想不到的实际情况，造成运行中接线方式发生改变，使执行中的工作票的安全措施形成了更动。因此，凡工作间断后次日再进行的工作，每日收工应清扫现场，开放已封闭通路，将工作票回交值班员收执。这就意味着工作已经停止。次日复工时需取得值班员许可并取回工作票，工作负责人仍应按照办理许可手续时那样，重新认真检查现场的安全措施与工作票相符，并做好其他措施，然后才能带领工作班人员进入工作地点恢复工作。

同一电气连接部分中的工作安全措施，反映在一张工作票上是作为一个措施整体一次布置完毕的。对于现场设备带电部位和补充安全事项等，工作许可人向工作负责人在履行许可手续时都已交代清楚。转移到不同的工作地点时，特别应该注意的是新工作地点的环境条件对工作将产生的影响。工作负责人在每转移到一个新工作地点时，都要向工作人员详细交代带电范围、安全措施和应予注意的其他问题，这是工作转移制度的主要内容。

工作完毕后应进行自查整理。其内容包括清扫工作现场、检查有无遗漏物件、设备是否清擦干净等，对所做工作的全过程进行周密检查之后，工作班全体成员撤离工作地点。做出工作结论和设备现状交接。工作负责人向值班负责人讲清所修项目、发现的问题以及还未处理的仍然存在的问题，提交试验报告或结论。其后双方共同对设备状况进行全面检查，工作许可人按现场运行规程规定进行必要的仪器测试和操作试验，所查结果应确与所交代结论相符。履行工作终结手续，由工作许可人在工作票上填写工作结束时间，双方在工作票的相应位置上签名，检修工作至此全部完结。

5.2.3 保证电气安全的技术措施

在全部停电或部分停电的电气设备上工作，必须完成下列措施：停电；验电；装设接地线；悬挂标示牌和装设遮栏(围栏)。

电气作业应使用电工安全用具，电工安全用具一般包括：绝缘安全用具、登高安全用具、携带式电压和电流指示器、验电器、临时接地线等。

为保证电气作业安全进行，安全用具应按有关规定，定期进行检查、试验合格。高低压变电所、配电间均应备有适量的易损备件，如熔断器、指示灯泡、绝缘带等。高低压变电所、配电间均应备有适宜的灭火器材。对带电设备应使用干粉灭火器、二氧化碳灭火器等灭火，不得使用泡沫灭火器灭火。对注油设备断电后应使用泡沫灭火器或干燥的砂子等灭火。

5.2.4 特殊电气设备管理

特殊电气设备的管理，应建立健全基础资料，应包括：设备台账、运行检查记录、维护记录、检修记录、试验记录、故障记录、设计资料、竣工资料、验收记录、产品使用说明书和相关技术资料等。

装置的设计与选型，应选用成熟的技术先进的主流品牌、可靠性高的工业级以上的产品、具有完善的运行和诊断功能、便于运行监视及维护检修和试验。装置具有较强的通讯功能、开放的通讯规约，满足通信网络的需要。还要要求生产厂家或代理公司的技术力量雄厚，产品业绩显著，售后服务优良。为了保证产品质量，便于管理，使用的同一种产品的生产厂家原则上不超过三家。选用的电源装置和交流变频调速装置必须满足所带负荷的特性需要，输入电压允许变化范围应不小于额定电压的−15%～+10%，注入电网的谐波量应满足国家标准，负荷侧的谐波量须保证设备的安全运行且达到先进水平；电源装置应与所选用的蓄电池配套，应考虑事故停电期间对负荷的持续供电和冲击负荷所需容量，装置的性能应能满足冲击负荷的要求，生产装置上使用的 UPS 装置应具有检修旁路、电池状态监测、自动充放电功能和故障报警输出接口，重要生产装置上使用的电源装置应采用冗余系统；重要设备上使用的交流变频调速装置应具有再启动功能。

消弧线圈自动补偿装置必须满足系统不同运行方式下电容电流的实际需要，并考虑今后系统的发展，应具有较宽的调整范围，调匝式消弧线圈档位之间的调整电流不超过 5A；系统正常和故障情况下装置的性能稳定、动作可靠。

网络通信系统应根据实际情况，采用可靠的、数据传输速度满足运行需要的网络通信结构，管理中心和重要的变电站应采用冗余系统。

综合自动化系统管理层应具有包括国际国内标准规约在内的较丰富的通讯规约库，向上既能与电网调度自动化系统实现可靠的通讯，向下又能与现场常用智能设备实现可靠的通讯。

综合自动化系统应考虑今后的发展，配置可以实现变电所内所有设备的状态监视、运行参数的测量和对设备的控制，所内及所间设备的联动和闭锁，变电所内运行设备数据的分析、统计、打印，变电所内数据转发到调度中心等功能。所监视的范围除了常规的电力设备、开关、刀闸和保护装置外，还应根据现场实际情况，包括故障录波装置、在线检测装置、直流装置、小电流接地选线装置、消弧线圈自动补偿装置、UPS 装置、交流变频调速装置等在内的设备。

微机保护装置的功能和保护特性应满足现场需要，具有较高的可靠性、速动性和精确性，性能稳定，抗干扰能力强，具有故障记录、故障录波和 GPS 对时功能，满足运行监视、故障处理、调试试验和数据通信的需要。

在装置正式运行前，使用单位应根据装置的具体特点和技术性能，对装置的管理、操作、运行、巡检、维护与检修等方面做出具体的规定，并编制试验内容、方法和标准。应对相关运行维护、检修人员进行技术培训。

电气设备(装置)运行维护有几项具体规定：

对装置的巡检一天不少于两次。巡检的内容应包括：外观及可视内部的检查、表计及屏幕显示的运行参数、各种运行状态及声光报警指示、显示的系统时间、装置温度和声响、装置的冷却系统、环境温度及湿度、室内情况等。巡检记录应包括相关内容并与正常标准相比较，判断装置运行是否正常。

每年应定期对装置进行检测与试验，并应对装置的运行维护、检测与试验工作做出具体的规定。

直流电源系统应检查系统的绝缘状况，交流输入电压、直流输出电压和电流、蓄电池组电压、直流母线电压、浮充电压或电流，具有蓄电池组微机在线监测功能的，还应检查蓄电池的单体电压值是否正常。应根据不同类型的蓄电池(包括：普通铅酸蓄电池、镉镍碱性蓄电池、阀控密封式铅酸蓄电池)和产品厂家的要求，规定蓄电池的巡检内容及标准。

正常运行中，要注意检查蓄电池的浮充电压或电流，并及时进行调整；事故放电后应及时检查各项运行参数是否正常，并采取措施恢复装置和蓄电池的正常运行状况。

应根据规程规定和蓄电池的特性及运行状况，及时、定期地对蓄电池进行均衡充电、核对性充放电。要详细规定蓄电池的充放程序和步骤，应明确充放电过程中对充放电时间、电流、电压、容量、温度及其他有关参数和特征的要求。

应对新投用的蓄电池、运行中落后的蓄电池的检测与试验作出规定。蓄电池的试验内容还须包括内阻测试项目。

电源装置的试验应包括功能性试验，包括：模拟电网失电及装置故障的情况下，各种切换是否可靠，报警指示是否正确等。

交流变频调速装置的试验应包括装置的启动、停止、调速是否满足工艺要求，具有再启动功能的还应试验再启动是否正常。

正常运行中，应注意监视消弧线圈自动补偿装置的运行挡位和补偿电流是否合理，系统稳定情况下是否有误动现象，系统各种参数是否在允许范围；装置的检测与试验应包括运行挡位与补偿电流是否相符，在最低和最高运行挡位之间装置的手动和自动调节是否正常，装置是否能够根据系统的运行情况自动进行跟踪调节，有关闭锁功能是否可靠等。

微机保护装置和故障录波装置的检测与试验应参照产品说明书并遵循行业有关规定。尤其要保证装置动作的可靠性和系统时间的精确性。

应定期备份变电站综合自动化系统的有关程序和运行资料；明确各级人员的操作范围，对遥控操作和修改继电保护参数的操作进行严格管理，保证供电系统的安全运行。

应在装置的安装地点附近放置装置的额定运行参数、允许工况、运行及故障代码对应的含义、巡检内容、操作规定等。

5.2.5 电气调度管理

进行调度联系时，首先必须互报单位名称和本人姓名；应采用带来电显示的录音电话；统一使用电网调度术语。

调度机构的调度员在值班期间内为系统运行、操作及事故处理的指挥人，并对所发布的调度命令的正确性负责。一切有关调度业务的指令必须通过调度机构主管部门的专业负责人下达给值班调度员，任何人员不得直接要求值班调度员发布任何调度命令。未经调度机构下令和许可，任何单位和个人不得擅自改变调度管辖范围内系统的运行方式和设备的运行状态。值班调度员下达的命令，受令者应立即执行，无正当理由不能拒绝或拖延调度命令的执行。如果受令者认为调度命令不正确，应立即将情况反映给发令者，若发令者坚持原命令时，受令者必须迅速执行。若即将执行的调度命令将危及系统、设备或人身安全时，站（所）值班员应当拒绝执行，并将理由报告给发令者和主管部门负责人，等候调度重新发布命令。

任何人不得阻挠受令者执行上级调度机构的调度命令，受令者有权利和义务拒绝各种无理干预。当下级系统调度负责人对上级系统调度发布的调度命令有不同意见时，应通过调度主管部门的专业负责人向上级系统调度主管部门的专业负责人提出，该负责人应及时答复，并将意见通知值班调度员。无论调度命令有无改变，值班调度员应重新发布调度命令。

值班调度员在下令时，应将受令人的单位名称和姓名填入操作命令票。下令时冠以"命令"两字，不准下模棱两可的命令。听清复令人重复命令、核对无误后应说"对"，允许进行操作。

受令者应充分理解调度命令的意图，并将发令人的单位名称、姓名和命令填入电气调度命令和调度联系登记簿及电气操作票。复诵命令时冠以"重复命令"四字；如果对命令有质疑或不清楚，应询问清楚后执行。执行命令后、向值班调度员汇报时，应冠以"回令"两字。

系统发生事故或异常情况下，站（所）值班员向值班调度员汇报时，应冠以"报事故"或"报异常"三字；如果需要采取拉路措施，值班调度员下令时，应冠以"事故拉路"或"设备异常拉路"。

一切调度命令是以值班调度员正式下令时开始，操作人员执行完成，向下达命令的值班调度员回令后，方可视为命令执行结束。

为了保证系统的安全运行和安全操作，当上、下级系统相关人员之间询问与系统运行和操作有关的情况时，接受询问的一方应及时答复；发生紧急或危急情况时，对于涉及到与处理系统异常、故障或事故相关的并且必须及时掌握的问题，接受询问的一方必须迅速答复，但不得询问与此无关的事宜。

值班调度员在发布操作命令前，应根据工作内容和运行方式的要求，对照模拟图板或调度自动化系统厂(站)接线图系统化填写操作命令票，经审核人审核签字后执行。一张命令票只能填写一项操作任务，不得涂改。值班调度员必须严格按操作命令票下令，如遇临时变更，需要修改操作命令票，必须重新履行操作命令票填写和审核手续；履行人必要时还应报告主管部门负责人批准。值班调度员下令时，应叮嘱操作人员遵照"周密检查"、"填操作票"、"定监护人"、"模拟操作"和"实际操作"的程序执行操作命令。

对于非同一个操作任务，应避免两个及以上的相关变电站同时操作；对于同一个操作任务，相关变电站应按照操作规程的规定顺序操作。对于220kV、110kV系统的倒闸操作，事先经网调主管部门的专业负责人批准后下令，值班调度员必须下具体的操作命令，不得使用"综合命令"。重大方式的倒闸操作必须有方案和安全措施，并写出事故预想方案。

变电站(所)操作负责人因故离岗前，应按规定事先指派相应人员替岗，作为操作的临时负责人。操作开关、刀闸前，必须确认将要操作的开关或刀闸的运行状态是否正确。在停电设备上挂地线时，应按调度划分范围向上级调度申请；断开电源后，值班调度员才可下令挂地线。严禁"约时"停、发电和"约时"挂地线。对于继电保护装置和自动装置的投、停操作，值班调度员只按保护和自动装置的具体名称或功能下达操作命令，但各变电站在拟定操作票时，必须填写具体的压板和手把名称及编号。凡在电气设备区内进行工作，事先必须办理相关的工作手续，采取相应的安全措施，经站(所)值班长许可后才能进行。

制订系统运行方式的原则：

(1) 保证各组成部分的安全运行；

(2) 主系统的运行方式安全、可靠；

(3) 正确投用继电保护装置及安全自动装置；

(4) 满足各单位供电电压质量符合规定；

(5) 满足设备容量的运行要求；

(6) 迅速消除故障，限制事故范围；

(7) 在保障系统运行安全、可靠的前提下，力求达到系统运行的最大经济性。

执行危及系统、设备、生产装置及人身安全必须立即处理的危急性操作任务时，按以下规定进行调度联系：

发生危急情况时，相关站(所)的值班员应立即采取相应措施进行处理，包括：停电、送电、调整或停运发电机等，操作的同时由其他值班员立即向调度值班员报告，若危急情况发生在生产装置变电所，则变电所值班员应首先通告相关生产车间再向调度值班员报告。条件不允许时，事后须立即报告。其后，按与执行紧急性操作任务相同的程序进行调度联系。

系统发生异常、故障和事故时，相关变电站（所）值班员须及时、准确地将有关情况报告值班调度员，包括：发生时间、地点、现象，设备和回路名称，信号、开关和保护的动作情况，电压、潮流、周波的变化等。已接入电力调度自动化系统的变电站（所）值班员可适当简化汇报内容，由值班调度员在电力调度自动化系统中自行查看电压、潮流变化情况。

执行紧急性或危急性操作任务时，网调值班调度员可不填写操作命令票，变电站（所）值班员可不填写操作票。在事故处理期间，只允许与处理事故有关的人员进入调度室；变电站（所）值班长应坚守岗位。若交接班时发生事故而交接班的签字手续未完成时，交班人员应负责处理事故，接班人员应协助处理事故。

在异常、故障和事故紧急处理告一段落后，应及时发布信息，通报异常、故障和事故简况。

5.2.6 新建和改建设备投入系统运行的调度管理

凡并网运行的系统和电气设备均须纳入调度管辖范围，服从调度机构的统一调度。对于非属技改技措的建设项目，6kV 及以上电压等级的系统、设备需要接入电网时，用电单位必须向供电单位主管部门提出书面申请并提供有关用电资料，由供电单位主管部门制定供电方案，经相关主管部门审核批准后，按照规定完成接入系统设计并办理有关手续后方可接入电网。调度机构的主管部门应参与新建或改扩建项目的设计方案审查。工程竣工后，建设单位应提前 10 天向供电单位调度机构的主管部门提出并网申请。

需并网运行的发电机组、变电站（所）及设备必须具有接受系统统一调度的技术装备和管理设施，应当具备以下基本条件：

（1）按电力行业标准和规程设计安装的一次设备、继电保护及安全自动装置已具备投运条件，系统运行所需要的安全措施已落实；

（2）具有设备规范、实测参数和负荷资料；

（3）具有电气一次接线图、线路走向图、二次原理接线图；

（4）具有隐蔽工程资料；

（5）具有施工验收合格资料和有关试验报告（包括：设备及保护装置的试验报告、公司认可的资质单位出具的防雷和防静电接地电阻测试报告等）；

（6）与并网运行有关的计量装置安装齐备并验收合格；

（7）调度通讯齐备、电话畅通；

（8）重要值班岗位还应有各项制度、现场运行规程、一次系统模拟图、运行值班人员名单；

（9）新设备命名、调度编号及调度关系划分完毕；

（10）新设备已通过有相关电气主管部门参加的启动验收；

（11）已向供电单位主管部门提交齐全的技术资料；

（12）具备正常生产运行的其他条件。

新系统和设备的送电程序及管理规定：

申请送电的单位（用户）向供电单位调度机构的主管部门提交经过公司主管部门批准的送电申请。供电单位调度机构的主管部门组织进行检查验收，确认受电侧电气设备已具备送电条件，并与申请送电的单位共同核对开关、刀闸拉合位置；具备送电条件后，供电单位调度机构的主管部门批准送电申请并下达给值班调度员，值班调度员拟定送电程序。申请送电的单位向值班调度员申请，值班调度员下令送电。新线路、新变压器及大修后的变压器按规定的次数全电压冲击。要核相的情况，送电后必须及时核相，确认相位正确后应进行一次实际合环操作。对于工程管理部门负责组织施工的项目，新设备的第一次送电及之前的有关工作由工程管理部门组织。如果工程的实施范围在运保中心所辖电气系统内，则由运保中心和生产单位配合相关工作，正式送电后，由运保中心正式负责电气调度管理；否则，由建设单位或预先指定的电气运行维护管理单位(如电网管理中心、生活社区服务中心等)配合工作，正式送电后，由建设单位或预先指定的电气运行维护管理单位正式负责电气调度管理。

5.2.7 电气事故(故障)管理

发生电气事故(故障)时，相关单位应及时电话报告相关负责的单位。当电网发生短路、接地故障时，无论是否引起上级供电单位开关跳闸，故障电网所属单位应立即报告上级供电单位的值班调度员，并由其转报调度主管部门的专业负责人。

因外单位(或电网)发生电气事故(故障)而使本单位电气设备运行受到影响的(如：断路器跳闸、设备停运和设备受损等)，也必须按规定进行报告。外单位发生事故(故障)时，因本单位的过失(如：管理问题，技术问题，断路器、保护装置、自动装置拒动或误动，电气设备本身有缺陷而损坏，人员误指挥、误联络、误操作等)又造成事故的，除事故的引发单位要承担事故责任外，本单位也负有事故责任。

影响炼化生产单位的事故(故障)，由生产单位组织电气运行维护管理单位进行电气事故、故障的分析并提出整改措施，与生产及现场设备运行状况有关的情况由生产单位负责调查、统计。

电气事故(故障)的调查应查明下列各项：

(1) 事故(故障)发生的时间、地点、气象情况；

(2) 事故(故障)发生前系统的运行方式和设备的运行状况；

(3) 事故(故障)发生经过和处理过程；

(4) 事故(故障)现象，包括断路器、保护装置、自动装置的动作情况，信号指示、仪表指示的变化情况，故障录波和监控装置记录等；

(5) 设备的损坏情况和损坏原因；

(6) 规章制度是否完善，是否严格执行规章制度；

(7) 设计、施工、检修、试验、调试、维护等方面的问题；

(8) 人员和技术方面的问题；

(9) 人身事故场所的周围环境和安全防护设施情况；

(10) 事故的责任单位和责任人。

电气事故(故障)报告的编写要求：

(1) 简况，包括：事故、故障的发生时间、地点和单位，当时气象状况，事故概况，影响范围和程度；

(2) 事故(故障)发生前系统的运行状况，包括：系统和主要设备的运行方式，负荷情况，系统电压等参数；

（3）事故（故障）经过，包括：各种事故、故障现象，处理过程，对于引发原因与人员相关的事故和故障，应详细说明有关人员的操作和作业等过程；

（4）原因分析，包括：管理原因和技术原因；

（5）事故教训；

（6）防范措施；

（7）对事故责任人的处理。

事故（故障）单位应制订出有效的防范措施，落实整改负责人和完成时间。对一时不能整改的隐患，须制订应急预案并组织职工定期演练。还应建立健全事故（故障）台账并及时修订。事故（故障）台账内容包括：发生时间，事故（故障）原因分类，事故（故障）简要内容等。

5.2.8 供用电监督管理

视工作需要，随时对供用电单位（或用户）进行监督检查，或委派供电单位对用电单位（或用户）进行监督检查。对违反本规定的行为依法进行处理。

供电单位对用电单位的检查，应事先经过批准。在对用电单位（或用户）进行检查时，须有受检单位的主管部门电气管理人员（或用户）参加。供电单位还应接受用电单位的监督。对现场进行监督检查时，检查人员不能少于 2 人。检查过程中，检查人员不得从事电工作业，不得无端干预受检单位正常的生产管理工作。

监督检查的内容：

（1）执行国家有关电力法规、政策、标准、规章制度情况；

（2）执行有关电气管理规章制度情况；

（3）受（送）电装置工程施工质量检验情况；

（4）受（送）电装置中电气设备运行安全状况；

（5）电气设备的检修、试验情况；

（6）电气事故调查；

（7）反事故措施；

（8）电工作业资格及作业安全保障措施；

（9）电气安装、检修和试验的资质；

（10）节约用电的执行情况；

（11）用电计量装置、继电保护装置和自动装置、调度通信等安全运行情况；

（12）受（送）电端电能质量状况；

（13）供用电合同、调度协议等有关协议履行的情况；

（14）违章用电、窃电行为及计量合理状况；

（15）并网电源、自备电源并网安全状况；

（16）停电计划的执行情况；

（17）检修和试验的执行情况；

（18）临时用电的安全情况。

供用电单位不得有下列危害供电、用电安全，扰乱正常供电、用电秩序的行为：

(1) 违反供用电合同和调度协议；

(2) 擅自转供电(包括无用电证、无供用电合同)；

(3) 擅自定电价和不按规定收取电费；

(4) 拖欠、拒付电费；

(5) 擅自超过合同供电容量用电；

(6) 擅自迁移、更动或操作供电方的用电计量装置、供电设施以及协议约定的由供电方调度的用户受电设备；

(7) 非计划停电或擅自延长计划停电时间；

(8) 窃电行为，包括：在供电线路上擅自接线用电；绕越计量装置用电；伪造或开启法定的或授权的计量检定机构；故意损坏计量装置；故意使计量装置计量不准或失效；采取其他方法窃电。

原则上不允许由生产装置变电所外供任何电压等级的非生产(办公)负荷；特殊情况下，必须经过有关单位或组织的批准。

5.2.9　电力设备绝缘技术监督管理

不具备试验条件的单位不能配置试验人员，试验单位的基本条件如下：具有与被试设备相适应的试验设备；具有两名及以上试验人员(包括试验负责人)和一名试验审核人。除电力系统试验单位的高压试验员和取得原供电局颁发的高压试验证的人员外，其他申请试验资格的人员应同时具备以下基本条件：

具有省市级安全生产监督管理局颁发的、在有效期内经复审合格的电工作业操作证(高压运行维修)；具有三年及以上从事电气工作的实际经验。初次申请试验资格的人员经考核合格后，颁发电气试验证(高压试验实习)，实习期为两年，在此期间实习人员不得作为正式试验人员，不得出具试验报告；实习期满经复审合格后，正式颁发电气试验证(高压试验)。

试验负责人的基本条件：具有省市级安全生产监督管理局颁发的、在有效期内经复审合格的电工作业操作证(高压运行维修)和公司颁发的电气试验证(高压试验)；具有五年及以上从事高压试验工作的经验。试验审核人的基本条件：具有省市级安全生产监督管理局颁发的、在有效期内经复审合格的电工作业操作证(高压运行维修)和电气试验证(高压试验)；同时具有八年及以上从事高压试验工作的经验。具有中专及以上电气专业学历；同时具有五年及以上从事电气专业技术工作的技术人员。

5.2.10　绝缘监督管理

电力设备必须严格按照规程规定的试验周期进行试验，确因生产设备不能停运而无法试验的，应写出报告，报领导批准。电力设备的试验项目和标准必须严格执行规程的规定，不得随意缺项和降低试验标准，电力设备的管理单位应建立健全设备绝缘监督技术档案；进行绝缘综合分析，掌握设备绝缘状况及绝缘的变化趋势和规律，及时发现和消除绝缘缺陷。从事试验工作时，不得少于两名具有试验资格的人员参加。试验中发现设备缺陷和异常情况时，试验负责人应及时向被试单位的电气负责人报告，并写出试验分析报告。

设备试验结束后，试验人员应按照统一规定的试验报告格式，及时填写正式的试验报告，七日内向电力设备的管理单位提交。试验报告应得出明确结论，报告上必须有试验人、试验负责人和审核人签名。审核人负责绝缘试验管理工作，并负责对试验报告的审核。对于外委施工工程，电力设备管理单位的主管部门应组织有关人员对绝缘试验结果进行验收。电力设备的管理单位必须定期检测备用电力设备的绝缘状况并做好记录。

不具有试验资格的单位，可委托具有试验资格的单位进行试验，但不允许由多个单位的试验人员组成试验班组共同进行试验，试验单位及其试验人员必须对试验结果的正确性负责。

对于超试验周期运行的设备，供电单位应令用电单位停运；对不按规定做试验和试验不合格的设备，供电单位不得为其送电。

5.2.11　电气作业管理

电气作业票应统一使用蓝色或黑色硬笔填写，字迹清晰、工整，票面整洁、不得有涂改；应按照要求完整填写作业票的各项内容，无须填写的内容可不填写任何文字和符号；除电力线路停电申请票中的特殊情况外，其他作业票中规定的签名人员必须由本人亲自签字，其他任何人员不得代签；电气作业票执行完毕后，应保存三个月，存档三年。

5.2.11.1　电气倒闸操作票的管理规定

操作票填写的规定如下：操作票的"操作项目"栏内须由操作员本人填写。变电站（所）是指操作任务涉及到的变电站（所）。编号的填写方式：□□—□□□。"—"前的部分按年份的后两位数填写，"—"后的部分按运行班组（站）当年的操作任务顺序填写。在每一项实际操作前，必须进行模拟操作，并在"模拟操作"格内划"√"标记。每项实际操作完毕后，应立即在"实际操作"格内划"√"标记。操作票执行完毕后，应在起始页的"操作任务"一栏内加盖"已执行"戳记。填写完最后一步操作项目后，应从下一空白栏至最后一栏划"∫"终止标记。操作人和监护人应具有由省市安全生产监督管理局颁发的、与操作工作电压等级相符的、有效期内经复审合格的电工作业操作证。操作过程中不得变更操作人或监护人，如遇特殊情况必须更换时，应由监护人指定替换的操作人，由单位领导或主管技术员指定替换的监护人。所替换的操作人或监护人的条件应符合有关规定，且在熟悉操作任务和操作项目后，再进行下一步的操作。重要的或复杂的倒闸操作，应执行双人监护；简单的倒闸操作，可执行单人监护。重要的或复杂的倒闸操作是指：涉及装置变电所6（10）kV母联、进线开关和PT的倒闸操作，变电站、电站6（10）kV及以上系统的倒闸操作。其他的操作属于简单的倒闸操作。

单人监护的监护人由值班负责人担任，负责审查操作人的资格，审查操作票的填写是否正确，唱诵操作项目的内容，每一步操作完成后在操作项目前划"√"，监护操作过程，协调处理操作过程中的问题。

双人监护的监护人由值班负责人和站（班）长担任，值班负责人作为第一监护人，负责唱诵操作项目的内容，每一步操作完成后在操作项目前划"√"；站（班）长作为第二监护人，与第一监护人一起共同负责审查操作人的资格，审查操作票的填写是否正确，监护操作过程，协调处理操作过程中的问题，第一监护人受第二监护人指挥。

操作人由具有相应电压等级操作资质的值班人员担任。负责填写操作票、模拟操作和实际操作，每一步操作前须复诵操作令。操作过程中的任何调度联系必须进行复诵确认。发令人是指网调或电调的值班调度员。负责下达操作命令，处理操作过程中的疑问。受令人是指变电站(所)值班负责人，特殊情况下，可由担当操作人的值班人员替代。同一运行班组管辖的电气系统内，当一个操作任务涉及到上、下级变电所倒闸操作时，可将上、下级变电所的操作项目填写在同一张操作票上；当一个操作任务涉及到不同的运行班组时，应按所辖系统分别填写操作票，由电调或网调统一指挥操作；当一个操作任务涉及到不同运行单位管辖的电气系统时，由网调统一指挥操作。

5.2.11.2 电气工作票的管理规定

工作票填写的规定如下：工作票编号的填写方式：□□—□□□。"—"前的部分按年份的后两位数填写，"—"后的部分：第一种工作票按运行单位当年执行的票数顺序填写；第二种工作票按运行班组当年执行的票数顺序填写。封票后，应在"工作终结"一项内加盖"已执行"戳记。第一种工作票应提前一天签发(特殊情况下允许当日签发)，经审核人签字后送交变电站(所)值班员。值班人员收到工作票的时间不得晚于计划工作时间；最后一天的收工时间和工作终结时间不得晚于计划工作结束时间或工作票延期时间(对办理有延期工作手续的情况)。计划工作开始日期应与实际起始开工日期一致。一张工作票的有效期限为10天，若超过10天，需重新办理工作票，并须在前一张工作票的"工作终结"空白栏中写明"工作未完成，安全措施未拆除"，两张工作票应存留在一起。工作票一式两份，使用复写纸填写；分别由工作负责人、运行班组值班负责人持有，并在电调或网调处进行登记。全部工作结束后，工作负责人持工作票到运行班组办理工作终结手续，值班员应通报电调或网调工作已结束。执行完的两份工作票在班组暂时保存。工作许可人为值班负责人；工作票签发人为运行单位电气负责人或指定的技术负责人，厂级电气主管部门每年下发一次工作票签发人名单。工作许可人和工作票签发人的安全责任执行《电气安全工作规程》。

当工作任务需要指定总负责人时，总负责人必须由电气运行单位有经验的技术人员或领导担任。

第一种工作票的审核人须由电气运行单位的负责人或该单位指定的有实际经验的技术人员、值班调度人员担任；第二种工作票的审核人由电气运行班组的负责人(班长或站长)担任。审核人负责审查工作单位填写的工作票内容的正确性。

办理第二种工作票前，班组负责人必须征得本单位负责人的许可。

任何人不得执行没有审核人签字的工作票。

当电气运行单位所属班组在本系统内工作时，工作票签发人由工作票审核人兼任，由同一人签字。在电气设备周围从事非电气作业(如：土建等)的单位，须办理第二种工作票。工作票的签发人允许没有公司颁发的资格证，但电气设备的管理单位必须指派电气专业人员专人监护。

当同一项工作任务涉及到需要在上、下级系统变电站(所)内工作或者对于直馈线路需要在对侧变电站(所)内装设接地线时，应执行以下规定：

对于由两个不同的电气运行单位管辖的上、下级系统，工作单位须在上、下级系统相关变电站(所)办理工作票。

对于由同一个电气运行单位中两个不同的电气运行班组管辖的上、下级系统，工作单位须在上、下级系统相关变电站(所)办理工作票，工作票审核人应由电气运行单位指定的同一名负责人员担任。

工作结束后，应先封下级变电站(所)的工作票，再封上级变电站(所)的工作票。上级变电站(所)的工作票未封之前，严禁任何人擅自改变下级变电站(所)进线开关和刀闸的状态。送电工作应按《电气调度管理制度》中的规定进行调度联系。

对于电网管理中心，当一个班组在架空线路上工作的同时，若另有一个班组在变电站内的同一停电回路上工作，按以下规定执行：在变电站内工作的班组应在变电站办理电气工作票；在架空线路上工作的班组应在网调办理电力线路停电工作票(为电网管理中心专用作业票)，并视工作需要在变电站办理电气工作票；变电站工作许可人按照网调命令在站内采取安全措施；安全措施布置完毕后，由网调统一下达站内、线路施工令；线路工作结束、架空线路上临时安全措施已拆除、人员已撤离现场后，线路工作负责人首先向网调交线路完工令，到网调办理封票手续，然后到变电站向变电站工作许可人交完工令，办理封票手续；变电站内工作结束，站内工作负责人向变电站工作许可人交完工令，办理封票手续；变电站内封票手续全部办理完毕后，由变电站工作许可人向网调汇报情况；网调下令，由变电站工作许可人拆除完工后的站内安全措施，工作单位办理站内工作票终结手续；网调根据工作要求向变电站值班员下达送电操作命令。对于直馈线路或同一调度机构管辖的系统，当同一项工作任务只涉及到在对侧变电站(所)停电、悬挂标示牌或解除保护时，无须办理工作票，应按《电气调度管理制度》中的规定进行调度联系，对侧变电站(所)值班员应在电气调度命令和调度联系登记簿上做好记录。

5.2.11.3　电力线路停电申请票的管理

由各变电站(所)供电的6(10)kV非直馈线路用电单位，需要配合将非直馈线路全部或者部分停电时，用电单位须到网调办理电力线路停电申请票。并视工作需要在停电线路产权(管理)单位以及在网调管辖变电站(所)办理电气工作票。

电力线路停电申请票填写规定：

电力线路停电申请票编号的填写方式：□□—□□□。"—"前的部分按年份的后两位数填写，"—"后的部分按调度机构当年办理的票数顺序填写。

电力线路停电申请票绘图必须清楚，带电部分用红色画，停电部分用蓝色或黑色画。在工作内容、工作地点和示意图中应清楚注明线路名称、调度号、设备编号及安全措施布置情况。

变电站内接地线(刀)拆除情况由值班调度员根据实际情况在"调"字票相应栏内填写。在结票当值未拆除的接地线(刀)应填写"工作结束后×××(安全措施)未动"。

结票后，值班调度员应在两份申请票的"调度记录事项"一栏的右下角加盖"已执行"戳记。线路停电的申请单位应为停电线路产权(管理)单位；申请人、停发电调度联系人应为申请单位内部电气专业负责人等具有公司电力调度联系资格的调度人员。

在当面办理线路停电申请票的有关手续时，申请人、停发电调度联系人必须出示公司颁发的电气调度证；电话办理时，必须报告姓名和电气调度证编号。

在工作的全过程中，申请人不得变更。申请人对现场工作负有监管责任，工作负责人必须服从申请人的指挥和命令。未经申请人许可，现场任何人员不得擅自采取或变更安全措施，不得擅自开工。

未经送电调度联系人的许可，任何人员不得擅自联系送电。线路停发电全过程中申请单位与网调联系工作所用联系电话必须是线路停电申请票中所填写的电话号码；申请单位必须保证停发电全过程与上级调度的通讯联系渠道畅通。批准人为网调主管部门电气专业负责人。批准人在批准申请票的同时，应根据工作需要，对停发电操作程序及注意事项做必要补充说明。

特殊情况下，经批准人同意，可采用电话联系方式办理电力线路停电申请票的发票和结票手续、开工前的工作时间变更手续以及开工后的延期手续。电话联系时，必须采用录音电话。

线路工作开工前允许办理一次工作时间变更，变更申请人与初始申请人须为同一人。当面办理时，由申请人填写时间、原因、方式，申请人和批准人确认签名；电话办理时，由批准人填写，并代申请人签名。

线路工作开工后、终结前允许办理一次工作延期，申请延期时间应早于计划工作结束时间 2h 以上。延期申请人由申请单位调度联系人担任，延期批准人由网调值班调度员担任。若延期超过 2h，值班调度员应在征得主管部门电气专业负责人同意后履行批准手续。

当面办理延期时，由申请单位调度联系人填写延期时间、原因、方式，申请单位调度联系人和值班调度员确认签名；电话办理时，由持票双方分别填写，调度联系人和值班调度员互代签名。当面办理发票、结票手续时，调度记录事项中的发票时间、发票方式、结票时间、结票方式由调度值班员填写，申请单位联系人和值班调度员确认签名；电话办理时，由持票双方分别填写，申请单位联系人和值班调度员互代签名。

线路停电申请票一式两份，使用复写纸填写；自发票时起，至结票时止，"调"字票应由网调调度值班员收执，"施"字票应由申请单位调度联系人收执。执行完的两份线路停电申请票由网调保存。

工作结束后，送电前，负责送电联系的调度联系人应对工作终结情况进行现场确认，符合要求后方可办理线路停电申请票终结手续，联系送电工作。

对于既需办理电力线路停电申请票又需办理电气工作票的同一项工作，停电前，申请单位应先办理线路停电的有关手续，停电后再按电气工作票的有关要求采取安全措施；工作结束后，应拆除现场安全措施、全部人员撤离现场、检查无误并办理电气工作票终结手续后，方可办理线路停电申请票终结手续。线路的送电联系和程序必须严格遵守有关管理规定。

对于新建、改扩建系统或改变原有设备一次接线的工作，在办理停电工作票时须附施工图。

5.2.11.4 低压电动机检修工作票的管理

工作票的编号由值班电工填写，填写方式：□□—□□□。"—"前的部分按年份的后两位数填写，"—"后的部分按运行班组当年执行的票数顺序填写。

计划停电的时间必须晚于值班电工收到联系票的时间，但应为同一日期。

工作票一式两份，使用复写纸填写；分别由工作负责人、运行班组值班负责人持有。执行完的两份工作票在班组暂时保存。

在生产装置大检修期间，当两台及以上的电动机需要在一段时间内同时进行检修时，可填写附表；但同一张工作票连同附表中需要检修的电动机必须是同一个工作单位检修同一个生产装置的电动机。

同时检修的多台电动机的停电操作可由同一操作人完成，每完成一台电动机的停电操作应划√；当办理单台和全部电动机检修结束手续时，工作负责人应执工作票到运行班组办理相关手续。

对电动机停电的要求与"停电联系票"的规定相同。

检修工作结束后，工作负责人须告知全体工作人员，并确认现场已恢复正常；值班负责人应确认现场电动机、变电所内的设备及有关安全措施已恢复到检修前状态；如果需要送电，有关安全措施已拆除并应测量电缆和电动机绝缘，电动机空载试动正常。

检修工作票中的"工作票审核人""工作许可人""工作票签发人"和"工作负责人"的职责和有关规定与"电气第二种工作票"的规定相同。

5.2.11.5 停、送电联系票的管理

联系票的编号由值班电工填写，填写方式：□□—□□□。"—"前的部分按年份的后两位数填写，"—"后的部分按运行班组当年执行的票数顺序填写。

计划停、送电的时间必须晚于值班电工收到联系票的时间，但应为同一日期。

停电或送电联系票一式两份，使用复写纸填写；当要求停电或送电的设备多于4台时，应填写附表；但同一张联系票连同附表的设备应是由同一个变电所供电的同一个生产装置的设备。需要对设备停、送电时，应由联系人到负责相关变电所管理的电气运行班组办理停、送电手续。

联系人同时作为工作许可人，开工或送电必须得到联系人的许可。联系人在办理停、送电手续之前，必须检查现场，确认现场是否具备停、送电条件，核对要求停、送电的设备位号，并指定专人作为监护人；在联系人离开现场办理停、送电手续期间，监护人不得离开现场，不允许任何人在设备上工作或操作设备。

停、送电操作前，操作人必须现场确认要求停、送电设备的位号所对应的供电设备的编号，检查开关的状态和表计、信号灯的指示情况；送电操作前必须拆除所有的安全措施。操作完毕、检查无误后，操作人才能在联系票上填写实际的停、送电操作完成时间。

对于停电工作，在联系人办理完停电手续，执停电联系票返回到要求停电的设备现场时，必须现场试验启动设备，与停电操作人共同确认无电后，才能视为该设备已停电，最后由操作人和联系人签字。

对于送电工作，在联系人离开要求送电的设备现场时，即视为该设备已带电，不得进行任何工作；在联系人办理完送电手续，执送电联系票返回到要求送电的设备现场后，现场方可启动设备。

停电操作必须断开主回路和控制电源，对于抽屉柜或手车柜，应将断路器拉出运行位置并断开二次控制回路；停电完毕后，必须在开关把手上悬挂"禁止合闸，有人工作"标示牌。

设备停电时若需装设接地线，必须先办理电气工作票手续，再办理停电手续；设备送电时，必须先办理电气工作票终结手续，再办理送电手续。

各类电气作业票如表5.2-1~表5.2-10所示。

表5.2-1 电气第一种工作票

编号：_____

工作单位：_____

运行班组（站）：_____

安全措施涉及的变电站（所）：_____

1.工作负责人_____ 工作班组_____

2.工作班组人员_____

3.工作任务：
（包括工作内容和具体工作地点）：

4.计划工作时间：
自 年 月 日 时 分
至 年 月 日 时 分

5.值班人员收到工作票时间：
年 月 日 时 分

6.安全措施：

下列各栏内容由工作负责人填写	下列各栏内容由工作许可人填写（注明编号）
应断开关和刀闸，已拉开关和刀闸前原已拉开关和刀闸（注明编号）	已拉开关和刀闸（注明编号）
应断开的二次交、直流开关，刀闸和熔断器	已断开的二次交、直流开关、刀闸和熔断器
应装接地线（注明确实地点）	已接地线（注明接地线编号和装设地点）
应设遮栏、应挂标示牌	已设遮栏、已挂标示牌（注明地点）
其它安全措施（注意事项）	工作地点上临近带电设备
	补充安全措施

工作负责人_____ 工作许可人_____

工作票签发_____ 工作票审核人_____ 发电站值长_____

7.每日开工、收工时间：

开工时间	工作许可人	工作负责人	收工时间	工作负责人	工作许可人
月 日 时 分			月 日 时 分		
月 日 时 分			月 日 时 分		
月 日 时 分			月 日 时 分		
月 日 时 分			月 日 时 分		
月 日 时 分			月 日 时 分		
月 日 时 分			月 日 时 分		
月 日 时 分			月 日 时 分		
月 日 时 分			月 日 时 分		

8.工作负责人变动：
原工作负责人_____ 离去，变更_____ 为工作负责人。
变更时间_____ 年 月 日 时 分 工作许可人_____
工作票签发人_____

9.工作票延期：有效期延长至
_____年 月 日 时 分
工作负责人_____ 工作许可人_____

10.工作终结：临时遮栏已拆除，标志牌已拆除，已拆除所装设的接地线，工作票已交回。工作票已清理完毕，材料工具已清离现场，（注明接地线的编号及其装设地点）：

常设遮栏已恢复。全部工作于_____年 月 日 时 分终结。

工作负责人_____ 工作许可人_____

表 5.2-2　电气第二种工作票

工作单位 ＿＿＿＿＿＿＿＿＿＿　编号 ＿＿＿＿＿＿＿＿＿＿

运行班组（站）＿＿＿＿＿＿　安全措施涉及的变电站（所）＿＿＿＿＿＿

工作负责人 ＿＿＿＿＿＿　工作班组 ＿＿＿＿＿＿

1.工作任务（包括工作内容和具体工作地点）：

2.工作班组人员：共 ＿＿ 组 ＿＿ 人

3.工作条件（停电或不停电）：＿＿＿＿＿＿

4.计划工作时间：自 ＿＿ 年 ＿＿ 月 ＿＿ 日 ＿＿ 时 ＿＿ 分起

　　　　　　　至 ＿＿ 年 ＿＿ 月 ＿＿ 日 ＿＿ 时 ＿＿ 分止

5.值班人员收到工作票时间：＿＿ 年 ＿＿ 月 ＿＿ 日 ＿＿ 时 ＿＿ 分

6.安全措施：

应采取的现场安全措施：	已采取的现场安全措施和要求：
工作负责人签发人：	

工作票签发人：＿＿＿＿＿＿　工作许可人：＿＿＿＿＿＿

工作负责人：＿＿＿＿＿＿　工作票审核人：＿＿＿＿＿＿

7.每日开工、收工时间：

开工时间	工作许可人	工作负责人	收工时间	工作负责人	工作许可人
月 日 时 分			月 日 时 分		
月 日 时 分			月 日 时 分		
月 日 时 分			月 日 时 分		
月 日 时 分			月 日 时 分		
月 日 时 分			月 日 时 分		
月 日 时 分			月 日 时 分		
月 日 时 分			月 日 时 分		
月 日 时 分			月 日 时 分		

8.工作负责人变动：

原工作负责人 ＿＿＿＿＿＿ 离去，变更 ＿＿＿＿＿＿ 为工作负责人。

变更时间： ＿＿ 年 ＿＿ 月 ＿＿ 日 ＿＿ 时 ＿＿ 分

工作票签发人 ＿＿＿＿＿＿　工作负责人 ＿＿＿＿＿＿

9.工作票延期：有效期延长到 ＿＿ 年 ＿＿ 月 ＿＿ 日 ＿＿ 时 ＿＿ 分

工作负责人 ＿＿＿＿＿＿　工作许可人 ＿＿＿＿＿＿

10.工作终结：工作人员已全部撤离现场，材料工具已清理完毕，工作票交回。临时遮拦、标志牌已拆除，已拆除所接设地线（注明接设地线的编号和装设地点）：

常设遮拦已恢复。全部工作于 ＿＿ 年 ＿＿ 月 ＿＿ 日 ＿＿ 时 ＿＿ 分终结。

工作负责人 ＿＿＿＿＿＿　工作许可人 ＿＿＿＿＿＿

表 5.2-3 电气倒闸操作票

运行班组(站)：   编号：

变电站(所)：   共　页　第　页

发令人：				受令人：		
下令时间：　年　月　日　时　分						
操作任务：						
操作人：				监护人：		
操作开始：　年　月　日　时　分						
操作完了：　年　月　日　时　分						
实际操作	操作顺序	操　作　项　目				模拟操作

表 5.2-4 低压电动机检修工作票

电气运行班组：_____ 变电所：_____ 编号：_____

1. 值班人员收到工作票时间：　　年　月　日　时　分

2. 工作单位：_____工作负责人(签名)：_____

3. 工作任务：_____

4. 计划停电时间：　　年　月　日　时　分

5. 停电操作及检修结束的确认

序号	以下由工作负责人填写		以下由操作人填写	以下由工作负责人填写		检修已结束已恢复检修前正常状态
	检修设备工艺名称	检修设备工艺位号	停电操作（完成划√）	检修工作结束时间	签　名	值班负责人签名
1				月　日 时　分		
	签名：		签名：	有无附页(有或无)：　附页共　　页		

6. 安全注意事项(包括：停电时应采取的安全措施、检修工作终结时应拆除的安全措施及其他需要补充说明的安全注意事项等)

_____ _____ _____ 工作负责人(签名)：	_____ _____ _____ 工作许可人(签名)：

工作票签发人(签名)_____ 工作票审核人(签名)_____

7. 许可开始工作时间　　　年　月　日　时　分

工作许可人(签名)_____　　工作负责人(签名)_____

8. 全部电动机检修结束时间：　　年　月　日　时　分

工作负责人(签名)_____　　工作票审核人(签名)_____

表 5.2-5 低压电动机检修工作票(附页)

电气运行班组： 　　　工作票编号： 　　　共　页　第　页

序号	以下由工作负责人填写		以下由操作人填写	以下由工作负责人填写		检修已结束已恢复检修前正常状态
	检修设备工艺名称	检修设备工艺位号	停电操作（完成划√）	检修工作结束时间	签名	值班负责人签名
				月　日　时　分		
				月　日　时　分		
				月　日　时　分		
				月　日　时　分		
				月　日　时　分		
				月　日　时　分		
				月　日　时　分		
				月　日　时　分		
				月　日　时　分		
				月　日　时　分		
				月　日　时　分		
				月　日　时　分		
				月　日　时　分		
				月　日　时　分		
				月　日　时　分		
				月　日　时　分		
				月　日　时　分		
				月　日　时　分		
				月　日　时　分		
				月　日　时　分		

表 5.2-6 电力线路停电申请票

申请单位 _____　　编号 _____　　申请人 _____
联系电话 _____

工作单位 _____ 工作负责人 _____ 工作内容 _____ 工作地点 _____ 申请工作时间 由 __年__月__日__时__分 至 __年__月__日__时__分	批准人 _____ 批准日期 _____ 批准停电时间 __年__月__日__时__分 至 __年__月__日__时__分 停发电操作程序及注意事项：
要求切断电源示意图(必须标出要求切断电源各点开闭设备及调度号，标出安全措施的布置情况)	工作时间变更的办理： (1)开工前变更工作时间 申请变更工作时间为 __年__月__日__时__分 申请方式 _____ 申请人 _____ 变更原因 _____ 批准人 _____ 备注：
	(2)开工后办理延期 申请工作结束时间延至 __年__月__日__时__分 申请方式 _____ 申请单位联系人 _____ 延期原因 _____ 调度值班员 _____ 备注：
	调度记录事项： 发票时间：__月__日__时__分 发票方式 _____ 申请单位联系人 _____ 值班调度员 _____ 结票时间：__月__日__时__分 结票方式 _____ 申请单位联系人 _____ 值班调度员 _____ 结票后，变电站接地线(刀)拆除情况： 备注：
备注(此栏由申请单位填写)	停发电调度联系注意事项： ①线路停电申请人和停发电调度联系人均须具有电气调度联系资格； ②调度联系工作原则上采用当面办理的方式，特殊情况下经批准人同意，可采用电话联系方式； ③工作过程中，申请单位和上级系统调度机构各执一份申请票，凭票进行停发电调度联通； ④停发电全过程中，担任调度联系联系人员必须保证与上级停发电调度联系畅通； ⑤线路上所挂临时接地线不在停发电调度联系管辖范围内，由申请单位自行控制。

申请单位填票须知：
①申请票一式两份，使用复写纸填写；
②带电部分用红色画，停电部分用蓝色或黑色画；
③在工作内容、工作地点和示意图中须清楚注明线路名称、调度号、设备编号及安全措施布置情况；
④新建、改扩建设施或改变设备接线时，须附施工图一份。

表 5.2-7　停电联系票

电气运行班组：＿＿＿＿＿＿＿变电站(所)：＿＿＿＿＿＿编号：＿＿＿＿＿＿＿

停电申请单位：＿＿＿＿＿＿装置名称：＿＿＿＿＿＿联系人(签名)：＿＿＿＿＿

1. 工作单位：＿＿＿＿＿＿＿＿＿＿＿＿工作负责人(签名)：＿＿＿＿＿＿＿

2. 工作任务：＿＿＿＿＿＿＿＿＿＿＿＿＿＿＿＿＿＿＿＿＿＿＿＿＿＿＿＿＿

3. 计划停电时间：　　年　月　日　时　分

4. 值班电工收到联系票时间：　　年　月　日　时　分

5. 是否需要办理电气工作票(划√或×)：＿＿＿＿＿＿电气工作票编号：＿＿＿＿＿＿＿

6. 停电操作

序号	以下由停电联系人填写		以下由值班电工操作人填写	
	停电设备名称	停电设备位号	对应的供电设备编号	停电操作完成(划√)
1				
2				
3				
4				
有无附页(有或无)：　　　　　　　　　　附页共　　页				

7. 安全措施(包括：停电、悬挂标示牌、现场试动及其他需要补充说明的安全注意事项等)

＿＿＿＿＿＿＿＿＿＿＿＿＿＿＿＿ ＿＿＿＿＿＿＿＿＿＿＿＿＿＿＿＿ ＿＿＿＿＿＿＿＿＿＿＿＿＿＿＿＿ 联系人(签名)：	＿＿＿＿＿＿＿＿＿＿＿＿＿＿＿＿ ＿＿＿＿＿＿＿＿＿＿＿＿＿＿＿＿ ＿＿＿＿＿＿＿＿＿＿＿＿＿＿＿＿ 操作人(签名)：

8. 停电操作完成时间：　　年　月　日　时　分

值班电工操作人(签名)＿＿＿＿＿＿　　联系人(签名)＿＿＿＿＿＿＿＿

185

表 5.2-8 停电联系票(附页)

停电申请单位： 联系票编号： 共 页 第 页

序号	以下由停电联系人填写		以下由值班电工操作人填写	
	停电设备名称	停电设备位号	对应的供电设备编号	停电操作完成(划√)

表 5.2-9 送电联系票

电气运行班组：＿＿＿＿＿＿＿ 变电站(所)：＿＿＿＿＿＿＿ 编号：＿＿＿＿＿＿＿

送电申请单位：＿＿＿＿＿＿＿ 装置名称：＿＿＿＿＿＿＿ 联系人：＿＿＿＿＿

1. 计划送电时间：　　年　月　日　时　分

2. 值班电工收到联系票时间：　　年　月　日　时　分

3. 电气工作票已办理完终结手续(如果没有办理过电气工作票，也必须签字确认)值班电工操作人(签名)

4. 送电操作

序号	以下由送电联系人填写		以下由值班电工操作人填写	
	送电设备名称	送电设备位号	对应的供电设备编号	送电操作完成(划√)
1				
2				
3				
4				
有无附页(有或无)：　　　　　　　　　　附页共　　页				

5. 安全注意事项(包括：安全措施已拆除及其他需要补充说明的安全注意事项等)

＿＿＿＿＿＿＿＿＿＿＿＿＿＿＿＿＿＿ ＿＿＿＿＿＿＿＿＿＿＿＿＿＿＿＿＿＿ ＿＿＿＿＿＿＿＿＿＿＿＿＿＿＿＿＿＿ 联系人(签名)：	＿＿＿＿＿＿＿＿＿＿＿＿＿＿＿＿＿＿ ＿＿＿＿＿＿＿＿＿＿＿＿＿＿＿＿＿＿ ＿＿＿＿＿＿＿＿＿＿＿＿＿＿＿＿＿＿ 操作人(签名)：

6. 送电操作完成时间：　　年　月　日　时　分

值班电工操作人(签名) ＿＿＿＿＿＿＿＿ 联系人(签名) ＿＿＿＿＿＿

表 5.2-10 送电联系票(附页)

送电申请单位:　　　　　　　　　联系票编号:　　　　共　　页　第　　页

序号	以下由送电联系人填写		以下由值班电工操作人填写	
	送电设备名称	送电设备位号	对应的供电设备编号	送电操作完成(划√)

5.2.12 季节性电气管理

春季电气管理重点工作主要是以下几点：开展电气设备的清扫、预试和继电保护校验工作；试验安全用具。雷雨季节前应完成避雷器的试验和接地电阻的测试，更换损坏的避雷器，处理不合格的接地装置。检查架空线路，去除线路走廊下方过高的树枝；及时拆除杆塔上的鸟巢；清除架空线上的风筝或其他杂物。做好防沙尘工作，及时清扫室外积尘严重的电气设备。修缮变(配)电间及其门窗。

要加强电气设备的巡检，做好防雨、防雷、防潮和防高温工作。检查电力变压器、电力线路等电气设备的运行情况，防止设备过负荷运行。检查架空线路的塔基，及时修复被雨水冲刷塌陷的基础。备用电气设备尤其变压器、电动机和电缆要缩短定期绝缘测量周期；使用手持电动工具前要测量绝缘状况。要配备温度检测仪器和热成像仪，及早发现设备隐患。应配齐经试验合格的、在有效期内的安全用具。应有针对性的从以下几个方面重点检查电气设施、设备和用具是否完好，是否满足设备的运行要求和使用要求：

（1）防雨检查：变(配)电间的屋顶及门窗；电缆沟的排水及封堵，电缆穿管的封堵；变压器及其接线盒和瓦斯继电器、电动机及其接线盒、封闭母线、现场操作柱、户外电缆头、控制箱、端子箱、临时用电(箱)盘、照明灯具等室外设备。

（2）防洪检查：架空线路的杆、塔基；电力设施的排洪沟。

（3）防雷检查：避雷针、避雷线、避雷器、接地线等防雷设施；线路绝缘子。

（4）防潮检查：变(配)电间的通风；备用设备的绝缘状况；设备接地线；现场端子箱；漏电保护器及试动。

（5）防高温情况：变(配)电室、控制室、UPS室、蓄电池室、电容器室；开关设备、母线、电缆(头)及各电气连接处；变压器及其风冷系统、电动机和电缆。

在秋季，电气管理重点工作如下：做好防小动物工作，在电缆沟、变(配)电间及其夹层内布放鼠药；检查驱鼠器是否完好。检查充油设备的油面位置，油位过低的应及时补油。检查室外断路器机构箱电子温控器是否好用。检查架空线路的金具、塔身是否完好。

在冬季，电气管理重点工作如下：

检查并清除室外设备和架空线路周围易刮起的杂物。检查架空线路防振锤位置是否合适。检查充油设备是否渗油。检查室外断路器机构箱电子温控器是否正常投用。检查高负荷运行的电力设备有无局部过热、超温现象。做好室外高压设备的和绝缘子的防污闪工作。检查室外高压设备和绝缘子积雪、积冰情况，及时进行除雪铲冰，防止发生冰闪事故。

除了要做好当季电气设备的管理工作外，还要提前做好换季准备工作。加强恶劣气候情况下电气设备的巡视检查工作，增加巡检次数。对检查发现的问题应及时整改，一时不能整改的必须采取相应的措施并制定应急预案。

第6章 仪表设备安全监督管理

仪表设备的前期管理是全过程管理中规划、设计、选型、购置、安装、投运阶段的全部管理工作。

仪表设备规划主要依据企业的生产经营发展方向、安全生产和环境保护要求、产品质量保证体系的需要、仪表设备新技术新成果的应用等因素来确定。

仪表设备主管部门应负责组织仪表设备更新、仪表隐患治理等项目的设计审查，参与新建、改扩建等项目中仪表设备的设计审查，依据安全可靠、技术成熟、经济合理的原则，对仪表设备提出具体技术要求。

仪表设备购置要坚持质量第一、性能价格比高和全寿命周期成本最低的原则；仪表设备主管部门应参与主要仪表设备的选型、技术协议签订及设备购置和进厂验收等环节的管理。

在新建、改扩建工程中负责仪表设备施工的单位必须具有相应的施工资质，具有按设计要求进行施工的能力，具有健全的工程质量保证体系，从事仪表设备检维修的施工队伍还应具有检维修施工资质，仪表设备施工必须按设计要求及 SH/T 3521—2013《石油化工仪表工程施工技术规程》进行。

施工单位在工程移交时，竣工验收必须按设计要求及 GB 50093—2013《自动化仪表工程施工及质量验收规范》、SH/T 3521—2013《石油化工仪表工程施工技术规程》和 SH/T 3503—2017《石油化工建设工程项目交工技术文件规定》进行，按照规定程序进行交接，工程竣工验收资料应至少交付一份给仪表维护单位。要做到竣工资料齐全，工程竣工验收资料应包括：

工程竣工图(包括装置整套仪表自控设计图纸及竣工图)；设计修改文件和材料代用文件；隐蔽工程资料记录；仪表安装及质量检查记录；电缆绝缘测试记录；接地电阻测试记录；仪表风和导压管等扫线、试压、试漏记录；仪表设备和材料的产品质量合格证明；仪表校准和试验记录；回路试验和系统试验记录；报警、联锁系统调试记录；智能仪表、DCS、ESD(SIS)、PLC、CCS、SCADA 等组态记录工作单及相关软件版本记录、用户应用软件备；仪表设备交接清单；仪表回路图；联锁接线图；联锁逻辑图；仪表设备说明书；未完工程项目明细表。

仪表设备投用前，使用、维护单位应根据设备的特点编制相关规程，开展技术培训、事故预案演练等工作。

6.1 仪表设备分类

常规仪表分为：检测仪表、显示或报警仪表、控制仪表、辅助单元、执行器及其附件等。

控制系统有：集散控制系统(DCS)、可编程控制系统(PLC)、机组控制系统(CCS)、工业控制计算机系统(IPC)、监控和数据采集系统(SCADA)等。

联锁保护系统包括：紧急停车系统(ESD)、安全仪表系统(SIS)、安全停车系统(SSD)、安全保护系统(SPS)、逻辑运算器、继电器等。

分析仪表含：在线分析仪表、化验室分析仪器。

安全环保仪表包括：可燃气体检测报警仪、有毒气体检测报警仪、氨氮分析仪、化学需氧量（COD）分析仪等。

其他仪表有：振动/位移检测仪表、调速器、标准仪器、工业电视监控系统等。

常规仪表的管理，应遵循以下要求：在满足生产需要的前提下，仪表选型应综合考虑其安全可靠性、技术先进性、经济实用性；选用的仪表应是经过国家技术监督部门认可的合格产品。优先选用经 GB/T 19001 或 ISO 9001 标准认证的企业生产的产品或符合国际标准的产品；仪表选型应考虑企业的现状和发展规划，仪表品种力求统一；仪表选型应有利于全厂或区域性的集中控制和集中管理；进口仪表必须有中华人民共和国计量器具型式批准的标志和编号；选择供货厂商必须有良好的信誉和业绩，能长期供应备品备件和提供良好的技术服务；对于新建或改造装置的常规仪表配置、选型应遵循 SH/T 3005—2016《石油化工自动化仪表选型设计规范》之规定，仪表设备主管部门应参与或组织对设计资料进行审查；常规仪表需要进行数据通信时，其通信接口、通信协议、通信速率必须满足要求；防爆型仪表的选型、安装、使用和维护应符合防爆仪表设计、安装和检维修规范要求。根据使用场所爆炸危险区域的划分，选择满足防爆等级的仪表。仪表的安装、配线以及电缆应按安装场所爆炸性气体混合物的类别、级别、组别确定安装、敷设方式。防爆型仪表及其辅助设备、接线盒等均应有防爆合格证，其构成的系统应符合整体防爆的设计要求。防爆型仪表检修时不得随意更改零部件的结构、材质。

在爆炸危险区域对原有的防爆型仪表进行更新、改造时，必须满足原有的防爆要求，不得降低防爆等级。在爆炸危险区域新增仪表，其防爆等级应满足区域内的防爆要求。放射性仪表现场要有明显的警示标记，安置使用应符合国家相关法规要求，放射源的使用、操作应有相应的工作程序和记录。

仪表维护人员必须接受专业培训，并经考试合格后才能上岗；应加强仪表维护人员的日常培训工作，每半年对维护人员进行一次考核。仪表维护人员应认真执行安全生产责任制、定期巡回检查制、定期维护保养制等相关制度，提高仪表使用和维护检修质量。

仪表运行时如发现异常或故障，维护人员应及时进行处理，并对故障现象、原因、处理方法及结果做好记录。对列入重点控制回路的仪表故障或超过 24h 仍无法排除的故障，应及时有关部门汇报。

放射性仪表的维护人员应接受政府主管部门的专门培训，并取得政府主管部门颁发的《辐射环境管理人员岗位培训合格证》和《辐射环境管理资格证书》，才能进行仪表的维护、检修、校准工作。维护、检修、校准放射性仪表必须指定专职维护人员，并配备必要的防护用品和监测仪器。

在线运行的仪表作业前应办理仪表作业工作票并落实 HSE 各项措施，对参加联锁的常规仪表进行维护检修时，应严格按照本办法联锁保护系统管理的要求进行。

常规仪表校准周期原则上为所在装置大修周期，日常故障修复后必须校准，并做好校准记录，严禁使用超期未检或检定不合格的标准仪器，各种标准仪器应按有关计量法规要求进行周期检定。

常规仪表的检修一般随装置停工检修进行，在检修前应根据实际情况制定检修计划，准备必要的备品配件、检修材料、工具和标准仪器，并制定切实可行的检修网络图。

仪表检修按《石油化工设备维护检修规程》仪表分册（SHS 07001～07008）要求进行；在

每个检修周期内，应对每台仪表进行检查校验；仪表设备校准后应进行回路试验及联校，参加联锁的仪表还应进行联锁回路的调试和确认。

对已投入使用的仪表，如果生产工艺要求改变量程等参数，应由生产单位提出，经生产单位生产技术部和运行保障部审批同意后，方可实施。

常规仪表的日常维护、保养、故障处理及检修等工作要做好记录，仪表变更后要及时更新技术档案和各级仪表台账。

6.2 过程控制系统管理

新建或改造装置控制系统的规划和选型或在原有控制系统进行开发升级改造，仪表设备主管部门应对设计资料进行审查。控制系统的配置、选型，应遵循《石油化工分散控制系统设计规范》，既要保证满足装置生产控制的要求，又要具有较高的技术先进性。系统运行负荷、通讯能力应有足够的裕量，以适应先进控制和管控一体化发展需要。

过程控制系统操作管理的要求：

操作人员的责任是：保持操作室内设备的完整和卫生；打印前检查打印机状况；发现设备异常立即通知仪表维护人员，并详细填写记录；对调节参数的修改要记入交接班记录。

以下行为被严格禁止：在操作台上进食、饮水；在键盘上填写工作记录；退出操作程序；在操作站上运行其他程序。

过程控制系统机房的管理应达到以下要求：机房环境必须满足控制系统设计规定的要求；机房内消防设施应配备齐全；机房应有防小动物措施；进入机房作业人员宜采取静电释放措施，消除人身所带的静电；在装置运行期间，控制系统机房内应控制使用移动通讯工具；机房内严禁带入食品、液体、易燃易爆和有毒物品等，不得在机房内堆放杂物，机柜上禁放任何物品；无关人员不得随意进入机房。

过程控制系统的日常维护、故障处理及检修的要求：每日应定时检查主机、外围设备硬件的完好和运行状况，并做好巡检记录；保证环境条件满足控制系统正常运行要求；供电及接地系统符合标准；按规定周期做好设备的清洁工作；系统应用软件必须有双备份，并分别存放妥善保管，软件备份要注明软件名称、修改日期、修改人，并将有关修改设计资料存档；控制系统的密码或键锁开关的钥匙要由专人保管，并严格执行规定范围内的操作内容；在装置开工条件下，进行系统组态的修改及下装必须严格执行申请、审批手续。

系统运行时如发现异常或故障，维护人员应及时进行处理，并对故障现象、原因、处理方法及结果做好记录；控制系统的大修原则上随装置停工大修同步进行。大修时要对系统进行全面、彻底的清洁工作；要进行系统的调试、诊断、维护和系统联校工作，并对联锁系统进行确认；大修期间还要对系统外围设备进行检查和测试。控制系统的检修应按《石油化工设备维护检修规程》仪表分册（SHS 07008）要求进行。

应加强控制系统故障管理，制定控制系统故障应急预案，不断提高处理突发故障的能力；建立和完善过程控制系统技术档案，系统的组态修改、故障处理、点检情况等均要在技术档案中进行记载；对运行年限超过12年，存在隐患较多的系统，要及时制定更新或升级计划，申报仪表隐患治理计划。为防止病毒感染，严禁在控制系统上使用无关的软件，也不得进行与控制系统软件组态无关的操作。控制系统与信息管理系统间应采取隔离措施，以防范外来计算机病毒侵害。

控制系统的备件管理应达到以下要求：备品配件要保持一定数量的储备；保管储存控制系统备品配件的环境，必须符合要求；在装置停工检修期间，宜对备件进行通电试验，确保其处于备用状态。对已投入使用的控制系统，如果生产工艺要求改变控制方案、工艺参数、联锁值，或增减仪表回路，应由生产单位提出，经生产单位生产技术部和运保中心仪表管理部审批同意后，方可实施。

6.3 联锁保护系统管理

仪表联锁临时停运(二周之内)时，必须办理仪表联锁工作票。临时停运仪表联锁的工作程序：由于工艺、机组原因需临时停运的仪表联锁，必须由生产单位工艺车间主任(或装置负责人)同意后，到负责所在装置保运的仪表班组办理仪表联锁工作票；

联锁保护系统的变更(包括设定值、联锁程序、联锁方式等的变更)、仪表联锁的长期停运(二周以上)及仪表联锁的摘除(永久性取消，不准备恢复)时，必须办理联锁保护系统变更、长期停运、摘除审批手续。长期停运仪表联锁理由要充分，并要有恢复计划；联锁停运期间要有工艺操作监护措施和处理预案。长期停运的联锁，有效期最长为一年，到期不能恢复的必须重新办理审批手续。

仪表联锁变更、长期停运、摘除审批程序：

提出申请单位(生产单位或运保中心仪表作业部)填写《仪表联锁变更、长期停运、摘除审批表》，在填写停运(变更)原因、联锁停运监护措施、恢复计划等内容后由生产单位工艺车间主任(或装置负责人)和运保中心仪表作业部主任(或主管生产副主任)签字确认，双方同意后报相关主管部门审批。

要加强仪表联锁的管理，提高仪表联锁投用率。

仪表作业人员依照装置实际情况，制定仪表联锁操作规程。仪表人员处理仪表联锁问题时，事先必须研究仪表联锁相关图纸，确定工作方案；对仪表联锁的操作必须有两人同时在场才能实施，操作要严格按规程进行。

装置正常生产运行期间，仪表联锁系统的辅操台上/盘前开关及按钮等均由工艺操作人员操作；盘后/机柜内的开关及按钮等均由仪表人员操作。仪表人员在进行操作前必须通知工艺人员，有工艺操作监护人和监护措施，以防止误操作；处理后，由工艺操作人员确认工艺状况，将开关、按钮等复位，并在仪表联锁工作票上详细记载并签字确认。

联锁保护系统仪表的维护和检修按《石油化工设备维护检修规程》仪表分册(SHS 07007)要求进行。联锁保护系统所用器件(包括一次检测元件和执行元件)、运算单元应随装置停车检修进行检修、校验、标定。新更换的元件、仪表、设备必须经过校验后方可安装。新装置或设备检修后投运之前、长期停运的联锁保护系统恢复之前，必须对所有的联锁回路进行联校确认，

凡基建或技措项目新上的联锁保护系统，必须与项目整体同时完工，同时投用，否则不得移交生产。仪表联锁保护系统变更时应及时修改各级图纸、台账，新增联锁保护系统必须做到图纸、资料齐全；联锁停运、变更、摘除审批表、仪表联锁工作票以及联锁保护系统检修、校验的各种资料，要放入仪表设备档案中，妥善保管。参与联锁的现场仪表、开关、端子排应设置明显标志，凡是在仪表盘上的紧急停车按钮，必须加装防护罩。

运维单位要认真做好仪表联锁系统的运行维护工作，保证仪表联锁系统动作灵敏、准

确、可靠，并做好仪表联锁系统的备品备件的管理工作。

发生因仪表联锁保护系统误动作引起的事故后，要及时通知生产单位运行保障部和运保中心仪表管理部，并按照"事故四不放过"的原则，对事故的原因进行调查，并采取相应措施，完善仪表联锁保护系统。凡未经审批擅自停用联锁或违反操作规程而造成事故的，要追究当事人责任。

6.4 可燃、有毒气体检测报警仪管理

凡新建、扩建、改建的石油化工生产装置及储运设施，如有可燃、有毒气体意外泄漏可能的，必须按照"三同时"原则配备可燃、毒性气体检测报警仪。

可燃、有毒气体检测报警仪的配置、选型应严格执行 GB 50493—2009《石油化工企业可燃气体和有毒气体检测报警设计规范》的规定。可燃、有毒气体检测报警仪的选型应符合：

可燃气体报警器的功能、结构、性能和质量应符合国家法定要求，并取得国家计量行政部门颁发的计量器具生产许可证或计量器具型式批准证书、国家指定防爆检验部门发放的防爆合格证；具有技术先进、质量稳定、反应灵敏、便于维修、保证备品备件的供应。

根据使用场所爆炸危险区域的划分，选择检测器的防爆类型；根据使用场所被检测的可燃性气体的类别、级别、组别，选择检测器的防爆等级、组别；当使用场所存在能使检测元件中毒的硫、砷、磷、卤素化合物等介质时，应选择抗毒性检测器。

采用多点式指示报警器或信号引入系统时，系统应具有相对独立、互不影响的声光报警功能，并能区分和识别报警位置的位号。

可燃、毒性气体报警器的安装必须符合有关规范规定的要求，根据可燃、毒性气体的密度和主导风向，确定检测器的安装高度和位置。检测器宜安装在无冲击、无振动、无强电磁场干扰的场所。检测元件应有防雨措施。指示报警器或报警器的安装安置，应考虑便于操作和监测的原则、报警器应有其对应检测器所在位置的指示标牌或检测器的分布图。检测器的安装和接线应按制造厂规定的要求进行，并应符合防爆仪表安装接线的有关规定。要加强对可燃气体检测报警仪的日常维护、故障处理及检修管理。

检测器为隔爆型时，不得在超出规定的条件范围下使用；在仪表通电情况下，严禁拆卸检测器。检查时，应按动试验按钮，检查指示、报警系统是否工作正常；经常检查检测器是否意外进水，防止检测元件浸水受潮后影响其工作性能。定期对报警器进行检查、校验，每月检查一次零点，每3个月标定一次量程。

可燃气体及有毒气体检测报警仪属于国家强制检定计量器具，强检周期为一年。每次检修完毕，必须重新检定。可燃、有毒气体检测报警仪的检定按《可燃气体检测报警器检定规程》《硫化氢气体检测报警仪检定规程》等要求进行。检定或校准仪器人员应取得有效的计量检定员证书。

可燃气体报警器的维护和检修按《石油化工设备维护检修规程》仪表分册（SHS 07005）要求进行。

可燃、有毒气体报警器的新增、移位、停运、拆除应报生产单位运行保障、安全监察等主管部门审批同意后方能进行。

6.5　在线分析仪表安全管理

在线分析仪表的配置、选型应遵循《石油化工自动化仪表选型设计规范》(SH/T 3005—2016)，仪表设备主管部门应参与在线分析仪表的选用和配置。在线分析仪表选型应考虑以下原则：技术成熟、性能可靠，操作、维修简便；满足被分析介质的操作温度、压力和物料性质的要求；仪表的各种技术指标，必须满足工艺流程要求；用于腐蚀性介质测量或安装在易燃、易爆危险场所的在线分析仪表，应符合有关标准规范的规定；用于控制功能的分析仪表，其线性范围和响应时间须满足控制系统的要求；需要进行数据通信时，其通信接口、通信协议、通信速率必须满足要求。

在线分析仪表的操作及维护保养人员应经过培训，取得相应的职业技能鉴定证书；

要严格执行在线分析仪表有关定期检查，定期校准制度，搞好计划检修工作。在线分析仪表的维护、检修及校准应根据《石油化工设备维护检修规程》(SHS 07005)及相应在线分析仪表说明书中的要求进行；

在线分析仪表运行时如发现示值异常或故障，维护人员应及时进行处理，并对故障现象、原因、处理方法及结果做好记录；

各种标准仪器应按有关计量法规要求进行周期检定，严禁使用超期未检或检定不合格的标准仪器。标定时所采用的标准样品应符合相关规程要求；

对参加联锁的在线分析仪表进行维护检修时，应严格按照本制度仪表联锁管理的要求进行；

防爆型在线分析仪表的选型、安装、使用和维护应符合防爆仪表设计、安装和检维修规范要求；

在线分析仪表的大修随装置停工大修进行；大修期间要对在线分析仪表系统进行全面、彻底的清洁工作、要进行系统的调试、诊断、维护和系统联校工作。参加联锁的在线分析仪表还应进行联锁回路确认。

在线分析仪表样品处理系统的日常维护和检修管理的要求：应建立、健全在线分析仪表样品处理系统的维护、检修规程，并严格执行；严格执行样品处理系统定期检查制度，每日对样品处理系统进行检查，确保待测样品的温度、压力、流量等指标满足在线分析仪表技术要求；样品处理系统运行时如发现异常和故障，维护人员应及时进行处理，并对故障现象、原因、处理方法及结果作好记录；样品处理系统的维护、检修应根据制定的规程及样品处理系统说明书中的要求进行；装置停工检修时，应对在线分析仪表的样品处理系统进行全面的、彻底的清洁和系统调试、诊断、维护工作。在线分析仪表的停运应报生产单位运行保障、生产技术等主管部门审批同意后方能进行。

6.6　基础资料管理

仪表出现变更后，应做好记录，并及时在各级资料、图纸中准确地反映出来。

应建立和完善下列仪表台账和相关记录：DCS、ESD、PLC 等过程控制系统台账；关键设备仪表联锁保护系统台账、长期停运联锁统计表；可燃、毒性气体报警器台账；重大缺陷记录、仪表事故台账；自动化仪表技术状况表、专业检查考核记录。DCS、ESD、PLC 等过程控制系统台账等资料；仪表联锁保护系统台账、长期停运和摘除的仪表联锁统计表、审批表等；可燃、毒性气体报警器台账；关键部位重要仪表回路、在线分析仪表及特殊仪表的台账；仪表设备缺陷记录、仪表故障和事故台账及分析报告；自动化仪表技术状况表、专业检查考核记录。

仪表作业部应建立和完善所辖区域下列仪表台账：仪表专业管理制度、检维修规程等；DCS、ESD、PLC等过程控制系统台账、系统验收记录、系统点检及故障处理记录、系统修改记录；系统设计资料、说明书、系统软件、应用软件、系统备份盘等；仪表联锁保护系统台账、联锁原理图/逻辑图、长期停运和摘除的仪表联锁统计表、审批表、联锁工作票、联锁系统联校确认记录等；可燃、毒性气体报警器台账、检测点分布图、仪表说明书、回路图、校验记录等资料；所有仪表的设备一览表、设计资料、图纸，选型资料、说明书、随机资料、配套仪表及其他设备资料和相关图纸，安装调试记录、验收记录、检修校验记录等；仪表、过程控制系统巡检记录、仪表作业工作票、仪表设备缺陷记录、仪表故障和事故台账及分析报告；自动化仪表技术状况表；强检标定设备和定期标定设备资料管理台账。

6.7　常规仪表故障处理

(1)仪表设备的操作及维护保养人员应经过培训，取得相应的资格证书。

(2)放射性仪表的维护人员应接受政府主管部门的专门培训，并取得政府主管部门颁发的《辐射环境管理人员岗位培训合格证》和《辐射环境管理资格证书》，才能进行仪表的维护、检修、校准工作。维护、检修、校准放射性仪表必须指定专职维护人员，并配备必要的防护用品和监测仪器。

(3)执行仪表设备的巡回检查制度及强制保养规定，搞好计划检修工作。备用仪表设备应处于完好状态，能随时投入使用。

(4)仪表设备运行时出现异常或故障，维护人员应及时进行处理，并对故障现象、原因、处理方法及结果作好记录。

(5)常规仪表校准周期原则上为所在装置大修周期，日常故障修复后必须校准，并做好校准记录，严禁使用超期未检或检定不合格的标准仪器，各种标准仪器应按有关计量法规要求进行周期检定。

(6)在线运行的仪表设备，作业前应办理仪表作业工作票。当对参加联锁的常规仪表进行维护检修时，应按照本制度第七章的要求进行。

(7)常规仪表的检修，原则上随装置停工检修进行，在检修前应根据实际情况制定检修计划，准备必要的备品配件、检修材料、工具和标准仪器，并制定切实可行的检修网络。仪表设备根据运行状况应组织预防性检修。外委的检修项目应办理外委审批手续。

(8)仪表设备检修按《石油化工设备维护检修规程》要求进行，在每个检修周期内，应进行校准或检查确认。

(9)仪表设备校准后应进行回路试验及联校，参加联锁的仪表还应进行联锁回路的调试和确认。

(10)仪表设备的变更应经审批后方可执行。

6.8 可燃、有毒气体检测报警仪

对于具有 HSE 潜在风险的工艺过程来说，在项目的设计中，一般从以下几个方面开始着手来降低可能发生的事故风险：工艺技术的选择；厂址选择；有害物料的存储量以及工厂布置。在项目的工程设计中，通过尽量减少有害物料的存储量；合理连接管道及冷换设备以防止反应性物料的返混；选择厚壁的可耐高压的容器；选用操作温度低于工艺物料分解温度的热媒等，都可以降低生产操作风险。总之，精心设计工艺流程，确定生产工艺参数，辨识工艺设计潜在的隐患，采取适宜的控制与管理措施，是减低装置事故风险，保证设计本质安全的关键。在大多数石油化工工艺过程中，为保证生产安全，常采用复合保护措施方案，即综合运用基本工艺控制系统、监测报警系统、操作人员应急控制、SIS 安全仪表系统、安全泄放系统、隔离防护措施、项目事故应急措施，每个保护措施都是由一组设备或/和管理控制单元组成的，这些设备和单元能与其他保护措施一起，完成控制和减缓过程风险的任务。因此，可燃气体和有毒气体检测报警系统是安全生产控制过程中的一个重要环节，设计良好的可燃气体和有毒气体检测报警系统是保证安全生产的重要措施之一。

6.8.1 可燃、有毒气体检测报警仪设置

(1)在生产或使用可燃气体及有毒气体的工艺装置和储运设施的区域内，对可能发生可燃气体和有毒气体的泄漏进行检测时，应按下列规定设置可燃气体检(探)测器和有毒气体(探)检测器：

①可燃气体或含有有毒气体的可燃气体泄漏时，可燃气体浓度可能达到 25%爆炸下限，但有毒气体不能达到最高容许浓度时，应设置可燃气体检(探)测器；②有毒气体或含有可燃气体的有毒气体泄漏时，有毒气体浓度可能达到最高容许浓度，但可燃气体浓度不能达到25%爆炸下限，应设置有毒气体检(探)测器；③可燃气体与有毒气体同时存在的场所，可燃气体浓度可能达到 25%爆炸下限，有毒气体也可能达到最高容许浓度时，应分别设置可燃气体检(探)测器和有毒气体(探)检测器；④同一种气体，即属可燃气体又数有毒气体时，应只设置有毒气体(探)检测器。

(2)工艺有特殊需要或在正常运行时人员不得进入的危险场所，宜对可燃气体和/或有毒气体释放源进行连续检测、指示、报警，并对报警进行记录或打印。通常情况下，工艺装置或储运设施的控制室、现场操作室是操作人员常驻和能够采取措施的场所。

(3)现场发生可燃气体和有毒气体泄漏事故时，报警信号发送至操作人员常驻的控制室、现场操作室等进行报警，有利于控制室、现场操作室的操作人员及时采取措施。当现场仅只需要布置数量有限的可燃和/或有毒气体检(探)测器时，在不影响现场报警效果的条件下，现场警报器可与可燃及有毒气体报警器探头合体设置。当现场需要布置数量众多的可燃和/或有毒气体检(探)测器，此时现场报警器应与可燃及有毒气体检(探)测器分离设置，并根据现场情况，提出声光警示要求，分区布置。为了提示现场工作人员，现场报警器常选用声级为 105dBA 的音响器，在高噪声区以及生产现场主要出入口处，通常还设立旋光报警灯。

(4)可燃气体检(探)测器必须取得国家指定机构或其授权检验单位的计量器具制造认证、防爆性能认证和消防认证。国家法规有要求的有毒气体检(探)测器必须取得国家指定

机构或其授权检验单位的计量器具制造认证。防爆型有毒气体检(探)测器还应经国家指定机构或其授权检验单位的防爆性能认证。目前,《强制检定的工作计量器具目录》中所列的必须经国家计量器具制造认证的有毒气体检测器只有二氧化硫、硫化氢、一氧化碳等几种产品。对于国家法规要求进行检测的有毒气体而言,并非所有的有毒气体检测器都须经国家指定机构及授权检验单位的计量器具制造认证。

(5)设置可燃气体或有毒气体检(探)测器的场所,应采用固定式检(探)测器。固定式可燃及有毒气体报警器指在现场长期固定安装的气体检测装置;移动式可燃及有毒气体报警仪指能从一处移动到另一处,并可以在现场短期固定安装的气体检测报警装置;便携式可燃及有毒气体报警仪指可以随身携带并在携带过程中完成检测报警任务的气体检测报警装置。对于一些不具备设置固定式可燃气体或有毒气体检(探)测器的场所,如:环境湿度过高;环境温度过低;或在正常情况下视为非爆炸或无毒区,生产检修时可能为爆炸或有毒危险区等,受检测产品的性能所限,通常可以安装移动式可燃气体或有毒气体检测报警器,以确保生产和维护的安全需要。

(6)可燃气体和有毒气体检测报警系统宜独立设置。

(7)根据生产装置或生产场所的工艺介质的易燃易爆特性及毒性,应配备便携式可燃和/或有毒气体检测报警器。

(8)现场固定安装的可燃气体及有毒气体检测报警系统,宜采用不间断电源(UPS)供电。分散或独立的有毒及易燃易爆品的经营设施,如加油站、加气站等,检测报警系统可采用普通电源供电。

(9)检(探)测点的确定、可燃气体和有毒气体检测报警系统技术要求、检(探)测器和指示报警设备的安装要求详见 GB 50493—2009《石油化工可燃气体和有毒气体检测报警设计规范》。

6.8.2 可燃、有毒气体检测报警仪安全监督

(1)检测器为隔爆型时,不得在超出规定的条件范围下使用;在仪表通电情况下,严禁拆卸检测器。

(2)定时巡回检查,检查指示、报警是否工作正常,检查检测器是否意外进水。

(3)根据环境条件和仪表工作状况,定期试验检测报警仪是否工作正常。

(4)可燃、有毒气体检测报警仪维护和检修按《石油化工设备维护检修规程》执行。

(5)可燃、有毒气体检测报警器的新增、移位、停运、拆除应经审批后方可执行。

6.9 过程控制系统安全监督管理

过程控制系统主要包括集散控制系统(DCS)、故障安全控制系统(FSC)紧急停车系统(ESD)、可编程控制器(PLC)及工业控制计算机系统(IPC)等,控制系统的选型、配置,既要保证满足装置生产控制的要求,又要具有较高的技术先进性和灵活扩展性。系统运行负荷、通讯能力应有足够的裕量,以适应先进控制和管控一体化发展需要。

6.9.1 过程控制系统安全监督管理要点

(1)企业应建立健全控制系统运行、维护、检修等各种规程和管理制度。

（2）企业仪表设备主管部门负责或参与本企业控制系统的设计、选型、购置、安装、调试、验收等阶段的管理。

（3）控制系统的选型、配置应遵循《石油化工分散控制系统设计规范》《油气田及管道集散型控制系统设计规范》。系统运行负荷、通讯能力满足先进控制和管控一体化发展需要。

（4）控制系统机房的管理要求：

机房环境必须满足控制系统设计规定的要求。机房内消防设施应配备齐全。机房应有防小动物措施。进入机房作业人员宜采取静电释放措施，消除人身所带的静电。在装置运行期间，控制系统机房内应控制使用移动通讯工具。机房内严禁带入食品、液体、易燃易爆和有毒物品等，不得在机房内堆放杂物，机柜上禁放任何物品。无关人员不得随意进入机房。

（5）控制系统的日常维护、故障处理和检修管理要求：

定时检查主机/控制器、外围设备硬件的完好或运行状况。保证环境条件满足控制系统正常运行要求；供电及接地系统符合要求；按规定周期做好设备的清洁工作。系统软件和应用软件必须有双备份，并异地妥善保管；控制系统的密码或键锁开关的钥匙要由专人保管，控制系统要设置分级管理，并执行规定范围内的操作内容；系统软件和主要应用软件修改应经使用单位主管部门批准后，方可进行；软件备份要注明软件名称、修改日期、修改人，并将有关修改设计资料存档。系统运行时出现异常或故障，维护人员应及时进行处理，并对故障现象、原因、处理方法及结果做好记录。控制系统的大修原则上随装置停工大修同步进行。控制系统的检修应按《石油化工设备维护检修规程》要求进行。

（6）严禁在控制系统上使用无关的软件，不得进行与控制系统无关的操作。控制系统与信息管理系统间应采取隔离措施，以防范外来计算机病毒侵害。

（7）已投入使用的控制系统，如需改变控制方案，或增加仪表回路，应办理审批手续。

（8）控制系统的备件管理要求：

备品配件管理要有专门的账卡。保管储存控制系统备品配件的环境，应符合要求。

在装置停工检修期间，宜对备件进行通电试验，确保其处于备用状态。企业应制定控制系统事故应急预案。控制系统出现故障时，应按事故应急预案执行。在处理控制系统重大故障时，按重大事项报告制度执行。

6.9.2　联锁保护系统安全监督管理

DCS 即集散控制系统，大体可分为现场控制站、人机接口、通信网络、通用计算机接口及通用计算机四个部分组成。集散控制系统的硬件通过网络系统将不同数目的现场控制站、操作站和工程师站连接起来，主要完成采集、控制、显示、操作和管理功能。

ESD 即紧急停车系统，是 20 世纪 90 年代发展起来的一种专用的安全保护设备，是独立于生产过程控制系统的用于大型装置的安全联锁保护系统。在正常情况下，实时在线监测装置的安全；当装置出现紧急情况时，直接发出保护联锁信号对工艺过程实行联锁保护或紧急停车，以避免危险扩散造成巨大损失。ESD 一般应用于安全控制要求较高的重要生产工艺场合。尤其在石油化工生产中，装置大都具有高温、高压、易燃、易爆、工艺连续性强、复杂性高、安全要求高等特点，所以，近年来 ESD 在石化企业被广泛地推广应用。由于 ESD 设计技术要求高，国内应用的 ESD 都是引进产品。

FSC 即 FAIL SAFE CONTROL——故障安全控制，它是基于微处理器、模块化、可进行软件编程和组态的系统。该系统具有安全控制、串行通讯、系统诊断、故障报警、实时记录和历史记录查询等功能。其高度的自诊断功能确保 FSC 能在过程安全时间内发挥作用，保证生产装置的安全。其主要特点是：采用双重冗余技术：FSC 系统的双重冗余不同于一般的 DCS 系统，它的两个 CP 是同时独立工作的，只相互监视运行状态不进行数据交换；可实时控制，扫描时间在毫秒级；在过程安全时间间隔内进行逻辑回路故障诊断和系统自诊断。当逻辑回路的输入出现故障时，系统可外送无源接点信号启动联锁；系统本身则根据故障的不同，或停止整个中央控制单元的工作，或送出故障信号提醒维护人员处理。

6.9.2.1 联锁保护系统安全监督管理要点

(1)企业应制定联锁保护系统管理制度。联锁保护系统根据其重要性，可实行分级管理。明确相关部门的管理职责、审批权限及审批程序。

(2)联锁保护系统变更(包括设定值、联锁条件、联锁程序、联锁方式等)、解除或取消、恢复时，必须办理审批手续。解除联锁保护系统时应制订相应的防范措施及应急预案等。

(3)执行联锁保护系统的变更、临时/长期解除、取消、恢复等作业时，应办理联锁保护系统作业(工作)票，注明该作业的依据、作业执行人/监护人、执行作业内容、作业时间等。

(4)新装置或设备检修后投运前、长期解除的联锁保护系统恢复前，应对所有的联锁回路进行全面的检查和确认。对联锁回路的确认，应组织相关专业人员共同参加，检查确认后，填写联锁回路确认表。

(5)联锁保护系统所用器件(包括一次检测元件、线路和执行元件、运算单元)应随装置停工检修进行检修、校准、标定。新更换的元件、仪表、设备必须经过检验、标定之后方可装入系统。联锁保护系统检修后必须进行联校。

(6)联锁保护系统的变更、新增必须做到图纸、资料齐全。

(7)为杜绝误操作，在进行解除或恢复联锁回路的作业时，必须实行监护操作。在操作过程中应与工艺操作人员保持密切联系。处理后，必须在联锁工作票上详细记载并签字确认。

(8)联锁系统的辅操台上/盘前开关及按钮均由操作工操作；盘后/机柜内的开关及按钮均由仪表人员操作。

(9)紧急停车按钮，应设可靠的护罩。

(10)联锁保护系统应配备适量的备品配件。

(11)联锁保护系统仪表的维护和检修按《石油化工设备维护检修规程》要求进行。

(12)对装置处于正常运行状态 (除装置停工大检修以外)的仪表及系统的日常校验、修理等作业时都必须办理仪表作业工作票。

(13)对在装置正常运行期间涉及到仪表联锁保护系统的作业，必须执行仪表联锁管理的有关规定，办理相应的审批手续。

6.9.2.2 对在装置正常运行期间仪表联锁保护系统作业需采取的安全措施

(1) 工艺部分

HSE 各项措施已明确、落实。将与作业有关的控制回路切为"手动"操作。有旁路开关的联锁保护系统，办理《仪表联锁工作票》(样式见表 6.9-1～表 6.9-12)后将旁路开关置于"旁路"位置。作业时执行机构无法操作时，需改为现场副线操作。打开工艺相关排凝阀门，排尽物料并达到拆卸仪表条件。作业时工艺人员必须在现场监护。操作人员作业期间不得变更操作方案。操作人员应注意观察相关参数，保证平稳操作。如介质有毒，执行公司(或厂)有关的安全措施。工艺方面的安全措施按公司(或厂)有关工艺操作规定执行。

(2)仪表部分

明确作业的工作危害和偏差，HSE各项措施已明确、落实。对于DCS、ESD、PLC的系统组态修改及关键仪表回路的作业，应制订作业方案，经有关主管部门批准后实施。作业人员明确作业地点、作业内容及作业方案。对所更换的备件进行性能检测，备齐所需工具。开具作业所需的动火、停送电等相关作业票证。有旁路开关的自保仪表联锁系统，办理《仪表联锁工作票》后将旁路开关置于"旁路"位置。关闭仪表一次阀门，确认排尽物料并达到拆卸仪表条件。如介质有毒，执行公司(或厂)有关的安全措施。特殊仪表作业按特定的作业方案执行。作业人员进行组态修改等作业，在作业完成后，应向工艺交底，并做好软件备份和记录。

表6.9-1　仪表联锁工作票

联锁类别：□机组联锁/□工艺联锁　　　　　　　　　　　　　　　　编　号：

装置名称		联锁名称	
仪表位号		申请单位	
联锁变更内容或停运原因			
工艺(设备)上采取的安全措施			
变更或停运时间			
工艺车间主任(装置长)签字		仪表作业部(车间)主任签字①	
作业方案			
仪表班长签字		仪表操作人员签字	
工艺班长签字		工艺操作人员签字	
联锁恢复情况			
联锁恢复时间			
仪表操作人员签字		工艺操作人员签字	
仪表班长签字		工艺班长签字	
仪表作业部(车间)主任签字①		工艺车间主任(装置长)签字	
备　注			

注：①因仪表原因需要停运或恢复联锁，需经仪表作业部主任同意。

表 6.9-2 联锁设定值清单

序号	仪表位号	联锁上限值	联锁下限值	备注

生产技术部签字		运行保障部签字	
主管厂长签字			

表 6.9-3 仪表联锁回路系统联校记录

序号	仪表位号	仪表一次元件动作情况	仪表二次元件动作情况	联锁指示灯	仪表切断阀动作情况	电气接点动作情况

仪表人员签字		电气人员签字	
工艺人员签字			

联校日期: 年 月 日

表 6.9-4 仪表联锁长期停运(摘除、变更)审批表

联锁类别:□机组联锁/□工艺联锁　　　　　　　　　　　　　编号:

装置名称		联锁名称		仪表位号	
申请单位		申请日期		有效期	

停运(变更)原因:
联锁停运(变更)期间监护措施:
恢复计划及措施:

工艺车间意见①: 　　　　　　　　　　　　　　　　 签字:　　　　　　　　　　年 月 日	仪表作业部(车间)意见: 　　　　　　　　　　　　 签字:　　　　　　　　　　年 月 日

运保中心	仪表管理部意见②	签字:　　　　　　　　　　　　　　　　　年 月 日
生产单位职能部室	生产技术部意见	签字:　　　　　　　　　　　　　　　　　年 月 日
	运行保障部意见	签字:　　　　　　　　　　　　　　　　　年 月 日
	安全监察部意见	签字:　　　　　　　　　　　　　　　　　年 月 日
生产单位主管厂长意见		签字:　　　　　　　　　　　　　　　　　年 月 日

注:①工艺车间意见栏由工艺车间主任或装置长签字。
　　②因仪表原因需要变更、长期停运、摘除联锁,需运保中心仪表管理部审批。

表 6.9-5 长期停运(变更)仪表联锁恢复审批表

装置名称		联锁名称		仪表位号	
申请单位		申请日期		有效期	

恢复原因:

联锁恢复注意事项:

工艺车间意见①: 签字: 年 月 日		仪表作业部(车间)意见: 签字: 年 月 日		
运保中心	仪表管理部意见②	签字: 年 月 日		
生产单位职能部室	生产技术部意见	签字: 年 月 日		
	运行保障部意见	签字: 年 月 日		
	安全监察部意见	签字: 年 月 日		
生产单位主管厂长意见		签字: 年 月 日		

注:①工艺车间意见栏由工艺车间主任或装置长签字。
　　②因仪表原因需要变更、长期停运的联锁恢复,需运保中心仪表管理部审批。

表 6.9-6 仪表联锁长期停运统计(月报)表

单位:＿＿＿＿＿＿

序号	仪表位号	回路名称	停运时间	停运原因	备注

填表人:＿＿＿＿＿＿＿　　　　　　　　　　　填报时间:

表 6.9-7　可燃、毒性气体报警器停运审批表

编　号：

装置名称		报警器位置		仪表位号	
申请单位		申请日期		有效期	

停运原因：
报警器停运期间监护措施：
恢复计划及措施：

工艺车间意见①：				仪表作业部(车间)意见：			
签字：　　　　　　　年　月　日				签字：　　　　　　年　月　日			

运保中心	仪表管理部意见②	签字：　　　　　　　　　　　　　　　　年　月　日
生产单位职能部室	运行保障部意见	签字：　　　　　　　　　　　　　　　　年　月　日
	安全监察部意见	签字：　　　　　　　　　　　　　　　　年　月　日

注：①工艺车间意见栏由工艺车间主任或装置长签字。
②因仪表原因需要停运报警器，需运保中心仪表管理部审批。

表 6.9-8　在线分析仪表停运审批表

编　号：

装置名称		回路名称		仪表位号	
申请单位		申请日期		有效期	

停运原因：
报警器停运期间监护措施：
恢复计划及措施：

工艺车间意见①：				仪表作业部(车间)意见：			
签字：　　　　　　　年　月　日				签字：　　　　　　年　月　日			

运保中心	仪表管理部意见②	签字：　　　　　　　　　　　　　　　　年　月　日
生产单位职能部室	生产技术意见	签字：　　　　　　　　　　　　　　　　年　月　日
	运行保障部意见	签字：　　　　　　　　　　　　　　　　年　月　日

注：①工艺车间意见栏由工艺车间主任或装置长签字。
②因仪表原因需要停运在线分析仪表，需运保中心仪表管理部审批。

表 6.9-9 仪表参数(控制方案)变更审批表[1]

编 号：

装置名称		回路名称		仪表位号		
申请单位		申请日期				
变更原因：						
注意事项：						
工艺车间意见[2]： 签字： 年 月 日			仪表作业部(车间)意见： 签字： 年 月 日			
运保中心	仪表管理部意见[3]	签字： 年 月 日				
生产单位职能部室	生产技术意见	签字： 年 月 日				
	运行保障部意见	签字： 年 月 日				

注：①本表适用于仪表参数和控制方案变更、增减仪表回路的审批。
②工艺车间意见栏由工艺车间主任或装置长签字。
③因仪表原因需要对仪表参数或控制方案进行变更，需运保中心仪表管理部审批。

表 6.9-10 重大仪表作业审批表[1]

编 号：

装置名称		回路名称		仪表位号		
申请单位		申请日期				
作业内容：						
作业期间注意事项和监护措施：						
工艺车间意见[2]： 签字： 年 月 日			仪表作业部(车间)意见： 签字： 年 月 日			
运保中心	仪表管理部意见[3]	签字： 年 月 日				
生产单位职能部室	生产技术意见	签字： 年 月 日				
	机动部门意见	签字： 年 月 日				
生产单位主管厂长意见		签字： 年 月 日				

注：①本表适用于组态修改下装、仪表总供电方案变更及其他可能影响装置生产的高风险仪表作业。
②工艺车间意见栏由工艺车间主任或装置长签字。
③因仪表原因提出的作业，需运保中心仪表管理部审批。

表6.9-11　仪表作业工作票

装置：　　　　　　　　　　　　　　　　　　　　　　　　　　　　　　　编号：

申请作业栏	作业部位			
	作业内容			
安全措施栏	作业条件	工艺：□具备　□不具备	工艺确认人	
		仪表：□具备　□不具备	仪表确认人	
工作票审核、签发人				
作业时间：	年　月　日　时　分至　年　月　日　时　分止			
作业过程栏	1. 作业过程：			
	2. 遗留问题及对应措施：			
	仪表作业人			
作业结果	经确认，可以 投入使用 不能			
	仪表确认人		工艺确认人	
第一联　仪表使用单位留存				

安全措施

一、工艺部分：

□1. HSE各项措施已明确、落实。

□2. 将与作业有关的控制回路切为"手动"操作。

□3. 有旁路开关的联锁保护系统，办理《仪表联锁工作票》后将旁路开关置于"旁路"位置。

□4. 作业时执行机构无法操作时，需改为现场副线操作。

□5. 打开工艺相关凝阀门，排尽物料并达到拆卸仪表条件。

□6. 操作时工艺人员须在现场监护。

□7. 操作人员在作业期间不得变更操作方案。

□8. 此介质有毒，操作人员在应注意观察相关参数，保证平稳操作。

□9. 工艺方面的安全措施，执行公司（或厂）有关工艺操作规定执行。

□10. 旁路开关置于"旁路"位置。

二、仪表部分：

□1. 明确相关作业的工作危害和偏差，落实。

□2. 对于DCS、ESD、PLC的系统组态修改及关键部门批准后实施，应制订作业方案。

□3. 作业人员明确作业地点、作业内容及方案。

□4. 对所更换的备件进行性能检测。

□5. 开具作业所需动火、停送电等相关作业票证。

□6. 有旁路开关保仪表联锁系统，办理《仪表联锁工作票》后将旁路开关置于"旁路"位置。

□7. 关闭仪表一次阀门，确认排尽物料并达到拆卸仪表条件。

□8. 此介质有毒，执行公司（或厂）有关的安全措施。

□9. 特殊仪表作业按特定组态修改等作业方案执行。

□10. 作业人员进行组态修改等作业，在作业完成后，应向工艺交底，并做好软件备份和记录。

注：安全措施部分，工艺车间和仪表车间在相应条款上划"√"

表6.9-12 仪表作业工作票

装置：　　　　　　　　　　　　　　　　　　　　　　　　　　编号：

申请作业栏	作业部位		
	作业内容		
安全措施栏	作业条件		
	工艺：□具备 □不具备	工艺确认人	
	仪表：□具备 □不具备	仪表确认人	
工作票审核、签发人			
	作业时间： 年 月 日 时 分至 年 月 日 时 分止		
作业过程栏	1. 作业过程：		
	2. 遗留问题及对应措施：		
	仪表作业人		
作业结果	经确认， □可以 投入使用　□不能		
	仪表确认人	工艺确认人	

第二联 仪表作业单位留存

安全措施

一、工艺部分：

□1. HSE 各项措施已明确、落实。

□2. 将与作业有关的控制回路切为"手动"操作。

□3. 有旁路开关的联锁保护系统，办理《仪表联锁工作票》后将旁路开关置于"旁路"位置。

□4. 作业时执行机构无法操作时，需改为现场副线操作。

□5. 打开工艺相关排凝阀门，排尽物料并达到拆卸仪表条件。

□6. 作业时工艺人员须在现场监护。

□7. 操作人员在作业期间不得变更操作方案。

□8. 操作人员在作业应注意观察相关参数，保证平稳操作。

□9. 此介质有毒，执行公司（或厂）有关的安全措施。

□10. 工艺方面的安全措施按公司（或厂）有关工艺操作规定执行。

二、仪表部分：

□1. 明确作业的工作危害和偏差，HSE 各项措施已明确、落实。

□2. 对于 DCS、ESD、PLC 的系统组态修改及关键部门批准后实施。

□3. 作业人员明确作业方案、经有关主管部门批准后作业及实施。

□4. 对所更换的备件进行性能检测、备齐所需工具。

□5. 对具作业所需的动火、停送电等相关作业票证。

□6. 有旁路开关的自保仪表联锁系统，办理《仪表联锁工作票》后将旁路开关置于"旁路"位置。

□7. 关闭仪表一次阀门，确认排尽物料并达到拆卸仪表条件。

□8. 此介质有毒，执行公司（或厂）有关的安全措施。

□9. 特殊仪表作业按特定组态修改作业方案执行。

□10. 作业人员进行组态修改等作业，在作业完成后，应向工艺交底，并做好软件备份和记录。

注：安全措施部分，工艺车间和仪表车间在相应条款上划"√"

6.10 安全仪表系统

6.10.1 化工安全仪表系统的设计和工程

化工安全仪表系统应由具有石油化工工程设计甲级资质的设计单位基于 SIS 安全要求规格书进行设计，包括安全仪表系统设计说明、安全仪表系统规格书、安全联锁因果表或功能说明、功能逻辑图、组态编程等。安全仪表系统集成、调试、工厂和现场验收测试、系统硬件、系统软件和应用软件等，应符合安全仪表系统技术要求。

（1）系统设计

①安全仪表系统独立于基本过程控制系统，并独立完成安全仪表功能。安全仪表系统不介入基本过程控制系统的工作。基本过程控制系统不介入安全仪表系统的运行或逻辑运算。

凡是 SIL 1 级及以上、涉及"两重点一重大"以及符合国家相关法律法规、部门规章规定要求的生产装置、储存设施应独立设置安全仪表系统。

安全仪表系统逻辑控制器应与基本过程控制系统分开，采用冗余配置。测量仪表应与基本过程控制系统分开，测量仪表及取源点独立设置。控制阀应与基本过程控制系统分开。

②安全仪表系统可实现一个或多个安全仪表功能，多个安全仪表功能可使用同一个安全仪表系统。当多个安全仪表功能在同一个安全仪表系统内实现时，系统内的共用部分应符合各功能中最高安全完整性等级要求。

③安全仪表系统设计成故障安全型。当安全仪表系统内部产生故障时，安全仪表系统应能按设计预定方式，将过程转入安全状态。安全仪表系统由测量仪表、逻辑控制器和最终元件等组成。

④在爆炸危险场所，测量仪表应采用隔爆型或本安型。当采用本安系统时，采用隔离式安全栅。

⑤安全仪表系统采用冗余测量仪表。高安全性时，采用"或"逻辑结构。高可用性时，采用"与"逻辑结构。兼顾高安全性和高可用性时，采用三取二逻辑结构。

⑥安全仪表系统用的开关量测量仪表，正常工况时，触点处于闭合状态；非正常工况时，触点处于断开状态。

⑦重要的输入回路设置线路开路和短路故障检测。输入回路的开路和短路故障，在安全仪表系统中报警和记录。

⑧在爆炸危险场所，电磁阀和阀位开关采用隔爆型或本安型。当采用本安型时，应采用隔离式安全栅。

⑨电磁阀采用 24VDC 长期励磁型，电磁阀电源由安全仪表系统提供。当系统要求高安全性时，冗余电磁阀采用"或"逻辑结构；当系统要求高可用性时，冗余电磁阀采用"与"逻辑结构。

⑩SIL 2 或 SIL 3 级安全仪表功能，控制阀采用冗余配置。冗余方式可采用一个调节阀和一个切断阀，也可采用两个切断阀。

⑪室外安装的测量仪表、控制阀、电磁阀和阀位开关等，防护等级不应低于 IP 65。

⑫逻辑控制器采用可编程电子系统。对于输入、输出点数较少、逻辑功能简单的场合，

采用继电器系统。逻辑控制器也可采用可编程电子系统和继电器系统混合构成。逻辑控制器系统应取得国家权威机构的功能安全认证。

⑬逻辑控制器的响应时间应包括输入、输出扫描处理时间与中央处理单元运算时间，宜为 100～300ms。

⑭逻辑控制器硬件和软件版本应是正式发布版本。逻辑控制器所有部件应满足安装环境的防电磁干扰、防腐蚀、防潮湿、防锈蚀等要求。

⑮逻辑控制器的中央处理单元、输入单元、输出单元、电源单元、通信单元等应为独立的单元，允许在线更换且不影响逻辑控制器的正常运行。

⑯输入、输出卡件信号通道应带光电或电磁隔离。检测同一过程变量的多台变送器信号接到不同输入卡件。冗余的最终元件接到不同的输出卡件，每一输出信号通道只接一个最终元件。需要线路检测的回路，采用带有线路短路和开路检测功能的输入、输出卡。

⑰安全仪表系统与基本过程控制系统通信采用 RS 485 串行通信接口，MODBUS RTU 或 TCP/IP 通信协议。通信接口冗余配置，有诊断功能。

⑱安全仪表系统采用操作员站作为过程信号报警和联锁动作报警的显示和记录。操作员站不应修改安全仪表系统的应用软件。

⑲紧急停车按钮、开关、信号报警器及信号灯等，安装在辅助操作台。紧急停车按钮、开关、信号报警器等与安全仪表系统连接，采用硬接线方式，不采用通信方式。紧急停车按钮采用红色。复位按钮、紧急停车按钮的动作应设置报警和记录。

⑳维护旁路开关和操作旁路开关设置在输入信号通道上；维护和操作旁路开关的动作应设置报警和记录。

当工艺过程变量从初始值变化到工艺条件正常值，信号状态不改变时，不设置操作旁路开关；当工艺过程变量从初始值变化到工艺条件正常值，信号状态发生改变时，应设置操作旁路开关。

㉑安全仪表系统设工程师站。工程师站用于安全仪表系统组态编程、系统诊断、状态监测、编辑、修改及系统维护。

应用软件的逻辑功能应采用布尔逻辑及布尔代数运算规则。应用软件的逻辑设计采用正逻辑。

㉒安全仪表系统的交流供电采用双路不间断电源(UPS)的供电方式，电气负责直接供电的现场设备除外。安全仪表系统的接地采用等电位连接方式。

㉓有毒有害、可燃气体检测报警系统独立于基本过程控制系统单独设置，其选型应符合 GB 50493《石油化工可燃气体和有毒气体检测报警设计规范》规定；按照 JJG 693《可燃气体检测报警器》定期进行检验标定，确保安全可靠，催化燃烧式可燃气体报警器检验标定周期不超过 6 个月；在操作室或控制室设置灯光、音响报警终端。

（2）系统工程实施

GB 50093《依据自动化仪表工程施工及质量验收规范》、SH/T 3521《石油化工仪表工程施工技术规程》、SH/T 3503《石油化工建设工程项目交工技术文件规定》、SH/T 3543《石油化工建设工程项目施工过程技术文件规定》制定安装、调试及确认方案并实施。

①SIS 安装

安装方案包括：确定组织结构、负责人；审核、确认施工图纸；确认安装条件等。

②SIS 调试

系统安装完毕后，要进行系统硬件、软件的单调和联调，达到安全仪表功能的要求方能投用。

③SIS 确认

SIS 联调后，确认安全仪表系统及相关安全仪表系统的功能达到安全要求规格书/安全仪表系统规格书的要求。

按照安全仪表系统接地电阻测量记录表、安全仪表系统供电测试记录表、安全仪表系统控制阀调校记录表、安全仪表系统变送器调校记录表、安全仪表系统输入输出回路测试记录表(AI/AO)、安全仪表系统输入输出回路测试记录表(DI/DO)、安全仪表系统回路联校确认表、安全仪表系统检查确认表等逐项进行确认，并做好记录。

6.10.2 化工安全仪表系统的运行和维护

(1)系统的运行规程编制

内容包括：

①SIS 基本构成的描述；

②操作员画面上与 SIS 有关的显示和操作；

③联锁设定值及其 SIS 的动作；

④旁路和复位功能的使用；

⑤何时启动以及如何操作手动开关；

⑥对 SIS 的报警和 SIF 动作的响应；

⑦SIS 诊断报警的含义及相关的响应；

⑧安全操作的限制；

⑨辅操台上的开关、按钮和报警指示的功能和操作。

(2)系统的维护规程编制

内容包括：

①规定维护类型、维护内容、应急预案、维护步骤、维护完成的确认标准、工具和备件材料、技术文档、工艺和电气等部门的配合、授权批准程序、危险警告的辨识、遵循的HSE 管理程序，以及维护后续工作等。

②规定维护活动的功能，如报警、旁路开关、紧急停车按钮及复位按钮等。

③SIS 旁路管理程序，如权限管理，限制某些工艺操作模式、启动报警和解除要求。

④对维护活动的潜在危险和风险进行评定，执行不同的维护作业，应有报警显示及监护程序等。

(3)系统的运行和维护

①对回路中各元件进行定期检查，修复或更换，并做好记录。每天对系统的诊断报警情况进行巡检，确保系统的完好运行状态，环境条件应满足系统正常运行要求，检查情况应做好相关记录，见表 6.10-1。

表 6.10-1　安全仪表系统巡检记录

装置名称		系统型号	
检查项目		检查情况	
1. 机房温度、湿度			
2. 操作室温度、湿度			
3. 机房内各设备的卫生			
4. 机柜的风扇及风扇保护罩			
5. 过滤网			
6. 打印机，拷贝机运行			
7. 冗余设备的功能和切换			
8. 供电电压和波动的测量			
9. 各指示灯的确认			
10. 软件，硬件变更及时归档			
11. 主机设备的运行			
系统运行情况评价：			

检查日期：　　　　　检查人：

②对 SIS 系统的仪表设备进行重点监控，实施预防性维护。

③根据检验测试计划，定期对系统进行点检测试，确认满足安全要求规格书规定，并做好记录，见表 6.10-2。如在验证测试中发现元件/功能不满足要求，应及时修复或更换，并做好记录。

表 6.10-2　安全仪表系统点检记录

装置名称								
序号	控制系统类型	控制站	操作站	通讯	仪表回路	电源状态	环境温度	环境湿度
检查情况及日常维护记录：								
注释： ①在各检查情况栏填写"正常""故障"，在"环境温度、环境湿度"栏填写实际检查值； ②如果有问题须描述故障现象。								

检查日期：　　　　检查人：　　　　校核人：

④所有 SIS 系统的作业(回路检查、维修、校验等)必须办理《联锁工作票》，见表 6.10-3。作业时，必须实行监护操作(至少两人)。

⑤SIS 系统联锁投运后的变更(包括设定值、联锁条件、联锁程序、联锁方式等)，必须办理联锁变更审批手续，见表 6.10-4。SIS 系统的变更原则上要重新设计，以满足 SIS 的 SIL 要求。联锁变更后必须经过联锁联校后方可投运。

⑥SIS 系统维护活动的各个步骤应有详细记录，如预防性维护、故障维修、联锁测试等。

⑦ SIS 系统的维护结束后，必须进行检查确认工作，方可恢复正常运行。

⑧加强安全仪表系统相关设备故障管理(包括设备失效、联锁动作、误动作情况等)和分析处理，建立相关设备失效数据库。

表 6.10-3　安全仪表系统联锁工作票

装置名称			联锁名称	
仪表位号			申请单位	
工作内容	□解除　□恢复　□修改　□取消　□临时解除			
联锁类别	□设备联锁　□工艺联锁			
作业起始和截止时间				
事由、工作内容及要求				
作业风险评估内容				
工艺（设备）采取的安全措施				
作业方案				
作业结果				

批准日期：　　　　批准人：　　　　执行人：　　　　校核人：

表 6.10-4　安全仪表系统联锁变更审批表

装置名称		联锁名称		仪表位号	
申请单位		申请日期		有效期	
联锁类别	□设备联锁　□工艺联锁		变更类别	□解除　□恢复　□修改　□取消	
变更理由及内容：					
变更风险识别及工艺（设备）上采取的安全措施：					
作业方案和采取的安全措施：					
恢复计划及措施：					

批准日期：　　　　批准人：　　　　执行人：　　　　校核人：

（4）系统的变更管理

安全仪表系统的变更要执行企业的变更管理程序，根据变更的范围以及影响的程度，需要不同级别的审查和批准，以保证任何的变更均满足 SIS 的 SIL 要求。

① 变更应遵循报批管理规定，并评估变更对安全的影响，要澄清下列问题：

- 变更的技术依据；
- 对安全和人身安全的影响；
- 对操作和维护规程的影响；
- 需要的时间；
- 对系统响应时间的影响。

② 对项目文件(操作、调试、维护规程等)做相应变更。

③ 在完成变更后，应对系统进行测试并将结果记录归案。

④ 应用管理程序确认检验变更已全部完成。

⑤ 变更涉及到的有关部门应进行确认。

⑥ 变更后涉及到的资料信息应包括下述内容：

- 变更的描述；
- 变更的原因；
- 对涉及的工艺过程危险和风险分析；
- 变更对 SIS 的影响分析；
- 所有的批复文件；
- 变更的测试记录；
- 变更影响到的图纸、技术文件更新记录；
- 变更后的应用软件备份存储。

（5）系统的文档管理

① 建立 SIS 系统基础台账，包括 SIS 系统组件台账、联锁台账、联锁设定值清单、联锁逻辑图、联锁联校记录、联锁解除和投用记录。

② 应保存至少有一套对应的应用软件和两套在用的程序备份(异地保存)；应用软件要注明软件名称、版本、备份日期、备份人；程序备份要注明内容、日期、备份人，并将有关变更设计资料存档。

③ SIS 投运后按照规定的文档管理规则对所有的图纸和资料整理分类造册。

④ 应重视 SIS 日常维护记录的整理和存档这些资料将为采用"经验使用"规则提供依据。

⑤ SIS 的任何变更和升级其相应文档应随之更新，SIS 文档是对现状的真实完整的记录，也可追溯其历史变迁。

⑥ SIS 应用程序的备份资料，应纳入文档管理的范围之内。

（6）系统的私密性保护

SIS 操作和维护的访问权限限制，包括以下几个方面：

① 智能变送器应有写保护措施，防止通过 Hart 通信对其量程等参数的修改。

② 旁路操作宜设置总的硬钥匙允许开关，并通过 Password 对单点进行操作。

③ 禁止使用未经许可的数据存储介质，系统组态的备份应严格做到专盘专用。

④ SIS 的维护/工程接口，对下列的每种功能应设置访问权限。

- 系统硬件组态、应用软件组态，下装应用程序。
- 访问应用逻辑的在线显示和监控，测试和强制等操作。
- 访问诊断信息界面，进行故障排查等维护工作。
- 允许或禁止读写访问。
- SIS 的维护/工程接口不应用作操作员界面。
- 在 SIS 操作和维护规程中，明确访问权限管理策略和原则。
- SIS 的维护/工程接口，应作为 SIS 的组成部分进行管理。

⑤ SIS 的网络安全防护

- 确保 SIS 系统网络具有高度的安全性和独立性。
- SIS 系统工作站宜安装防病毒软件。

（7）系统的培训

为了对安全仪表系统进行正确操作和维护，在系统投用前，使用单位或维修单位应对相关人员进行培训。培训应做好相关记录。

① 培训对象

化工、危险化学品生产及储存企业中从事化工安全仪表系统应用的人员，包括化工安全仪表系统主管领导、工艺人员、工业危害分析人员、化工安全仪表系统设计人员、化工安全仪表系统安装人员、化工安全仪表安装、调试、运行维护人员。

② 培训内容

- 《国家安全监管总局关系加强化工安全仪表系统管理的指导意见》（安监总管三〔2014〕116 号）。
- 国家安全相关的标准法规，如 GB/T 20438、GB/T 21109、AQ 3035、AQ 3036、AQ/T 3049、AQ/T 3054、GB/T 50770。
- GB/T 20438、GB/T 21109 的生命周期架构以及关于 SIS 功能安全的基本知识和概念。
- 安全工程知识、化工工艺知识、工艺过程危险分析及风险评估。
- SIS、SIF、SIL 基本知识。
- HAZOP 分析方法、LOPA 保护层分析方法。
- SIL 定级：矩阵法、风险图法。
- 化工安全仪表系统生命周期的管理技术。
- 可靠性分析技术与方法。
- 安全要求规格书的解读。
- SIS 系统组态和编程。
- 安全仪表的设计选型、安装、调试及运行维护。

（8）系统的检验测试和功能评估

SIS 系统的检验测试和功能评估贯穿于 SIS 生命周期的各阶段，检验测试周期一般由设计单位或符合要求的第三方根据 SIL 评估结果给出，并写入 SIS 安全要求规格书。

① 在系统运行和维护期间，应根据 SIS 安全要求规格书所规定的检验测试周期编制检

验测试计划和检验测试规程，对安全仪表功能的部件进行校准和性能确认，对包括传感器、逻辑控制器和最终执行元件在内的整个安全仪表系统进行检验测试。

- 检验测试规程，包括测试方法、步骤、验收标准、对发现故障的处理等；辨识潜在失效可采用故障树分析（FTA）、潜在失效模式及后果分析（FMEA）等方法；在测试前应制定周密的检验测试方案，防止在检验测试过程中，由于误操作、管线隔离不彻底等原因造成事故。

- 传感器检验测试，包括安装情况和仪表外观；保温、伴热系统；接线情况；遵循设计或制造商提供的检验方法进行性能测试，包括测量精度、量程范围、重复性、测量方式、信号输出特征等；输入回路功能测试等。

- 逻辑控制器检验测试，一般由供应商或具有资质能力的集成商提供标准的检验测试维护服务。

- 最终执行元件检验测试，包括安装情况和仪表外观；气源压力及其操作；接线情况；通过在应用程序上进行"强制"等操作，检查电磁阀操作；检查切断阀或调节阀的行程和开闭时间；检查阀位开关的动作；检查去 MCC 的电机开启或关停动作；对于关断阀门，检查其密封性能（TSO 等级），如条件允许，对其内构件也应进行检查。

- 整体功能测试，包括测试与 DCS 等的通信；测试顺序事件记录 SOE 功能；测试第一报警功能；测试系统诊断和报警功能；测试电源系统的冗余性以及接地；根据因果图等设计文件测试应用程序；测试逻辑复位功能；测试手动停车功能；测试射频干扰/电磁干扰，以及环境因素影响等。

② 通过检验测试评判安全仪表系统各子系统或者部件的实际失效率与设计阶段的 PFD 计算结果一致性，并详细记录执行的测试和检查的说明、测试和检查的日期、执行测试和检查的人员姓名、被测系统的序号或者别的唯一标识符（如回路号、工位号、设备号和 SIF 号）、测试和检查的结果。通过周期性功能测试实现对潜在危险的有效控制，对于不满足安全仪表功能的保护层，通过增加保护层、提升现有保护层级别等方法进行改造，以到达准确、及时地执行其规定的安全仪表功能。

③ 企业应至少每三年执行一次 SIS 功能评估，包括系统统计完好率、投用率、失效率、管理制度完善程度、执行情况、人员匹配程度等，关键是再次通过 HAZOP 分析、SIL 评估和验证等确认 SIS 系统是否仍然满足设计的安全完整性等级和风险降低要求，对不满足要求的应及时更换，SIS 系统的生命周期原则上不超过 12 年。

（9）系统的停用

按照变更管理程序，对 SIS 停用/恢复进行审批，保证 SIS 在停用/恢复过程中不对要求的安全仪表功能造成影响。

6.10.3 化工安全仪表系统安全生命周期

（1）SIS 安全生命周期阶段图（图 6.10-1）
（2）SIS 安全生命周期阶段表（表 6.10-5）

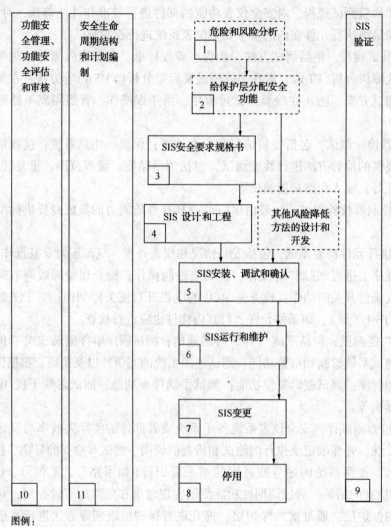

图6.10-1 SIS安全生命周期阶段

表6.10-5 SIS安全生命周期阶段表

序号	阶段	目的	输入	输出
1	危险和风险分析	确认过程及相关设备的危险和危险事件、导致后果、与危险事件相关的过程风险、要达到风险降低所需要的安全仪表功能	过程设计、布局、人员配置、安全目标	过程危险分析报告,如HAZOP分析报告;对危险、要求的SIF和相关风险降低进行描述
2	给保护层分配安全功能	给保护层分配安全功能,为每个安全仪表功能(SIF)确定其安全完整性等级(SIL)	要求的安全仪表功能和其安全完整性要求的描述	SIL评估报告:如采用LOPA方法对保护层安全功能分配,对SIF及其SIL等进行描述

序号	阶段	目的	输入	输出
3	SIS 安全要求规格书	为了达到要求的安全仪表功能(SIF),根据要求的 SIF 及其 SIL 确定每个 SIS 的要求	安全仪表功能分配的描述	安全要求规格书:对硬件安全要求、软件安全要求进行描述
4	SIS 设计和工程	SIS 设计应满足安全仪表功能(SIF)及其安全完整性等级(SIL)要求	硬件安全要求、软件安全要求	设计输出文件:设计符合完整性等级的要求;编制集成测试的计划
5	SIS 安装、调试和确认	SIS 集成和测试;根据安全仪表功能和安全完整性,确认 SIS 在各方面都满足安全要求	设计;集成测试;安全要求;安全确认	完全起作用并符合设计要求;集成测试的结果;安装、调试和确认的结果
6	SIS 运行和维护	保证在运行和维护期间 SIS 的功能安全	要求;设计;运行和维护计划	运行和维护活动的结果
7	SIS 变更	对 SIS 进行校正、增强或自适应,以达到要求的安全完整性等级	修正的安全要求	变更结果
8	停用	保证正确复审、部门确保 SIF	安全要求和过程信息	停止服务

注:图 6.10-1 中 9. SIS 验证,10. 功能安全管理、功能安全评估和审核,11. 安全生命周期结构和计划编制贯穿于安全生命周期各阶段。

SIS 系统的生命周期原则上不超过 12 年,企业应根据设计院或符合要求的第三方所提供的 SIS 安全要求规格书中规定的检验测试周期编制检验测试计划,进行 SIS 验证,并至少每三年执行一次 SIS 功能评估,对不满足 SIL 要求的应及时更换。

6.10.4 化工安全仪表系统安全完整性等级确定

(1)方法选择

本指导书推荐企业自行组织或委托符合要求的第三方采用过程危险及可操作性分析(HAZOP)及保护层分析(LOPA)方法确定化工装置和危险化学品储存设施需要的安全仪表功能(SIF)及其安全完整性等级(SIL),其中注意检验测试周期选定。

(2)工作准备

①确定工作范围和计划

工作范围:资产所有者确定需评估的化工(危险化学品生产、储存)装置和边界。

工作计划:确定工作目标、启动时间、阶段性安排、完成时间、人力资源配置、工作地点和条件等。

协调人:为被评估单位该项工作的责任人,应得到企业法人代表授权,具有协调所需人、财、物的能力。

②确定企业可接受的风险标准

企业可接受风险标准应依据国家和地方相关法律法规、标准规范,考虑安全、环境、资产、社会影响等因素确定。

以风险矩阵法为例,见表 6.10-6~表 6.10-8。

考虑风险承受能力、控制能力等因素,通过技术分析、现场调查、集体讨论等方式,分析确定事故的可能性和后果的严重性,确定风险等级,并在风险矩阵表上标明。

表 6.10-6　风险矩阵表

风险等级			后果严重性				
			1	2	3	4	5
			很小	小	一般	大	很大
可能性	1	基本不可能	低	低	低	低	低
	2	较不可能	低	低	低	一般	一般
	3	可能	低	一般	一般	一般	较大
	4	较可能	一般	一般	一般	较大	重大
	5	很可能	一般	一般	较大	重大	重大

可能性分析采用定性和半定量分级形式，按照事故发生频率从低到高依次分为 5 个等级，见表 6.10-7。

表 6.10-7　可能性分析度量表

等级	半定量/(次/年)	定性
5	$\geq 10^{-1}$	作业场所发生过/本企业发生过多次
4	$10^{-1} \sim 10^{-2}$	本企业发生过/本系统内发生过多次
3	$10^{-2} \sim 10^{-3}$	本系统内发生过/本行业发生过多次
2	$10^{-3} \sim 10^{-4}$	本行业发生过/世界范围内发生过多次
1	$10^{-4} \sim 10^{-5}$	世界范围内发生过本行业未发生过

后果严重性从人员伤害、财产损失、防护目标影响和声誉影响四方面分析，每类影响按照其严重性从低到高依次分为 5 个等级。根据每类影响的等级值，计算平均值，若为小数则采用进一法取整，得出后果严重性值。见表 6.10-8。

表 6.10-8　后果严重性分析度量表

等级	人员伤害	财产损失	防护目标影响	声誉影响
5	3 人以上死亡；10 人以上重伤	事故直接经济损失 1000 万元以上；失控火灾或爆炸	距离风险源 200m 范围内存在敏感场所或是高密度场所	国际影响
4	1~2 人死亡或丧失劳动能力；3~9 人重伤	事故直接经济损失 200 万元到 1000 万元；3 套及以上装置停车	距离风险源 200~500m 范围内存在敏感场所或是高密度场所	国内影响；政府介入，媒体和公众关注负面后果
3	3 人以上轻伤，1~2 人重伤(包括急性工业中毒)；职业相关疾病	部分失能事故直接经济损失 50 万元到 200 万元；1 到 2 套装置停车	距离风险源 500~1000m 范围内存在敏感场所或是高密度场所	本地区内影响；政府介入，公众关注负面后果
2	工作受限；1~2 人轻伤	事故直接经济损失 10 万元到 50 万元；局部停车	距离风险源 1000~2000m 范围内存在敏感场所或是高密度场所	社区、邻居、合作伙伴影响
1	急救处理；医疗处理；短时间身体不适	事故直接经济损失在 10 万元以下	距离风险源 2000m 范围内不存在敏感场所或是高密度场所	企业内部关注；形象没有受损

注：敏感场所包括文化活动中心、学校、医疗卫生场所、社会福利设施、公共图书展览设施、古建筑、宗教场所、城市轨道交通设施、军事设施、外事场所等；
高密度场所包括住宅、行政办公设施、体育场馆、综合性商业服务建筑、旅馆住宿业建筑、交通枢纽设施等。

③收集文件资料

文件资料包括：工艺路线和技术说明、工艺流程图（PFD）、工艺管道及仪表流程图（PID）、操作规程、动静设备设计资料及制造商说明书和安全手册、安全阀规格书、控制方案说明，安全联锁逻辑图或因果表、安全联锁设备台账、本企业或本行业事故事件案例报告等。

④确定评估小组主要成员

评估小组主要成员包括：主席、记录员、工艺工程师、操作人员、仪表工程师、安全工程师、设备工程师、电气工程师等。

（3）安全完整性等级确定

①依据过程危险分析结论，如HAZOP分析报告中的建议，筛选危险场景，进行以安全仪表功能需求和定级为目的的保护层（LOPA）分析。

未进行过程危险分析的企业可参照AQ/T 3049《危险与可操作性分析（HAZOP）应用导则》进行HAZOP分析并编制分析报告，HAZOP分析应每3年开展一次，如涉及重大变更则应重新开展HAZOP分析。

AQ/T 3049中关于HAZOP分析包括4个基本步骤，见图6.10-2。

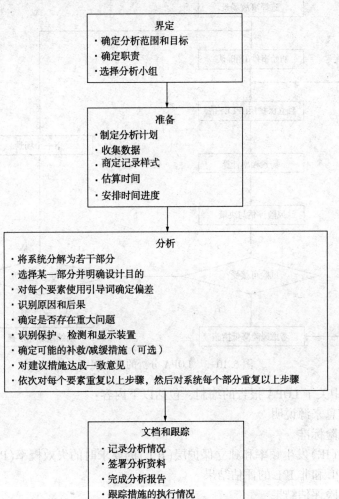

图6.10-2　HAZOP分析程序

AQ/T 3049 中关于 HAZOP 分析最终报告的编制，包括以下内容：

- 概要；
- 结论；
- 范围和目标；
- 逐条列出的分析结果；
- HAZOP 工作表；
- 分析中使用的图纸和文件清单；
- 在分析过程中用到的以往研究成果、基础数据等。

②识别保护层，根据保护层的独立性确认可能的消减。参照 AQ/T 3054《保护层分析（LOPA）方法应用导则》进行 LOPA 分析。

AQ/T 3054 中关于 LOPA 分析的基本程序，见图 6.10-3。

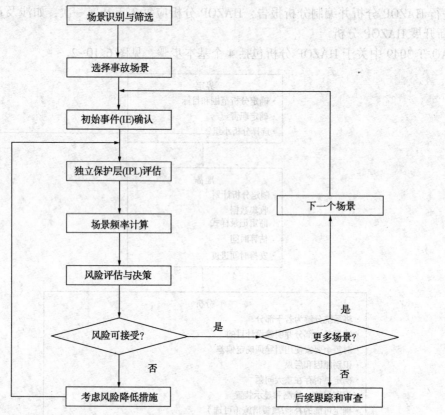

图 6.10-3　LOPA 分析的基本程序

AQ/T 3054 中关于 LOPA 报告的编制，包括以下内容：

- 场景的信息来源说明
- 企业的风险标准
- 初始事件（IE）发生频率和独立保护层（IPL）的要求时的失效概率（PFD）
- 场景中 IPL 和非 IPL 的评估结果
- 场景的风险评估结果
- 满足风险标准要求采取的行动及后续跟踪
- 如果有必要，对需要采取不同技术进行深入研究的问题提出建议

- 对分析期间所发现的不确定情况及不确定数据的处理
- 分析小组使用的所有图纸、说明书、数据表和危险分析报告等的清单（包括引用的版本号）
- 参加分析的小组成员名单等

依据保护层分析结果，确定风险削减缺口，进而确定需要的安全仪表功能（SIF）及其安全完整性等级（SIL）。

在要求模式下操作的每个安全仪表功能所需要的 SIL，根据表 6.10-9 或表 6.10-10 来规定。当使用表 6.10-8 时，既不能用检验测试周期也不能用要求率来确定安全完整性等级。

在连续操作模式下操作的每个安全仪表功能所需要的 SIL，根据表 6.10-11 来规定。

表 6.10-9　安全仪表功能的安全完整性等级：要求时的失效概率

要求操作模式		
安全完整性等级（SIL）	要求时的目标平均失效概率（PFD_{avg}）	目标风险降低
4	$\geq 10^{-5}$ 且 $< 10^{-4}$	$> 10\ 000$ 且 $\leq 100\ 000$
3	$\geq 10^{-4}$ 且 $< 10^{-3}$	$> 1\ 000$ 且 $\leq 10\ 000$
2	$\geq 10^{-3}$ 且 $< 10^{-2}$	> 100 且 $\leq 1\ 000$
1	$\geq 10^{-2}$ 且 $< 10^{-1}$	> 10 且 ≤ 100

表 6.10-10　安全仪表功能的安全完整性等级：SIF 的危险失效频率

连续操作模式	
安全完整性等级（SIL）	高要求操作模式的危险失效频率（每小时）
4	$\geq 10^{-9}$ 且 $< 10^{-8}$
3	$\geq 10^{-8}$ 且 $< 10^{-7}$
2	$\geq 10^{-7}$ 且 $< 10^{-6}$
1	$\geq 10^{-6}$ 且 $< 10^{-5}$

要求模式下的安全仪表功能是指响应过程条件或其他要求而采取一个规定动作（如关闭一个阀门）的场合，在安全仪表功能的危险失效事件中，仅当发生过程或 BPCS 的失效事件时，才发生潜在危险。

连续模式下的安全仪表功能是指在安全仪表功能的危险失效事件中，如果不采取预防动作，即使没有进一步的失效，潜在风险也会发生。

(4)安全要求规格书（SRS）编制

安全要求规格书提出安全仪表系统的功能性要求和完整性要求，包括但不限于每个安全仪表功能（SIF）的描述、SIF 的安全完整性等级（SIL）要求、SIF 相应场景的安全状态定义、响应时间、复位要求、旁路功能、子系统最小检验测试周期等，见表 6.10-11。

表 6.10-11　安全仪表功能 SIL 定级汇总表

位号	仪表保护功能（IPF）描述	响应时间/s	旁路和复位要求	子系统最小检验测试周期要求	选定的 SIL 等级

6.10.5 化工安全仪表系统基础管理工作

（1）建立健全安全仪表系统管理组织机构

企业应根据有关法律法规和企业自身情况，建立健全安全仪表系统管理机构，明确安全仪表系统的归口管理，具体包括设备管理、安全功能管理、监督管理等职责分工。企业应不断改进和加强安全仪表系统管理工作，全面提高安全仪表系统的管理水平。

（2）完善安全仪表系统管理制度和程序文件

企业应建立和完善安全仪表系统管理制度和程序文件，融入企业安全管理体系中，提升过程安全管理水平。

管理制度和程序文件包括：建立本企业安全生命周期架构；制定功能安全管理、功能安全评估和审核制度及计划。明确企业负责人、管理部门、执行部门、相关岗位的职责。完善功能安全评估和审核计划，安全仪表功能辨识，化工安全仪表系统运行维护、检验测试、变更、停用管理等。

（3）加强培养功能安全相关技术和管理人才

企业应分层次组织对主要负责人、安全管理人员、工艺、操作、仪表、设备、电气、安全等人员开展安全仪表系统培训。目的是使相关人员熟悉安全仪表系统管理方法和内容，提升管理能力，确保安全仪表功能合理设置，安全仪表系统完好运行。

培训内容包括：法律法规、标准规范、过程危险分析及风险辨识管控方法、安全仪表全生命周期管理等相关知识。

仪表自动控制设备管理检查细则见表 6.10-12。

表 6.10-12　设备检查细则（仪表及自动控制设备管理）

单位名称：　　　　　　　　　　　　　　　　　　　　　　　　　检查人：

检查项目	检查内容	检查评定标准	标准分数	实际得分	评议意见
1. 仪表综合管理（30分）	（1）仪表完好率情况	发现一处不完好，扣 0.5 分	5		
	（2）仪表使用率情况	发现一个回路不投用扣 0.5 分	5		
	（3）仪表控制率	①已实施优化控制装置：仪表控制率≥95%； ②未实施优化控制项目装置：仪表控制率≥80%； ③每降低 5 个百分点扣 1 分	5		
	（4）泄漏率	发现一处漏点扣 0.1 分；漏点未挂牌每处扣 0.5 分	5		
	（5）仪表设备管理制度及执行情况	①未建立扣 5 分； ②不完善扣 1 分； ③管理职责不清扣 0.5 分； ④无检查记录或整改记录扣 1 分	5		
	（6）各类仪表台账、档案资料、报表（含电子版）	①未建立扣 5 分； ②不完善扣 1 分； ③一处不符合要求扣 0.2 分	5		

检查项目	检查内容	检查评定标准	标准分数	实际得分	评议意见
2. 常规仪表 （25分）	（1）现场仪表设计选型是否符合要求	按《石油化工自动化仪表选型设计规范》，一项不符合要求扣0.5分	1		
	（2）现场仪表安装是否符合要求	按《自动化仪表工程施工及验收规范》，一项不符合扣0.5分	1		
	（3）标准仪器周期检定	检查检定记录及标识，一项不符合扣0.2分	1		
	（4）仪表作业是否办理工作票	按仪表管理制度执行，一项不符合扣0.2分	3		
	（5）仪表巡检是否落实	按仪表管理制度执行，一处不符合扣0.2分	3		
	（6）仪表定期检查、强制保养工作是否按规定做	①未建立仪表定期检查及强制保养相关规定扣1分； ②未按规定进行检查及维护扣1分； ③记录不全扣0.2分	2		
	（7）仪表校验是否符合规定	按仪表管理制度执行，一张校验记录不符合扣0.2分	2		
	（8）放射性仪表管理	①未建立相关制度扣1分； ②一处未按制度执行扣0.2分； ③警示标记不全扣0.5分	2		
	（9）仪表穿线管、汇线槽、保温箱等是否完好	按《自动化仪表工程施工及验收规范》，一处不符合扣0.2分	2		
	（10）仪表风是否符合要求	①按仪表管理制度执行，不符合要求扣0.5分； ②仪表风未定期排空扣0.2分	1		
	（11）现场仪表跑冒滴漏及漏点挂牌情况	①一处漏点未挂牌扣0.5分； ②记录不完善扣0.1分； ③有一处明显漏点扣0.1分	2		
	（12）仪表防凝防冻措施是否落实	一处不符合扣0.2分	2		
	（13）仪表故障应急处理是否满足要求	观察仪表人员应急处理能力，一项不符合要求扣0.2分	1		

检查项目	检查内容	检查评定标准	标准分数	实际得分	评议意见
3. 控制系统管理	（1）机柜室温度、湿度是否控制在规定范围内	①按设备维护检修规程要求，每项每处不符合要求扣0.2分； ②未配置温湿计每处扣0.2分	2		
	（2）机房防小动物、防静电、防尘及电缆进出口防水措施是否落实	①按仪表管理制度要求，每项每处不符合要求扣0.2分； ②机房电缆进出口无防水措施扣0.5分	3		
	（3）DCS控制器配置及控制器负荷	单台控制器负荷重，影响系统正常运行扣0.2分	2		
	（4）DCS及ESD控制器通信状况	每处通信不正常扣0.2分	1		
	（5）控制系统运行状况	每处运行不正常扣0.2分	2		
	（6）控制系统维护、保养及大修	①未按设备维护检修规程要求进行日检、周检，每次每项不符合要求扣0.2分； ②控制系统密码及键锁钥匙管理不严格扣0.5分； ③控制系统不符合防病毒感染规定扣0.5分； ④控制系统大修未达到检修规程要求扣0.5分	3		
	（7）控制方案变更是否办理审批手续	①未办理手续扣0.5分； ②手续不完善扣0.2分	1		
	（8）控制系统故障处理、检修及组态修改记录是否齐全。	①故障处理、检修及组态修改记录齐全，每缺一项扣0.2分； ②记录不完善扣0.2分	3		
	（9）控制系统软件备份管理是否符合要求	①无备份扣1分； ②软件备份上应有名称、修改日期和修改人，每缺一项扣0.2分	1		
	（10）控制系统是否有事故应急预案	①无事故应急预案扣0.5分； ②事故应急预案不完善扣0.2分； ③未定期开展应急预案演练扣0.2分； ④模拟事故处理与预案规定不符合扣0.1分	1		
	（11）DCS和ESD供电方式是否符合要求	是否采用独立两路供电方式	考察		
	（12）联锁系统中的DCS、ESD和PLC故障记录功能是否完善	是否具备SOE或第一故障记录功能	考察		

检查项目	检查内容	检查评定标准	标准分数	实际得分	评议意见
4. 可燃、有毒气体报警仪（5分）	（1）可燃、有毒气体报警仪配置选型是否符合要求	按《石油化工自动化仪表选型设计规范》，每台不符合要求扣0.2分	1		
	（2）报警仪的检测器安装是否符合要求	按《自动化仪表工程施工及验收规范》，每台不符合要求扣0.2分	1		
	（3）报警仪的检测器是否有分布图	①无分布图扣1分；②分布图不齐全扣0.5分	1		
	（4）可燃、有毒气体报警仪是否按规定周期校准和检定，检定人是否取得有效资质证书	①未按周期校准和检定每台扣0.2分；②记录和标识不完善，每台扣0.2分；③资质不符合要求扣0.5分	1		
	（5）可燃、有毒气体报警仪运行及维护	①报警仪指示不准确或报警功能不正常，每台扣0.2分；②巡检维护记录不齐全扣0.2分；③通气试验时每发现一台不符合要求，扣0.2分	2		
	（6）报警仪停运是否办理手续	①未办理手续扣0.5分；②手续不完善扣0.2分	1		
5. 联锁保护系统（15分）	（1）联锁保护系统（设定值、联锁程序、联锁方式、停运、取消）变更是否办理审批手续	①未办理手续每处扣0.5分；②手续不完善每处扣0.2分	3		
	（2）联锁停运和恢复是否办理工作票	①未办理工作票一处扣0.5分；②工作票填写不完善一处扣0.2分	3		
	（3）摘除联锁保护系统是否有防范措施及整改方案	①无防范措施一处扣0.5分；②防范措施不完善一处扣0.2分；③长期摘除联锁无整改方案一处扣0.2分；④长期摘除联锁整改方案未落实一处扣0.2分。	3		
	（4）联锁保护系统投运前是否有进行联校确认	①无联校确认表扣1分；②确认表不完善一处扣0.2分	2		
	（5）联锁保护系统图纸和资料是否齐全、准确；联锁变更后是否及时更新图纸资料	①图纸和资料不齐全扣0.5分；②图纸与实际不相符扣0.5分；③联锁图纸和资料未及时更新一处扣0.5分	3		
	（6）紧急停车按钮是否有可靠防护措施	①无措施扣0.2分；②措施不完善扣0.1分	1		

检查项目	检查内容	检查评定标准	标准分数	实际得分	评议意见
6. 在线分析仪表(5分)	(1)安装是否符合要求	一项不符合要求扣0.1分	1		
	(2)测量是否准确	一项不符合要求扣0.2分	1		
	(3)定期检查、维护是否符合要求	①无分析仪表定期检查及维护保养相关规定扣0.5分; ②未按规定进行检查及维护扣0.2分; ③记录不全扣0.1分	2		
	(4)在线分析仪表及样品预处理系统完好和投用情况	①停用分析仪表未办理停用手续扣0.2分; ②停用手续不完善扣0.1分; ③在用分析仪表不完好每套扣0.1分	2		

226

第7章 其他设备安全技术

7.1 加油站设备

我国加油站快速增加是在 20 世纪 90 年代初期。1992 年国内零售市场试验性开放，成品油价格实行"双轨制"以后，由于经营成品油批零差价大、利润丰厚，国内社会各业和各种经济成分纷纷涉足加油站，数量急剧增加。

加油站主要分区有：加油区、油罐区。加油区主要由罩棚和站房构成，罩棚下设加油岛和加油机，站房为单层建筑，设有营业室、财务室、卫生间、活动室、淋浴间、值班室、休息室和配电室等；站房南侧为加油区，油罐区位于站房西侧；油罐区设置储油罐，每个油罐皆安置在相对应的一个隔池里。每个隔池均设有检测立管。卸油口位于油罐区的东侧。柴油及汽油通气管分开设置，设置于油罐区的西部，且通气管管口高出地面 4m。汽油罐的通气管口安装带阻火器的机械呼吸阀。

加油站原理如图 7.1-1。

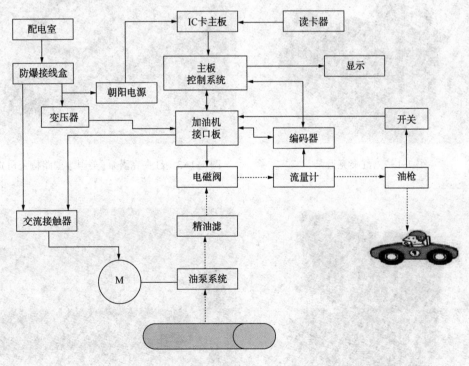

图 7.1-1 加油站原理

7.1.1 加油站机器设备种类

加油站机器设备如表 7.1-1 所示。

表 7.1-1　加油站机器设备种类

设备类别	定义
存储设备	指盛装存储油品以供零售的油桶、油罐等设备。大部分加油站的油罐都埋设在地下,这样既可少占地,又增大了安全系数。但其缺点是清洗不易,改造工程大
传输设备	连接于油罐与加油机、油罐与接卸口或油罐间的输油管线设施
加油设备	直接实现加油功能的机械及仪器、仪表设备,如加油机等
动力设备	指供给加油站以保证其生产服务业务正常进行的电力设备,如变、配电设施
运输设备	指用于运送散装及整装油品的运输工具,如油罐车、货车等
防火安全设备	用于迅速扑灭初起火灾的灭火设备,如泡沫灭火器、沙箱等

（1）机械部分

机械部分包括以下内容：油泵,包括潜泵、自吸泵；油气分离器；精油滤；流量计；切断阀；紧急切断阀；电磁阀阀体；油枪；拉断阀等。

①潜油泵

图 7.1-2、图 7.1-3 为红夹克潜泵(美国维德路特公司)。图 7.1-4、图 7.1-5 为蓝夹克潜泵(FE PETRO)。

图 7.1-2　红夹克潜泵

图 7.1-3　红夹克潜泵(美国维德路特公司)

图 7.1-4　蓝夹克潜泵

图 7.1-5　蓝夹克潜泵(FE PETRO)

228

潜油泵加油机由主机、潜油泵、泵头、电器控制箱等组成。

主机是潜油泵加油机的计量、控制与操作设备，内有滤网、流量计、电磁阀、油枪等组成。潜油泵系美国红夹克潜泵、蓝夹克潜泵是加油机的供油设备。泵头内有单向阀、压力调节阀、防爆接线盒及电容器盒等。潜油泵为电机、泵、滤网、温度控制器等集合而成。

电器控制箱有热继电器、接线端子、指示灯、开关等。

潜油泵加油机有以下特点：

● 潜油泵可降低油站的建设成本，一台潜油泵可以为多台加油机供油，节约管线、弯头、底阀。

● 潜油泵直接放在油罐里面使用，不需油气分离，管道不存在气阻现象、寿命长、噪音小、极少维护。

● 潜油泵直接放在油罐里面，不存在汽化现象。当出现以下情况时可用潜油泵解决：油罐的直径大、埋的太深、油管线太长、油液温度高、地理位置海拔高等原因加油机吸不上油。

● 潜油泵的管路始终为正压，比自吸泵更容易做管线测漏试验，便于安装测漏系统，及时发现泄漏，减少环境污染。

● 电机上安装有过热保护器，油液被抽空后，随着温度的升高，电机会自动断电。

● 可配备机械式测漏器或电子测漏系统。

②自吸泵

自吸泵属自吸式离心泵，它具有结构紧凑、操作方便、运行平稳、维护容易、效率高、寿命长，并有较强的自吸能力等优点。管路不需安装底阀，工作前只需保证泵体内储有定量引液即可。不同液体可采用不同材质自吸泵。

自吸泵的工作原理是水泵启动前先在泵壳内灌满水（或泵壳内自身存有水）。启动后叶轮高速旋转使叶轮槽道中的水流向蜗壳，这时入口形成真空，使进水逆止门打开，吸入管内的空气进入泵内，并经叶轮槽道到达外缘。如图7.1-6所示。

该泵均采用轴向回液的泵体结构。泵体由吸入室、储液室、涡卷室、回液孔、气液分离室等组成，泵正常启动后，叶轮将吸入室所存的液体及吸入管路中的空气一起吸入，并在叶轮内得以完全混合，在离心力的作用，液体夹带着气体向涡卷室外缘流动，在叶轮的外缘上形成有一定

图7.1-6 自吸泵

厚度的白色泡沫带及高速旋转液环。气液混合体通过扩散管进入气液分离室。此时，由于流速突然降低，较轻的气体从混合气液中被分离出来，气体通过泵体吐口继续上升排出。脱气后的液体回到储液室，并由回流孔再次进入叶轮，与叶轮内部从吸入管路中吸的气体再次混合，在高速旋转的叶轮作用下，又流向叶轮外缘。随着这个过程周而复始的进行下去，吸入管路中的空气不断减少，直到吸尽气体，完成自吸过程，泵便投入正常作业。

在一些泵的轴承体底部还设有冷却室。当轴承发热引起轴承体温升超过70℃时，可在冷却室处通过任意一只冷却液管接头，注入冷却液循环冷却。泵内部防止液体由高压区向低压区泄漏的密封机构是前后密封环，前密封环装在泵体上，后密封环装在轴承体上，当泵经长期运转密封环磨损到一定程度，并影响到泵的效率和自吸性能时，应给予更换。

该泵的特点是结构简单可靠，经久耐用。在泵正常情况下，一般不需要经常拆开保养。

当发现故障后随时给予排除既可。

维护该泵时应注意几个主要部位：

- 滚动轴承：当长期运行后，轴承磨损到一定程度时，须进行更换。
- 前密封环、后密封环：当密封环磨损到一定程度时，须进行更换。
- 机械密封：机械密封在不漏液的情况下，一般不应拆开检查。若轴体下端泄漏口处产生严重泄漏时，则应对机械密封进行拆检。装拆机械密封时，必须轻取轻放，注意配合面的清洁，保护好静环和动环的镜面，严禁敲击碰撞。因机械密封而产生泄漏的原因主要是摩擦副镜面拉毛所至。其修复办法：可对摩擦副端面进行研磨使恢复镜面。机械密封产品泄漏的另一原因是 O 形圈安装不当，或者变开老化所至。此时则需更换 O 形圈进行重新装配。

泵拆装顺序：

- 拆下电动机或脱出联轴器。
- 拆出轴承体总成，检查叶轮和前口环的径向间隙，检查叶轮螺母有无松动。
- 拆下叶轮螺母，拉现叶轮，检查叶轮和后密封环的径向间隙。
- 松出机械密封的紧定螺钉，拉出机械密封的动环部分，检查动、静环端面的贴合情况，检查 O 形密封圈的密封情况。
- 旋出联轴器的紧定螺钉，拉出联轴器。
- 拆下轴承端盖，拆出泵轴和轴承。
- 安装时以相反顺序进行装配即可。

③精油滤

精油滤的工作原理比较简单，即油液从油管中流入精油滤，经过精油滤滤网，筛选油液，从而保护电磁阀、流量计和油枪等部件，似的计量准确度更高。如图 7.1-7 所示。

但油滤安装不当会对人身造成伤害。

注意定期更换油滤。

④流量计

流量计指示被测流量和(或)在选定的时间间隔内流体总量的仪表。简单来说就是用于测量管道或明渠中流体流量的一种仪表。计量是工业生产的眼睛。流量计量是计量科学技术的组成部分之一，它与国民经济、国防建设、科学研究有密切的关系。做好这一工作，对保证产品质量、提高生产效率、促进科学技术的发展都具有重要的作用，特别是在能源危机、工业生产自动化程度愈来愈高的当今时代，流量计在国民经济中的地位与作用更加明显。流量计如图 7.1-8 所示。

图 7.1-7　精油滤

图 7.1-8　流量计

工程上常用单位 m³/h，它可分为瞬时流量(Flow Rate)和累计流量(Total Flow)，瞬时流量即单位时间内过封闭管道或明渠有效截面的量，流过的物质可以是气体、液体、固体；累计流量即为在某一段时间间隔内(一天、一周、一月、一年)流体流过封闭管道或明渠有效截面的累计量。通过瞬时流量对时间积分亦可求得累计流量，所以瞬时流量计和累计流量计之间也可以相互转化。

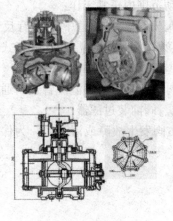

加油机流量计就是对输出的油液提及进行计量，并将输出的油液体积量转换为流量计转动的角位移量。

流量计结构及计量准确度的调整见图 7.1-9。

流量计计量准确度的调整加油机在出厂前已经对流量计做了准确度调整，以满足出厂准确度要求。但在长期使用过程中，由于机械磨损，导致实际排量进一步偏离理论排量，使计量准确度下降。所以，必要时要对流量计加以调整。其方法是转动流量计其中一个端盖上的调整轮。转动前先拔掉锁定销，顺时针旋转可使调整螺钉向里位移减小排量，逆时针旋转可使调整螺钉向外位移增加排量。每调整一个孔位计量准确度调整量为 0.059%，调整完毕，插入锁定销，在手轮处打好铅封。

图 7.1-9　流量计结构
及计量准确度的调整

⑤切断阀

切断阀是自动化系统中执行机构的一种，由多弹簧气动薄膜执行机构或浮动式活塞执行机构与调节阀组成。切断阀的用途很广，可用于切断煤气、助燃空气、冷风及烟气等。

切断阀仅潜泵加油机设有(图 7.1-10)，是潜泵加油机可靠的油路保护装置。此阀的作用：一是防止燃油加油机被意外撞到损坏时，紧急切断阀的剪切环处发生断裂，阀芯自动关闭，在燃油加油机来不及停泵的情况下，防止大量燃油泄漏，避免危险事故的发生和环境污染；二是遭到意外火灾时，紧急切断阀附近的环境温度达到 180~220℃ 时，自动关闭，切断油路，避免引起严重的次生事故，该阀是加油机可靠的油路保护装置；三是便于加油机维修。

图 7.1-10　潜泵加油机切断阀

注意：潜泵加油机必须按照紧急切断阀，切断阀的一段接上油管路，另一端与加油机的油纫相连，完成加油机的油路连接；安装切断阀时，内螺纹和外螺纹都要均匀涂上导电螺纹密封胶，严禁在螺纹连接处用生料带进行缠绕；打开切断阀阀门时，一定要用扳手扳动，严禁用手去扳动，这样很容易损坏切断阀。

⑥电磁阀

电磁阀是用电磁控制的工业设备，是用来控制流体的自动化基础元件，属于执行器，并不限于液压、气动。用在工业控制系统中调整介质的方向、流量、速度和其他的参数。电磁阀可以配合不同的电路来实现预期的控制，而控制的精度和灵活性都能够保证。电磁阀有很多种，不同的电磁阀在控制系统的不同位置发挥作用，最常用的是单向阀、安全阀、方向控制阀、速度调节阀等，不同种类的电磁阀如图 7.1-11 所示。电磁阀结构如图 7.1-12 所示。

图 7.1-11 不同种类的电磁阀

安装注意:

• 安装时应注意阀体上箭头应与介质流向一致。不可装在有直接滴水或溅水的地方。电磁阀应垂直向上安装;

• 电磁阀应保证在电源电压为额定电压的15%~10%波动范围内正常工作;

• 电磁阀安装后,管道中不得有反向压差。并需通电数次,使之适温后方可正式投入使用;

• 电磁阀安装前应彻底清洗管道。通入的介质应无杂质。阀前装过滤器;

• 当电磁阀发生故障或清洗时,为保证系统继续运行,应安装旁路装置。

故障排除:

电磁阀通电后不工作——

检查电源接线是否不良→重新接线和接插件的连接

检查电源电压是否在工作范围→调至正常位置范围

线圈是否脱焊→重新焊接

线圈短路→更换线圈

工作压差是否不合适→调整压差或更换相称的电磁阀

流体温度过高→更换相称的电磁阀

有杂质使电磁阀的主阀芯和动铁芯卡死→进行清洗,如有密封损坏应更换密封并安装过滤器

液体黏度太大,频率太高和寿命已到→更换产品

电磁阀不能关闭——

主阀芯或铁动芯的密封件已损坏→更换密封件

流体温度、黏度是否过高→更换对口的电磁阀

有杂质进入电磁阀产阀芯或动铁芯→进行清洗

弹簧寿命已到或变形→更换

节流孔平衡孔堵塞→及时清洗

工作频率太高或寿命已到→改选产品或更新产品

其他情况——

内泄漏→检查密封件是否损坏,弹簧是否装配不良

外泄漏→连接处松动或密封件已坏→紧螺丝或更换密封件

通电时有噪声→接线端子连接处坚固件松动,拧紧。电压波动不在允许范围内,调整好电压。铁芯吸合面杂质或不平,及时清洗或更换。

工作原理:通电时,电磁线圈产生电磁力把关闭件从阀座上提起,阀门打开;断电时,电磁力消失,弹簧力把关闭件压在阀座上,阀门关闭。

工作过程[五个状态(定量加油)]:

• 关闭状态、小流量状态(0.06L,加油机不显示,但是记录该数据)、全流量状态、返

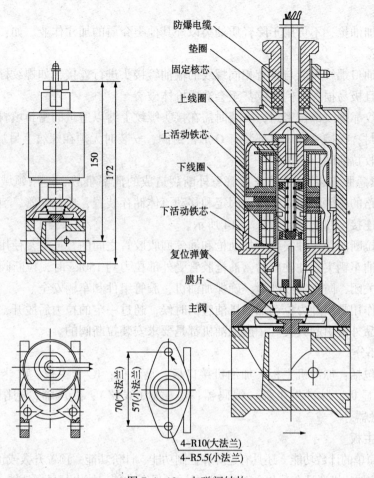

图 7.1-12　电磁阀结构

主要标注（从上到下）：防爆电缆、垫圈、固定核芯、上线圈、上活动铁芯、下线圈、下活动铁芯、复位弹簧、膜片、主阀

150
172
70(大法兰)
57(小法兰)
4-R10(大法兰)
4-R5.5(小法兰)

回到小流量状态(确保计量准确度)、返回到关闭状态。

● 电磁阀线圈，用交流电供电。

⑦加油枪

加油机采用自动计量，加油枪为自封式加油枪，流量为 5~50L/min，汽油加油机采用油气回收系统。加油机设置紧急切断阀。加油机底槽采用了防渗措施。加油枪如图 7.1-13 所示。

油气回收型加油枪可配套于国际、国内各品牌加油机标准组件设计，零件方便拆换同轴枪管，末端加装不锈钢环，使加油枪更轻巧耐用。设计有符合 UL 标准的剪切槽，可有效保护加油机低气阻、液阻设计流行的两截式护套设计，油枪封气罩可提高油气回收效果，油枪需要在有油压的情况下才能打开，防止意外喷油。枪体可满足 UL 规定的 50psi(1psi ≈ 6.89kPa)压力，进油口螺纹规格：M34×1.5。

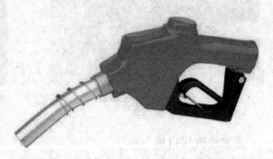

图 7.1-13　加油枪

注意事项：

自封系列加油枪，不可用于除轻质油类以外其他类介质的加注作业。如：重油、酸、碱等性质的液体；

加油枪进油口螺纹只能与具有相同螺纹的输油管接头进行连接，如螺纹标准不同将不能达成密封，并且极易损坏两侧螺纹甚至会造成枪体破裂。

锥形体螺纹靠螺纹部位密封，安装时需在接头螺纹上缚以适量的密封填料。平形体螺纹靠平面部位密封，在接头螺纹根部装有 O 形密封圈，安装时无须在螺纹上另加填料。

⑧油气回收拉断阀

拉断阀（紧急脱离装置）能防止胶管意外断裂造成的泄漏事故，适用领域包括船对岸卸载，公路、铁路的槽罐装卸以及其他固定和移动流体储存装置，比如鹤管、流体输送臂与运输载体之间的连接。拉断阀如图 7.1-14 所示。

油气回收拉断阀是一种安装于加油枪和油气回收胶管之间的、可重复使用的油气回收安全装置。当加油车辆突发性驶离时，油枪胶管受外部拉力约 150kg 时，拉断阀自动分离，胶管处阀门立即关闭，防止油液外泄，确保加油机、胶管组件和车辆安全。

拉断阀的作用是当外力拉动加油机油管的时候，超过一定的拉力后脱开，同时自动切断油路，防止油品外流引起火灾。一般加油机都是要求安装拉断阀的。

（2）电气部分

电气部分包括：加油机主板、加油机接口板；显示板；IC 卡主板、IC 卡接口板；读卡器（卡座）；键显板；脉冲发生器、编码器；电磁阀（线路）；变压器；朝阳电源（长吉特有）；交流接触器。

①加油机主板

不仅完成简单的计数功能，还具有运算和控制功能、计价功能、预置升数或预置金额加油功能等。另外电脑加油机还具有升和金额总累计显示和保存功能，掉电复显示功能，提前关机量和提前关阀量置入功能、计算机通讯、接受计算机的指令等功能。加油机主板如图 7.1-15 所示。

图 7.1-14　拉断阀

图 7.1-15　加油机主板

②加油机接口板

将变压器提供的交流电，转变为稳定的直流电，为主板提供电源。将来自提枪开关的信号，传递至主板，同时接受和分配主板各项指令。加油时采集编码器信号，传送至主板，共主板进行数据运算处理。加油机接口板如图 7.1-16 所示。

③显示板

显示板为输出设备，用来实现人机对话。显示板如图 7.1-17 所示。

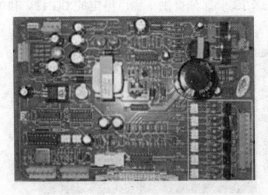

图 7.1-16　加油机接口板

图 7.1-17　显示板正面图

④键盘

键盘是主控电脑版的输入设备，用来实现人机对话，如图 7.1-18 所示。

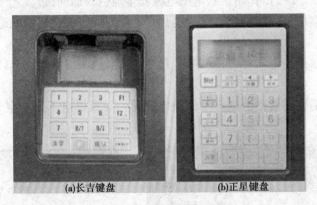

(a)长吉键盘　　　　(b)正星键盘

图 7.1-18　键盘

⑤读卡器

读卡器如图 7.1-19 所示。

读取、写入 IC 卡数据和信息。

IC 卡加油过程：插卡→读卡→提枪信号→置灰→加油→扣款→解灰→弹卡→加油完毕。

图 7.1-19　读卡器

⑥变压器

变压器(图 7.1-20)将来自配电室的 AC 220V 交流电源转换为加油机用的 AC 24V 的安全电压的交流电源。朝阳电源(长吉特有)是未 IC 卡部分提供平稳、恒定的 DC 12V 和 DC 9V 的直流电源。

图 7.1-20　变压器、直流电源

⑦防爆接线盒

防爆接线盒(图 7.1-21)作用是将电网电源安全地引入加油机。

注意要将防爆盒内部用接线帽进行连接，且还要有裸露铜线，以免造成短路。

⑧空气开关

选择空开，需参照用电器功率：选择空开过大，会烧坏用电器；选择空开过小，会引起频繁跳闸。

空开触点接线需要挤紧，否则容易使触电氧化，导致供电不足。空气开关如图 7.1-22 所示。

图 7.1-21　防爆接线盒　　　　　　　图 7.1-22　空气开关

7.1.2　油罐安全技术

本工程采用卧式钢制单层油罐，并设置承重防渗罐池。并且对油罐做加强级防腐和防渗漏措施，该加油站油罐的接合管均设在油罐上部的人孔盖上，工艺合理、先进。

埋地油罐设置罐池，罐池采用钢筋混凝土整体浇筑，并符合 GB 50108—2008《地下工程防水技术规范》的有关规定。罐池内部空间采用中性细沙回填，并在罐池上部做防水。防渗罐池的各隔池设置渗漏检测立管。油罐及罐池如图 7.1-23 所示。地下油罐卸油防溢阀设施如图 7.1-24 所示。防溢阀如图 7.1-25 所示。磁致伸缩液位仪如图 7.1-26 所示。卸油口如

图 7.1-27 所示。

图 7.1-23 油罐及罐池

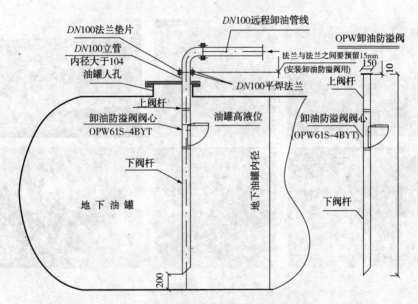

图 7.1-24 地下油罐卸油防溢阀设施图

图 7.1-25 防溢阀

图 7.1-26　磁致伸缩液位仪

图 7.1-27　卸油口

　　油罐车(oil tank truck)：又称流动加油车、电脑程控加油车、引油槽车、装油车、运油车、拉油车、石油运输车，主要用作石油的衍生品(汽油、柴油、原油、润滑油及煤焦油等油品)的运输和储藏。油罐车如图 7.1-28 所示。

图 7.1-28　油罐车

7.1.3　埋地加油管线安全技术

本工程埋地加油管道采用双层管道，外层管壁厚为 5mm，内层管与外层管间的缝隙贯通，双层管道最低点设置检漏点。双层管道如图 7.1-29 所示。液位仪如图 7.1-30 所示。渗漏检测仪如图 7.1-31 所示。

图 7.1-29　双层管道

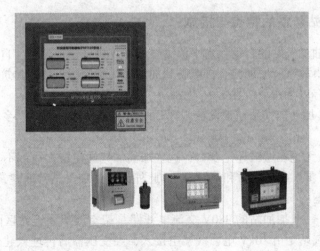

图 7.1-30　液位仪

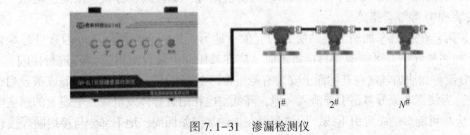

图 7.1-31　渗漏检测仪

239

双层罐泄漏检测仪是一款用于检测双层罐泄漏的仪器仪表，该检测仪采用的是传感器法检测双层罐，使用光学探杆作为传感元件，用于双层壁油罐夹层、地井等空间内油、水泄漏的检测。传感器可识别油、水的泄漏，检测仪可同时检测多个双层壁油罐，并自动声光报警，多方位保证储油系统的安全。渗漏检测仪传感器如图 7.1-32 所示。

7.1.4 加油站的配电室与发电室

按照规定，发电室需要独立隔开，因为目前发电设备都是燃油式的，存在一定的危险性，所以不可以和配电室在一起。配电柜如图 7.1-33 所示。

图 7.1-32 渗漏检测仪传感器

图 7.1-33 配电柜

7.1.5 加油站防雷的特点与措施

随着机动车加油加气站的自动化水平提高，如计算机计量、计价、自动报警等应用越来越普遍，雷电感应事故有所增加，直接威胁到加油加气站周围人群的建筑物的安全。

加油站通常具有以下几个特点：

（1）地理位置：加油加气站通常设在城区开阔地带或郊区、山区、乡村、高速公路等道路边的开阔地带。

（2）实施条件：无论在城区还是乡村，这些加油加气站建筑往往都不具备符合要求的防雷设施（包括外部防雷、内部防雷和地网等）。此外，加油加气站营业建筑面积一般都很小，不便于多级防雷方案的实施。

（3）电源系统：一般加油站的 380V 交流电线路是架空线接入至站区附近再埋地引入建筑的，部分加油加气站是由 10kV 电力线架空接入，经变压器后再埋入建筑的。在乡村和山区有时根本没有埋地措施，因此非常容易感应雷电电磁脉冲。

对汽车加油加气站的防雷，必须采系统的防护措施：如接闪、分流、接地、均压、综合布线、安装 SPD 等综合措施。

（1）接闪：根据汽车加油加气站所处的气象、地形、地貌、周围环境等因素进行综合分析，当该加油加气站有可能遭受直接雷击时，应在其屋面上装设避雷带（网）进行接闪。

（2）分流：加油加气站在其屋面上安装有避雷带（网）接闪后，应利用柱钢筋或敷设扁钢作为引下线，为使雷电流分多路引导泄入大地，降低雷电在附近导体或电线、电缆上的感应电势或电流，应尽可能多的布置引下线，均匀布置在加油加气站四周，地下部分与接地网焊接。

（3）接地：接地应围绕建筑物做环形闭合接地装置，在每根引下线处，布置2~3根垂直接地极，垂直接地极长2.5m，埋深0.7m以下，作用是降低冲击接地电阻及固定环形闭合装置，接地网应在油罐卸车场地、加油机安装处、配电盘进线处，埋地油罐通气管处焊接出接地支线，为上述设备作接地用。

加油加气站的防雷接地、防静电接地、电气设备的工作接地、保护接地、电子系统的接地、SPD接地等，宜共用接地装置，其接地电阻值不应大于4Ω。

（4）均压：加油加气站建筑物做环形接地装置后，所有进出环形接地装置的金属管道、电缆金属外皮，导线保护管，均应在与环形接地装置交叉处相连。加油站内的所有需接地的设备与构件，如油罐、加油机、通气管、配电盘、电子系统用配电盘、开关、灯具等都要与接地网相连接，为方便相邻的金属导体及设备上的电势（电压）相等。防止雷电反击火花及维护操作人员产生电击，保护设备及人身安全。相邻的金属导体及设备应用导电体跨接。

（5）合理布线：当汽车加油加气站的屋面上装有避雷带（网）接闪时，动力配电线与电子系统配线，应尽量远离避雷带的引下线，最好两者相距2m以上，否则应套钢管加强屏蔽。

（6）安装SPD：配电系统安装的SPD要符合防雷类别要求，注意外露电器设备不宜过于突出，金属支架应可靠接地，电源线路应采取屏蔽接地保护，并应在开关处安装过电压（电涌）保护器，同时应当重视信息系统雷电电磁脉冲的防护。

有的加油加气站在供电线路上安装了一级SPD，但往往由于级数不够，人工接地体电阻值过大，接地线太长或连接不可靠等原因不符合规范，必然严重影响防雷效果，实际上防雷保护器形有实无。

7.1.6 撬装式加油装置

撬装式加油装置的油罐内应安装防爆装置。防爆装置采用阻隔防爆装置时，阻隔防爆装置的选用和安装，应按现行行业标准AQ 3002《阻隔防爆撬装式汽车加油（气）装置技术要求》的有关规定执行。

撬装式加油装置应采用双层钢制油罐。撬装式加油装置的汽油设备应采用卸油和加油油气回收系统。双壁油罐应采用检测仪器或其他设施对内罐与外罐之间的空间进行渗漏监测，并应保证内罐与外罐任何部位出现渗漏时均能被发现。

撬装式加油装置的汽油罐应设防晒罩棚或采取隔热措施。撬装式加油装置四周应设防护围堰，防护围堰内的有效容量不应小于储罐总容量的50%。防护围堰应采用不燃烧实体材料建造，且不应渗漏。

7.2 油库设备

7.2.1 主要设备、设施

油库主要储存设施包括钢制内浮顶罐储油罐、发油鹤管等，如表7.2-1所示。

表 7.2-1　油库主要的设备设施

序号	名称	规格型号	备注
1	钢制内浮顶罐	800m³ φ11000×9500mm	
2	发油鹤管	DN100	发油台
3	卸车泵	YHCB80-60	卸车区
4	装车泵	80SG-50-30	发油区
5	止回阀	PN16 DN150	油罐
6	远程切断阀(电磁阀)	BZCZP-1-K-DN150	油罐
7	流量计	金属转子流量计	油罐
8	液位计	磁致伸缩液位计(测温点)	油罐
9	量油尺	15m	化验室
10	可燃气体检测器	S104	罐区、油泵棚、发油亭
11	可燃气体报警器	T200	中控室
12	小型气象站	—	控制室顶部
13	视频监控摄像头	—	库区围墙上
14	高位摄像头	—	库区南侧
15	红外对射器	—	库区围墙上
16	视频监控设施	—	控制室
17	静电接地报警器	JDB-3	油泵棚
18	PLC控制系统	—	控制室
19	UPS电源	—	控制室
20	应急广播	—	控制室顶部
21	高压配电柜	800mm×1500mm×500mm	配电室
22	消防水池	700m³	库区东侧
23	事故水池	700m³	库区西侧
24	安全标示牌	—	整个厂区
25	轴流风机	—	配电室、消防泵房

7.2.2　供配电工程

根据 GB 50016—2014《建筑设计防火规范》中规定，消防用电负荷属于二级负荷，火灾自动报警系统、仪表控制系统、消防泵、应急照明用电，根据 HG/T 20664—1999《化工企业供电设计技术规定》中 4.1.1 及 4.1.5 条规定，属于二级负荷中"有特殊供电要求的负荷"，需要设置应急电源供电。根据该项目工艺生产特点和生产要求，消防设施、应急照明、自动控制联锁系统用电要求等级为二级负荷，其余为三级负荷。

例如某项目电源引自房山区变电站，电源电压 10kV，由单回路架空线路供电，在厂外设置 315kVA 油浸式变压器一台，保证项目 380/220V 低压用电。低压配电系统的接地型式采用 TN-S 系统，项目总装机容量 200kW，该变压器能满足项目用电需要。

火灾自动报警系统和仪表控制系统用电，通过 UPS 实现不间断供电，为满足供电要求，设置 3kV·A UPS 一台；为消防泵提供应急电源，设置 100kW 柴油发电机组，2 台 45kW 的消防泵(一备一用)，该类负荷分别从厂区的变压器低压母线段和柴油发电机组引线，通过 ATS 自动转换开关相连，当市电被检测到出现断电或偏差时，则自动从市电转换至柴油发电机，当市电会恢复正常时，则自动将负载返回换接到市电，换接时间无延时。柴油发动机组 15s 完成启动，本项目储备足够柴油量，至少要保证柴油发电机安全供电 6h；应急照明用电采用市电+蓄电池(应急时间大于 30min)。厂区供配电如表 7.2-2 所示。

表 7.2-2　厂区供配电一览表

序号	负荷名称	设备容量/kW	运行容量/kW	供电要求	备用电源
1	火灾自动报警系统	1	2	有特殊供电要求的负荷	UPS
2	仪表控制系统	1		有特殊供电要求的负荷	UPS
3	消防泵	90	45	有特殊供电要求的负荷	发电机
4	应急照明	2	2	有特殊供电要求的负荷	蓄电池
5	其他用电负荷	251	251	三级负荷	无

配电室的门口处设置挡鼠板，材质为钢板制成，高度为 30cm，铠装铜芯电缆为管沟敷设，配电柜装设隔离开关，在停电检修时可将带电部分隔开。配电柜内装设塑壳断路器，具有短路、接地保护功能，装设继电器具有过载、缺相保护功能。油库(站)进线配电箱处安装有功、无功电度表、功率因数表、电容补偿装置和总电表。

依据 AQ 3009—2007《危险场所电气防爆安全规范》汽油和柴油属于 A 级 T3 组别，该油库的装油泵、发油泵处于汽油卸油泵的爆炸危险区域之内，实际采用的防爆等级为 Exd Ⅱ BT4，高于规范要求。

7.2.3　消防安全设施

(1)消防水量

油库的消防用水量分为 3 部分：①配制泡沫剂所耗水量；②冷却着火油罐所耗水量；③冷却邻近油罐所耗水量。GB 50016—2014《建筑设计防火规范》第 8.2.2 条之规定，同一时间内火灾次数按一次计，消防用水量按最大的一座建筑物设计。依据 GB 50074—2014《石油库设计规范》第 12.2.7 条罐组内的消防水量按一个着火罐两个相邻罐计，火灾持续时间按第 12.2.10 条取 4.0h，经计算，汽油罐组消防总用水量为 361m³，柴油罐组消防总用水量为 330m³。消防水池为 700m³，位于油库东南部，消防水池补水管设浮球式液压水位控制阀，当液面降低时，阀门自动开启补水，可保证消防水池有效容积不变。采取消防水不被动用的措施，保证消防储水量为 361m³，满足消防水量的要求。

根据第 12.1.4 条第 2 款和 GB 50151—2010《泡沫灭火系统设计规范》第 5.4.3 条第 1 款规定，则柴油罐组泡沫灭火系统泡沫液用量为 $Q = 3.14 \times 5.5 \times 5.5 \times 5 \times 45 \times 6\% \times 1‰ = 1.28m^3$。汽油罐组泡沫灭火系统泡沫液用量为 $Q = 3.14 \times 4.6 \times 4.6 \times 5 \times 45 \times 6\% \times 1‰ = 0.9m^3$。总泡沫液用量为 2.18m³，灭火采用氟蛋白泡沫液，泡沫液选用 6%氟蛋白泡沫液，每个储罐均设 2 个泡沫产生器，泡沫液储备量 4m³，满足消防泡沫液的要求。且罐区设置两个移动式的泡沫灭火装置，额定流量为 8L/s，有效喷射时间 ≥7min，企业另备两个移动式的泡沫灭火装置，以备应急使用。

(2)消防水源

例如某项目由市政管网供水，在油库南侧西门偏西 14m 位置，接市政主干水管，接管管径 DN100，水压 0.3MPa，能满足消防补水要求。消防水池补水管设浮球式液压水位控制阀，当液面降低时，阀门自动开启补水，可保证消防水池有效容积不变。

（3）消防水泵

消防泵房配置二台消防泵（型号：XBD5/50-45-W150-410×2，配套功率 45kW，流量 50L/s，扬程 50m），消防泵采用自灌式吸水，一用一备，保证 24h 常备，可以满足生产消防用水。消防水泵由配电室引专用回路供电，停电时可由备用 100kW 柴油发电机供电，能满足消防用电需求。消防泵采用消防泵房现场启动和消防控制室远程启动两种启动方式。

（4）室外消火栓

依据 GB 50074—2014《石油库设计规范》第 12.2.5 条规定消防管线布置成环状，消防环网上共布置室外地上式消火栓 5 套，间距不大于 120m，罐区消火栓间距不大于 60m。依规范布置在便于及时发现和取用的地方，且不得影响安全疏散。

（5）泡沫灭火设施

依据 GB 50074—2014《石油库设计规范》第 12.1.4 条第 2 款规定，采用半固定式泡沫灭火系统，每个储罐均设 2 个 PCL 型泡沫产生器，泡沫原液依托当地消防支队消防车，并自备 2 套 PMY20 型移动泡沫灭火装置，以备应急使用。

（6）建筑灭火器配置

依据各个建筑物的火灾危险性类别及 GB 50140—2005《建筑灭火器配置设计规范》配置建筑灭火器。通过对该油库进行了建筑消防设施检测，所有检查项全部合格。

以某项目为例，该油库消防设施情况如表 7.2-3 所示。

表 7.2-3 消防设施一览表

序号	名称	规格型号	数量	备注（安装位置）
1	应急灯	—	9	消防控制室；消防泵房
2	应急电源	—	1	配电室
3	消防水池	700m³	1	厂区东侧
4	消防水泵	XBD5/50-45-W150-410	2	消防泵房内
5	泡沫发生器	固定式 PCL4	22	储油罐顶部
6	泡沫灭火装置	PMY20	2	罐区
7	2kg 手提式干粉灭火器	MFZ/ABC2	2	消防泵房
8	4kg 手提式干粉灭火器	MFZ/ABC4	6	门卫室、办公室、消防控制室
9	8 kg 手提式干粉灭火器	MFZ/ABC8	18	罐区、罩棚
10	灭火毯	—	15	罐区、罩棚
11	手提式二氧化碳灭火器	MT7	4	配电室、控制室
12	消火栓		5	库区
13	消防沙	2m³	8	罐区、罩棚

（7）消防、医疗救援依托

该油库消防外援主要依托外部消防中队，该消防中队配备消防车 8 辆（其中 2 辆泡沫消防车、6 辆水消防车），消防官兵 30 余人，消防队距离该油库 2km，5min 内即可到达现场。医疗救援力量依托 2km 外的某医院。

（8）消防通道

该油库为环形消防车道，最小净宽度为 4.0m，消防车道上方满足净空高度大于 4.5m 的要求，路面采用水泥敷设。人流和物流出入口分开设置，库区南侧为物流出入口，东北部大门为人流出入口，并在油库四周设置了 2.5m 高的实体围墙。

（9）防火堤

依据 GB 50074—2014《石油库设计规范》6.0.6 规定，防火堤用 MU10 混凝土实心砖砌体，M10 水泥砂浆砌筑，防火堤高度为 1m，耐火等级为二级，墙体厚度为 370mm，隔堤高度为 0.8m。严禁在防火堤上开洞；管道穿越处用水泥砂浆填实；罐区设置集水坑，在雨水沟穿越防火堤处，设置排水阻油器；防火堤设置人行踏步，1#罐区两处，2#罐区三处，均匀分布于罐区四周。

（10）排水

项目无生产废水排放，营运过程中排放的废水主要来自储罐区地坪清洗水。新建事故水池容量为 700m³，满足最大污水量储存要求。该项目出现火灾、爆炸事故时，产生的污水数量主要来源于罐组消防用水。消防水量为 361m³，罐组前 10min 初期雨水量为 147m³，罐组最大物料泄漏量为 600m³，总计算量为 1108m³，罐组围堤内能存储 1272m³，700m³ 事故水池可满足要求。

7.2.4　防雷、防静电

防雷防静电接地共用接地装置，接地电阻不大于 4Ω，实测不满足要求的加装接地极。

（1）加油罩棚按照第一类防雷建筑设计，保护范围应为爆炸危险 1 区。用 φ10 镀锌圆钢在罩棚上设避雷带，并在整个屋面形成不大于 6m×4m 的网格，利用圆形钢柱作防雷引下线，用-40×4 镀锌扁钢沿罩棚钢柱四周敷设，作接地体。

（2）立式储罐为内浮顶，罐顶厚度为 6mm，高度小于 60m，依据 GB 50057—2010《建筑物防雷设计规范》可利用储罐自身做接闪器，其接地点不少于 2 处。储罐罐体与铝制浮盘顶用两根导线做电气连接。储罐连接导线选用直径 1.8mm 的不锈钢钢丝绳。油罐上信息系统的配线电缆采用屏蔽电缆，穿钢管配线，并将钢管上下 2 处于罐体做电气连接并接地。本工程的油罐，采取防静电措施。钢油罐的防雷接地装置可兼做防静电接地装置。防雷、防静电接地线引入地下之前设置测量的断开点，断开处互相搭接并用不少于 2 个 M10 螺栓紧固。在罐区进出口、装卸区平台处设置人体静电接地金属球。

（3）地上及地下敷设的输油管道的始末端及分支处应做好接地；油管道的法兰接头、胶管两端、装卸接头与金属管道间采用不小于 6mm² 的软铜线做跨接。

（4）电气设备外露可导电部分，与接地装置有可靠的电气连接。所有电气设备在正常情况下不带电的金属外壳及构架均与保护线可靠连接，可能产生静电的管道、管架均设置静电接地。

（5）信息系统的配电线路首末端与电子器件连接时装设与电子器件耐压水平相适应的电压保护器。信息系统配电电缆采用铠装屏蔽电缆，其金属外皮两端及在进入建筑物处接地。油罐上的信息系统装置，其金属外壳与油罐体做电气连接。

（6）为防止防雷电感应及雷电波侵入：①总电源引入的铠装电缆金属外皮、穿线钢管以及各种引入建筑物的金属管道与接地装置作可靠的电气连接；②在地上及地下敷设的输油管道的始端、末端及分支处应做好防雷防静电接地；③输油管道的法兰连接处、平行敷设与地上或管沟的金属管道，采用不小于 6mm 的软铜线做跨接，跨接点的间距不大于 30m；4 管道交叉点静距离小于 100mm 时，其交叉点用金属线跨接。

（7）油罐车装卸场地的防雷、防静电设计：汽车油罐车设置油罐车或油桶跨接的防静电接地装置；卸车处设静电接地端子板及报警仪，并可靠接地。移动式的接地连接线，采用绝缘附套导线，通过防爆开关，将接地装置与油品装卸设施相连；汽车油罐卸油场地，单独设置用于汽车油罐卸油时的防静电接地装置，用-40×4 镀锌扁钢与接地体连接，接地连接线采用-25×4 扁钢。接地极采用∠50×50×5，$L=2500$mm 角钢，间距≥5m。接地装置所用钢材均镀锌埋深地坪 0.8m 以下。接地网与各接地装置连接的搭接长度为扁钢宽度的 2 倍，并采用焊接，焊接处补涂防腐剂。

（8）为了装卸安全，装卸车过程中检测接地电阻，当检测到系统没有安全接地时，系统及现场声光报警并切断控制阀，停止卸油或发油。静电接地控制器配置静电夹安装在鹤管和卸油泵附近，装卸车时必须将静电夹与槽车可靠连接，防止静电聚集。

（9）其他电器安全措施：电器线路直接埋地敷设。敷设电气线路的管沟、电缆或钢管，所穿过的不同区域之前，墙的空洞采用非燃性材料严密堵塞。钢管采用低压流体输送用镀锌焊接钢管，线缆选用阻燃聚氯乙烯电线和电缆。消防泵电源穿钢管埋地敷设，线缆选用阻燃聚氯乙烯电缆。

本项目工作接地、保护接地、防雷接地及防静电接地共用接地装置，接地电阻不大于 1Ω，接地网与油库原有接地网相连，经测试不满足要求的加装接地极。

7.2.5 安全监控自动化及预警系统

自动控制系统采用 PLC 控制系统，项目内部所有检测报警装置、机泵的状态参数等均由本系统控制。

（1）储罐设置带有高低液位报警、远传功能的液位计，并设置了高高液位报警联锁功能。当高高液位报警时，当液位达到 80% 时，报警器立即报警，操作人员停止卸油，若达到高高液位值（90%），则卸油泵将紧急停泵，并自动关闭进料阀；低液位时（距罐底 600mm），报警器报警，工作人员立即停止发油工作，若达到低低液位值（距罐底 300mm），则立即停泵、切断出料阀，防止事故发生。

（2）各储罐安装有磁致伸缩液位计（带 6 个测温点），可监测储罐的温度并远传至监控室，高位温度报警设置为 40℃，高高位温度报警设置为 50℃。

（3）可燃气体浓度监测报警系统，汽油罐区设置 4 个，柴油罐区设置 2 个，发油亭设置 2 个，油泵棚设置 4 个。可燃气体报警设两级，第一级报警阈值为 25%LEL，第二级报警阈值为 50%。

（4）普通视频监控 20 个，布置在库区围墙上，视频信息可远传至监控室，高杆摄像头 1 个，安装在库区南侧的高塔上，可监测到储罐的顶部。

（5）油库设置定量装车系统，油泵流量计设置累计功能，并与灌油泵联锁，当达到预设累计值时，自动切断灌油泵。

（6）设置小型气象站，位于控制室的顶部，监测风力、风向、环境温度和大气压力，并与罐区安全监控系统联网。

（7）油泵棚设有移动式静电接地报警仪，静电报警后操作人员便可手动切断油泵；发油亭设有固定式的静电接地报警装置，并与发油泵联锁动作。

（8）罐区共设置3处应急电话和防爆手动报警按钮，油泵棚设置1个应急电话和防爆手动报警按钮，消防泵房设置1处应急电话，应急广播设置在控制室的顶部；装卸区、值班室设火灾报警电话；消防控制室设置与消防大队的直通电话、专用受警录音电话。

（9）油品的卸料主管道和出料主管道上设置远程切断阀（电磁阀），供电电压为220V，30s全开全关，并具备手动切断功能。

（10）在油库四周的围墙设置红外对射系统，共设置10处，并能将信号远传至控制室。

（11）设置固定式的消防水系统、半固定式的泡沫灭火系统，且消防水可远程控制，消防水池的补水管设浮球式液压水位控制阀，消防控制室与控制室合建。检测报警装置、机泵状态参数等均由PLC控制系统控制。

火灾自动报警系统：

（1）消防控制室内设火灾报警控制器，火灾报警器通过直接控制盘控制消防泵。火灾报警控制器落地安装，控制器内装蓄电池作备用电源。

（2）在仪表控制室、消防控制室、配电室设置感烟探测器；在罐区四周、消防泵房、配电室、消防控制室设置手动报警按钮启手动报警功能。在汽油储罐周围设置气体检测器，当检测气体的浓度达到设定值时，发出报警信号。

（3）每个建筑物或防火分区的疏散出口处设火灾报警装置。各建筑物内所有报警信号、反馈信号均集中传送至火灾报警控制器，由消防值班人员进行判断、确认，然后采取消防联动措施进行灭火及人员疏散。散布在各建筑物内的感烟探测器将预警、火警及故障信号送至值班室控制器，经软件编程联动控制相应的灭火设备及报警装置。在消防控制室设置用于火灾报警的外线电话，以方便控制室值班人员向消防队通报火灾情况。

（4）应急灯自备蓄电池，应急时间大于30min。正常情况由每个防火区动力配电箱供电对蓄电池进行充电，停电时应急灯启动。确认火灾后，切断有关部位的非消防电源，应急灯在电源切断后持续供电时间不得低于30min。通过消火栓按钮或消防控制中心手动启动消防栓泵，并在消防控制中心手动切断非消防电源。非消防电源切断在配电室低压柜出线回路实现。

7.3 瓶装工业气体经营单位设备

为加强瓶装工业气体经营单位的安全管理，保障人民群众生命和财产安全，根据《中华人民共和国安全生产法》《危险化学品安全管理条例》《气瓶安全监察规定》等法律法规和技术标准，从事瓶装工业气体经营活动的单位(以下简称气体经营单位)必须加强设备安全。

应根据瓶装工业气体的生产安全技术、设备设施特点和产品的危险性，建立、健全各生产岗位的安全操作规程。主要包括出入库、倒换、储存、装卸、搬运、运输以及紧急事故处理等操作规程；建立、健全经营场所、储存场所设备、设施的安全检修规程；建立、健全各种特种设备使用和运输的安全技术规程和符合有关标准规定的作业安全规程。

气体经营单位的存储设施新建、改建、扩建工程项目的安全设施，必须与主体工程同时设计、同时施工、同时投入生产和使用。新建、改建、扩建建设项目的安全设施，应经过安全生产监督管理部门的审查合格后，方可投入使用。气体经营单位应建立、健全企业生产安全事故应急救援预案，配备必要的应急救援器材、设备。

气体经营单位经营场所安全管理应符合国家标准和行业标准的要求。气体经营单位的经营场所应设置在交通便利、便于疏散处。零售店面应与繁华商业区或居住人口稠密区保持 500m 以上距离。零售业务的店面经营面积(不含库房)应不小于 60m²，其店面内不得设有生活设施。零售店面不得经营剧毒气体。

气体经营单位储存乙炔气体，储存量超过 30m³(相当于 5 瓶)时，应用非燃烧体或难燃烧体隔离出单独的储存间，其中一面应为固定墙壁；乙炔气的储存量超过 240m³(相当于 40 瓶)时，与建筑物的防火间距不应小于 10m，否则应以防火墙隔开。储存仓库或储存间与明火或散发火花地点的距离不得小于 15m。氢气经营单位平面布置的防火间距应符合 GB 4962《氢气使用安全技术规程》的要求。甲类库房与重要公共建筑的防火间距不应小于 50m；乙类库房与重要公共建筑的防火间距不应小于 30m，与其他民用建筑不宜小于 25m。

气体经营场所、仓库、零售店面应在室内外设置"禁止明火"等安全警示标志。气体经营单位应设置专职消防队或义务消防队(员)。根据经营场所、仓库、零售店面面积及火灾危险性，按照 GB 50140—2005《建筑灭火器配置设计规范》配备相应的消防设施、灭火器材。消防器材应设置在明显、取用方便的地点，不准随意变更地点和数量。消防器材应按规定定期更换。仓库的消防设施、器材应有专人管理，负责检查、保养、更新、添置，确保完好有效。

气体经营单位应当销售取得气瓶充装许可证的单位充装的瓶装气体，气瓶应是具有制造许可证的企业制造的气瓶，并经定期检验合格。气体经营单位不得经销不符合安全技术规范要求的气瓶。气瓶外表面的颜色、字样和色环，必须符合 GB/T 7144《气瓶颜色标志》的规定，并在瓶体上以明显字样注明产权单位和充装单位。气瓶附件包括气瓶专用爆破片、安全阀、易熔合金塞、瓶阀、瓶帽、液位计、防震圈、紧急切断和充装限位装置等。气瓶安全附件应符合《气瓶安全监察规程》的要求。

气体经营单位爆炸性气体环境电气设备的选择应符合：(1)根据爆炸危险区域的分区、电气设备的种类和防爆结构的要求，应选择相应的电气设备。(2)选用的防爆电气设备的级别和组别，不应低于该爆炸性气体环境内爆炸性气体混合物的级别和组别。当存在有两种以上易燃性物质形成的爆炸性气体混合物时，应按危险程度较高的级别和组别选用防爆电气设备。(3)爆炸危险区域内的电气设备，应符合周围环境内化学的、机械的、热的以及风沙等不同环境条件对电气设备的要求。电气设备结构应满足电气设备在规定的运行条件下不降低防爆性能的要求。(4)在爆炸危险环境内，电气设备的金属外壳应可靠接地。

气体经营单位装卸气瓶时，必须佩戴好气瓶瓶帽(有防护罩的气瓶除外)和防震圈(集装气瓶除外)。气瓶装卸作业应轻搬轻放、防止摩擦和撞击。气体经营单位装卸作业必须在装卸管理人员的现场指挥下进行。装卸作业严禁使用电磁起重机和金属链绳。吊装乙炔瓶应使用专用夹具。

气体产品存储仓库应有避雷设施，并每年至少检测一次，使之安全可靠。

7.4　储运系统设备

石油化工企业的储运系统主要包括各种气体、液体原料、中间产品、产品以及辅助生产用料的储存和运输设施。具体包括：(1)储运系统罐区，包括原油罐区、各工艺装置原料罐区、产品罐区、中间成品及调和罐区、自用燃料油罐区、化学药剂罐区、不合格油及污油罐区等；(2)储运系统泵房(含露天泵站)，包括原油泵房、原料转输泵房、产品调和及灌装泵房、化学药剂泵房、自用燃料油泵房、不合格油及污油泵房等；(3)装卸设施，包括水运装卸设施、铁路罐车装卸及清洗设施、汽车罐车装卸设施及油品灌装设施等；(4)工艺及热力系统管网，指石油化工企业中各工艺装置之间以及系统各设施之间的系统管道，包括厂际管道；(5)其他设施，包括污水处理设施、安全设施、化学药剂设施、液化石油气灌瓶站、石化储运站、汽车加油站、火炬设施等。

储运系统安全监督管理是石油化工企业安全监督管理的重要组成部分，在石油化工原料及产品的储运过程中，由于存在大量的易燃、易爆、易腐蚀、有毒、易流失等不安全因素，危险性较大，一旦发生事故，将可能造成人员伤亡和油料物资的大量损失。因此，做好储运系统安全监督管理具有十分重要的意义。

7.4.1 石油及石油产品分类

7.4.1.1 油品分类

(1)按油品的沸点和组分分为：

重质油品（沸点在 400℃以上，C_{16} 以上组分）；

轻质油品（沸点在 122~399℃之间，C_5 ~ C_{15} 之间组分）。

(2)按油品的闪点分为：易燃油品、可燃油品；

(3)按油品的用途分为：

燃料油（汽油、煤油、柴油）；溶剂油（苯、脂、酮、醚、醇）；润滑油（机油、黄油、齿轮油）；透平油（变压器油、刹车油、透平油）。

(4) 按燃烧特性分为：沸溢性；非沸溢性油品

7.4.1.2 火灾危险性分类

(1)可燃气体的火灾危险性分类：可燃气体与空气混合物的爆炸下限<10%（体积）为甲类；可燃气体与空气混合物的爆炸下限≥10%（体积）为乙类。

(2)液化烃、可燃液体的火灾危险性分类见表7.4-1。

表 7.4-1 液化烃、可燃液体的火灾危险性分类表

名称	类别		特征
液化烃	甲	A	15℃时的蒸汽压力>0.1MPa 的烃类液体及其他类似的液体
		B	甲 A 类以外，闪点<28℃
可燃液体	乙	A	28℃≤闪点≤45℃
		B	45℃<闪点<60℃
	丙	A	60℃≤闪点≤120℃
		B	闪点>120℃

并应符合下列规定：

- 操作温度超过其闪点的乙类液体应视为甲 B 类液体；

- 操作温度超过其闪点的丙 A 类液体应视为乙 A 类液体；

- 操作温度超过其闪点的丙 B 类液体应视为乙 B 类液体；操作温度超过其沸点的丙 B 类 液体应视为乙 A 类液体。

7.4.2 储罐的分类

在危险化学品生产企业中，广泛地使用着各种类型的储罐，用于储存不同性质的液态和气态石油化工产品。地上储罐一般采用钢板焊接而成，具有投资少、建设周期短、日常维护管理方便的优点，因而生产企业储运系统中的储罐大多数为地上金属储罐。表7.4-2为金属储罐分类表。

表 7.4-2　金属储罐分类表

金属储罐	立式圆筒形储罐	固定顶罐	拱顶罐	
			桁架顶罐	
			无力矩顶罐	
		活动顶罐	浮顶罐	内浮顶罐
				外浮顶罐
			套桶顶罐	
			气囊顶罐	
	卧式圆筒形储罐			
	特殊形状储罐	球形储罐		
		滴状储罐		
		球形底罐		

7.4.3 储罐附件

(1)固定顶储罐应设置走梯、平台、呼吸阀、液压安全阀、量油孔、人孔、透光孔、阻火器、清扫孔(排污孔)、放水管及仪表系统(液面计、温度计、高低液位报警器)、如需要设加热器;

(2)浮顶储罐应设置走梯、平台、量油孔、人孔、透光孔、清扫孔(排污孔)、放水管、外浮顶罐的中央排水管、内浮顶罐的罐壁透气孔及仪表系统(液面计、温度计、高低液位报警器)、如需要设加热器;

(3)压力储罐应设置走梯、平台、人孔、透光孔、安全阀、放水管、注水线、紧急切断阀及仪表系统(液面计、温度计、压力表、高低液位报警器)。

7.4.4 安全监管要求

(1)规范介绍

要求执行的国家主要现行规范、标准:

GB 50016—2014《建筑设计防火规范》;

GB 50160—2008《石油化工企业设计防火规范》;

GB 50074—2014《石油库设计规范》;

GB 50140—2005《建筑灭火器配置设计规范》;

GB 13348—2009《液体石油产品静电安全规程》;

GB 50493—2009《石油化工可燃气体和有毒气体检测报警设计规范》。

（2）监管要点

① 罐区布置

- 布置在山区丘陵地区，地势高于工艺装置的罐区，要采取有效的防范措施，修筑可靠的，或利用地形设事故存液池，要保证防火堤或存液池严密不漏、坚固可靠。其容积符合规范要求；

- 布置在平地的罐区，罐区的分组、储罐间距及储罐与建筑物之间的距离应分别满足 GB 50160—2008《石油化工企业设计防火规范》和 GB 50074—2014《石油库设计规范》的有关规定；

② 防火堤

- 用毛石或砖砌的防火堤要用混凝土覆盖内表面和堤顶，应能承受液体静压且不渗漏；

- 管道穿过防火堤时，必须采用非燃烧材料严密封堵；

- 罐区地面雨水排放口应在防火堤外设置切断阀，此阀平时处于关闭状态，下雨时及时打开。罐区一旦发生漏油事故，通过关闭此阀可防止油品大量泄漏；

- 含油污水排水管应在防火堤外设置水封井和切断阀，防止油品大面积泄漏造成事故。

③ 消防系统

- 石油企业储量 ≥100000m³ 的油罐区、有单罐 ≥100000m³ 的油罐区应建立临时高压消防水；炼化企业工艺装置区和罐区应建立稳高压消防水系统，稳高压消防水系统压力长期保持高压(0.7~1.2MPa)，压力低于设定值时消防水泵立即自动投用；石油炼化企业罐区的高压消防水流量应不低于各规范规定的流量；

- 半固定灭火设施的泡沫管线接口要引到防火堤外，油罐的固定、半固定泡沫灭火系统和冷却水竖管下端应设排渣口；

- 炼化企业一级关键装置要害部位、单罐容积大于 1000 m³ 液化烃罐区应设固定消防水炮，其数量和位置应保证事故状态下设备得到有效保护；

- 单罐 5000m³ 以上的轻质油罐和 100 m³ 以上的液化烃罐应安装水喷淋系统，水喷淋的控制阀应设在防火堤外；

- 单罐容量 ≥100000m³ 的浮顶罐须采用火灾自动报警系统控制，泡沫灭火系统采用手动或遥控控制；

- 集中控制室设置稳高压给水泵启动信号，无专人 24h 值守的消防水泵房应在集中控制室设置消防给水泵启动信号和手动控制系统，消防给水泵的进出水阀门应采用遥控自动阀；

- 罐区应设环形消防道路，路面宽度不小于 6m，消防道路的转弯半径不小于 12m，净空高度不低于 5m。

④ 储罐及储罐附件

- 储存甲 b、乙 a 类油品应选用浮顶或浮舱式内浮顶罐，以减少油品蒸发损耗；

- 储存可燃液体的固定顶罐应设有呼吸阀和阻火器，以确保罐内压力平衡和安全；

- 外浮顶罐的中央排水管出口必须安装手动闸阀，中央排水管一旦漏油，可迅速关闭此阀切断漏油；

- 罐前支管道与主管道的连接，一般应采用挠性或弹性连接，以防储罐基础下沉造成管道断裂漏油；

- 储罐脱水要采用可靠的安全切水设施；

- 球罐底部接管的第一道阀门、法兰、垫片的压力等级应比球罐提高一个压力等级，垫片应选用金属缠绕垫片，法兰应选用堆焊法兰；

- 为应急处理球罐事故，宜在球罐底部管线增加注水线，该线平时与系统分开(阀门和盲板)；
- 球罐底部入口管线应设紧急切断阀，入口紧急切断阀应与球罐高高液位报警联锁；
- 球罐应设两个安全阀，每个都能满足事故状态下最大释放量的要求；安全阀前后必须安装手动闸阀，正常运行时闸阀必须保持全开并加铅封。

⑤罐区仪表
- 可燃液体储罐应设液位计和高液位报警，装置原料罐还须设低液位报警；
- 液态烃储罐应设液位计、压力表和安全阀，以及高液位报警及联锁；
- 球罐及单罐容积≥10000 m³的储罐应设现场和远传(带高低液位报警)的液位计，应单独设高液位报警和带联锁的高高液位报警；
- 可燃气体、液化烃、可燃液体的罐组应按规范要求设置可燃其他检测报警器；
- 有毒介质罐区应按规范要求设置有毒气体检测报警器。

⑥罐区的防雷和防静电
- 可燃气体、液化烃、可燃液体的钢制储罐必须设防雷接地。

储罐防雷接地点不少于2点，接地点沿储罐周长的间距不宜大于30m，接地电阻应小于10Ω。为便于正确检测接地电阻，接地线应作可拆装连接。

当固定顶钢罐顶板厚度大于4mm时，可不装设避雷针(线)；浮顶罐可不设避雷针(线)，但应将浮顶与罐体用两根不小于25mm²的软铜线作可靠的电气连接。

- 压力储罐不设避雷针(线)，但应做接地。可燃气体、液化烃、可燃液体的钢制储罐和管线均应作防静电接地。
- 需对进入轻油泵房、轻油罐顶上、轻油作业区的操作平台，以及爆炸危险区域等处的扶梯上或入口处设置消除人体静电的装置。此消除静电装置是指用金属管做成的扶手，在进入这些场所之前人体应抚摸此扶手以消除人体静电。

7.5 常压储罐

储罐的设计、安装、改造应符合国家相应的标准和规范，大型浮顶储罐应遵循《大型浮顶储罐安全设计、施工、管理规定》。

储罐内应设置温度和压力与反应进料、紧急冷却系统的报警和联锁装置。应设置安全泄放系统。储罐应有液位显示仪，并设置高液位报警器，宜设置自动联锁进料切断设施。

在交付使用单位前应遵照有关的设计、建造规程对施工质量进行验收，在竣工验收后的30日内提供完整的竣工资料。储罐安装、检修与防腐工程应选择有施工许可证的检修承包商承担。

7.5.1 储罐的使用与维护、检修

应建立、健全储罐操作、使用、维护规程和岗位责任制，并严格执行。现场储罐应有罐号及所储存物料性质标志。当储存介质或运行环境发生变化时，应对操作规程和岗位责任制及时进行修订。

储罐防雷、防静电设施必须符合有关规范标准的要求。在雷雨季节前应对防雷、防静电设施进行全面检查；每年至少对接地电阻进行一次检测，及时处理发现的问题，使之达到规

定要求。内浮顶罐要进行防静电连接导线的检查，确保连接良好。

年度检查每年至少进行一次。首次定期检验一般不超过 6 年；此后，根据储罐完整性评价的结果确定检验周期，但最长不得超过 9 年。所有检查工作都必须有完整的记录和报告，并及时存入设备技术档案中。

根据储罐的实际技术状况，结合生产安排，须编制储罐检修计划。

对生产过程中储罐出现的各类故障和缺陷，根据损坏的程度，在保证安全的前提下确定检修方案，及时组织实施。储罐检修和防腐施工项目要有详细的施工方案和技术措施，并做好中间质量和最终质量的验收工作。防腐涂层的使用寿命不得低于 7 年。储罐在检修过程中的检验方法、充水试验和验收可参照《立式圆筒形钢制焊接油罐施工及验收规范》的有关规定执行。储罐检修验收应具备齐全的交工资料，包括检修方案、检修记录、中间验收记录、隐蔽工程验收记录、有关的试验和检验记录等。验收记录要由使用单位、施工单位签字确认。要做好呼吸阀、温度计、液面计、高液位报警器、加热器、内浮顶和进出口阀门等储罐附件的检修、清理、更换等工作，保障储罐附件处于良好状态。

7.5.2　常压储罐检验及评价

年度检查，是指为了确保常压储罐罐体在检验周期内的安全而实施的运行过程中的在线检查，每年至少一次。常压储罐罐体的年度检查可以由设备管理人员进行，也可以由检验检测机构(以下简称检验机构)的专业检验人员进行。

单个常压储罐定期检验工作包括在线检验和停工检验两种方式，储罐群或灌区的定期检验可以采用基于风险的检验方法。

在线检验是指常压储罐在运行过程中的检验。储罐顶板和壁板的在线检验是指从储罐外侧进行的宏观检查、腐蚀状况检测和焊缝无损检测等，其检测结果评价方法与停工检验相同。储罐底板的在线检验是指底板的腐蚀状况检测，检测方法执行 JB/T 10764—2007《无损检测 常压金属储罐声发射检测及评价方法》，检测结果评价方法执行本规则第 4 章有关条款规定。

停工检验是指常压储罐停工清罐时的检验，其检验结果评价方法执行本规则第 4 章有关条款规定。

基于风险的检验是指对储罐群或灌区内的储罐逐一进行风险评价、危险源辨识、失效机理分析并进行风险计算，根据可接受风险的大小和风险的发展趋势，决定储罐的检验周期和检验方式。

定期检验应当由专业检验机构进行。

7.5.2.1　年度检查

常压储罐年度检查包括使用单位常压储罐安全管理情况检查；常压储罐罐体及运行状况检查等。年度检查以外部宏观检查为主，以目视和锤击法检测，必要时进行外侧的壁厚测定。每年应对罐体做一次测厚检查。测厚检查应对罐壁下部二圈壁板的每块板沿竖向至少测 2 个点，其他圈板可沿盘梯每圈板测 1 个点。测厚点应固定，设有标志，并按编号做好测厚记录。有保温层的储罐，其测厚点处保温层应制做成活动块便于拆装。进行常压储罐年度检查，除非检查人员认为必要，一般可以不拆除保温层。检查前检查人员应当首先全面了解被检常压储罐底板的使用情况、管理情况，认真查阅常压储罐技术档案资料和管理资料，做好有关记录。

常压储罐安全管理情况检查的主要内容如下：

①常压储罐图样、产品质量证明书、使用说明书、历年检验报告以及维修、改造资料等建档资料是否齐全并且符合要求；

②常压储罐作业人员是否进行过安全管理培训；

③上次检验、检查报告中所提出的问题是否解决。

常压储罐罐顶及运行状况的检查主要包括以下内容：

①检查顶板是否变形，有无积水，有无凹陷、鼓包、折皱及渗漏穿孔等现象；浮顶罐的浮顶是否平整；

②检查顶板及浮顶裸露部分防腐层有无脱落、起皮等缺陷；

③检查顶板焊缝有无腐蚀、开裂等缺陷；

④保温（冷）层及防水檐是否完好；有无明显损坏，有无渗漏痕迹；

⑤转动浮梯、导向装置是否灵活好用，浮梯有无锈蚀，踏步板是否水平，有无滑动现象；

⑥浮顶的排水装置运行是否正常，出口阀门伴热器是否完好；

⑦浮顶的自动通气阀等系统是否完好；

⑧所有金属元件的接地是否良好；

⑨导向管、量油管是否发生弯曲变形；

⑩对固定顶的顶板及浮顶罐的浮顶进行一年一次的定点测厚。

常压储罐壁板及运行状况的检查主要包括以下内容：

①储罐的铭牌、漆色、标志是否符合有关规定；

②储罐的罐体、接口（阀门、管路）部位、焊接接头等是否有裂纹、变形、泄漏、损伤等；

③壁板有无腐蚀、泄漏、异常变形、防腐涂层有无破损、脱落等；

④保温层有无破损、脱落、潮湿、跑冷；

⑤抗风圈和罐壁加强圈有无腐蚀；

⑥常压储罐与相邻管道或者构件有无异常振动、响声或者相互摩擦；

⑦储罐罐壁的垂直度、圆度（同一断面最大直径与最小直径）有无异常；

⑧罐壁根部有无腐蚀；

⑨罐体接地装置、液位测量装置，有无异常，是否在有效检定周期内；

常压储罐底板及运行状况的检查主要包括以下内容：

①储罐底板与壁板连接的角焊缝等是否有裂纹、变形、泄漏、损伤等；

②储罐底板外侧的腐蚀是否异常；

③底板外侧的防腐防水保护层有无破损、脱落；

④储罐底板泄漏探测系统中有无漏液，检漏系统是否畅通；

⑤储罐罐底有无翘起（特别是常压低温氨储罐）或设置锚栓的低压储罐基础环墙（或锚栓）被拔起；

⑥基础有无下沉、倾斜、开裂，地脚螺栓有无腐蚀；

⑦排放（排水、排污）系统是否正常，有无不当排水导致储罐底板的表面积水。

⑧检查罐体的沉陷状况有无超出标准的要求。

年度检查工作完成后，检查人员根据实际检查情况出具检查报告，对有危及储罐安全的情况应及时采取措施，必要时，进行全面评价。年度检查工作完成后，检查人员根据实际检查情况出具检查报告，作出下述结论：

①允许运行，系指未发现或者只有轻度不影响安全的缺陷；

②监督运行，系指发现一般缺陷，经过使用单位采取措施后能保证安全运行，结论中应当注明监督运行需解决的问题及完成期限；

③暂停运行，仅指储罐附属设施及安全附件的问题逾期仍未解决的情况。问题解决并且经过确认后，允许恢复运行；

④停止运行，系指发现严重缺陷，不能保证压力容器安全运行的情况，应当停止运行或者由检验机构持证的压力容器检验人员做进一步检验。

7.5.2.2 定期检验

检验前应当审查以下资料：

①设计、安装、使用说明书，设计图样，强度计算书等；

②制造日期，产品合格证，竣工图等；

③安装日期，竣工验收文件；

④运行周期内的年度检查报告；

⑤历次定期检验报告；

⑥运行记录、开停车记录、操作条件变化情况以及运行中出现异常情况的记录等；

⑦有关维修或者改造的文件，重大改造维修方案，竣工资料等。

本条①~③款的资料在常压储罐投用后首次检验时必须审查，在以后的检验中可以视需要查阅。

定期检验前，检验单位应制定检验方案，明确在线检验或停车检验措施，并得到使用单位认可。检验人员应认真执行使用单位有关动火、用电、高空作业、罐内作业、安全防护、安全监护等规定，确保检验工作安全。检验用的设备和器具应当在有效的检定或者校准期内。在易燃、易爆场所进行检验时，应当采用防爆、防火花型设备、器具。使用单位应与检验机构密切配合，做好现场的技术性处理和检验前的安全检查，确认符合检验工作要求后，方可进行检验，并在检验现场做好配合工作。定期检验考虑的因素通常包括但不限于如下内容：

①由介质或残留水引起的储罐内部腐蚀；

②由于环境暴露引起的储罐外部腐蚀；

③介质特性，如比重、温度和腐蚀性；

④罐基、土壤和沉陷情况；

⑤储罐顶、壁板及底板的变形；

⑥储罐辅助设施的完好状况；

⑦应力等级和允许应力等级；

⑧在储罐运行地点的金属设计温度；

⑨运行条件，如充装/排放速率和频率。

定期检验的方法以宏观检查、厚度测定、腐蚀状况检测和焊缝无损检测为主，必要时可以辅以下述检测方法：

①表面无损检测；

②射线、超声等埋藏缺陷检测；

③超声导波、漏磁等腐蚀检验；

④声发射检测；

⑤强度校核或者应力测定；

⑥真空泄漏检测。

储罐顶板定期检验内容如下：

宏观检查：主要是检查外观、结构及几何尺寸等是否满足储罐安全使用的要求以及有无可能影响使用的腐蚀、宏观缺陷或环境因素。以目视检查为主，包括罐顶板外部和内部，除年度检查的全部内容外，还应重点检查如下内容：

①罐顶下表面是否有空洞、锈皮和剥蚀等；

②支架、托架及支撑是否有断裂等；

③支柱有无变薄、腐蚀、松动及扭曲等；

④浮舱内隔板、肋板和桁架等是否完好，内表面是否清洁，有无腐蚀等。

检查浮顶罐的浮舱有无泄漏现象，如泄漏则需要进行补焊；锥顶坡度：检查支撑式锥顶储罐的坡度是否小于 1/16；自支撑式锥顶储罐的坡度是否小于 1/6 或大于 3/4；自支撑式拱顶储罐的罐顶曲率半径是否为 0.8~1.2 倍罐直径；检查顶板有无严重的凹陷、鼓包、折皱及渗漏穿孔，测量并记录凹陷、鼓包、折皱值；开孔及补强：

①检查固定顶、内浮顶及浮顶是否设有人孔，人孔处的开孔补强是否符合建造规范的要求；

②检查浮顶罐的浮舱是否设有密封人孔，密封人孔的盖板是否采用防风结构，安装高度是否高于浮顶允许积水高度；

③检查罐顶或浮顶罐的浮舱是否有通气孔或检查孔，如有密封要求通气孔或检查孔是否大于 4 个，间距是否小于 10m，有效通气面积是否大于 $0.06D$（D 为储罐直径），无密封要求的储罐应设有中央通气孔，其有效面积是否大于 $350cm^2$；

紧急排水装置：检查浮顶罐罐顶是否设有紧急排水装置，紧急排水装置是否设有水封或防倒流功能；直径大于 36m 的储罐其排水管的直径是否大于 100mm，直径小于 36m 的储罐其排水管的直径是否大于 75mm；

转动浮梯及轨道：检查浮顶及罐壁顶部是否设有转动浮梯，其仰角是否小于 60 度，检查转动浮梯是否有足够的强度及刚度，其结构是否具有防止脱轨的功能；

通气阀（呼吸阀）：检查是否有通气阀（呼吸阀），是否有效，数量是否满足最大流量时的通气功能；

导向装置：检查导向装置是否保证浮顶位于中心位置并具有防止浮顶转动功能，检查该装置是否采用滚动摩擦结构；

静电导出装置：检查导线与金属件连接处是否有良好的导电性能，其连接电阻不应大于 0.3Ω；

量油管：检查每个浮顶上是否配有规定的量油管。

顶板壁厚测定：

顶板壁厚测定时一般应使用超声波测厚仪并按下述情况布置检测点：

①排版的每块板布点；

②按局部腐蚀区域布点；

③按点蚀布点。

第一种方式是检测每一块钢板的平均减薄量，第二种方式检测一个腐蚀区域的平均减薄量，第三种方式检测局部严重腐蚀处减薄量。每个检测区一般不少于 5 个测定点，检测区各个测定点的平均值作为该块顶板的剩余平均厚度值。

储罐壁板定期检验内容如下：

宏观检查：主要是检查外观、结构及几何尺寸等是否满足储罐安全使用的要求以及有无可能影响使用的腐蚀、宏观缺陷或环境因素。以目视检查为主，包括罐体外部和内部，除年度检查的全部内容外，还应检查罐壁有无凹凸变形、罐壁有无沉降，应特别注意罐壁与罐底间的角焊缝和下部两个圈壁板的纵、横焊缝以及进出口接管与罐体的连接焊缝有无裂纹、内浮顶运行有无异常等。

修复的焊缝外观质量应符合 SH/T 3530《石油化工立式圆筒形钢制储罐施工技术规程》第12.1 节要求。焊缝表面质量及检验方法应符合 SHS 01012《常压立式圆筒形钢制焊接储罐维护检修规程》中表 6 规定。

外保温层一般应当拆除，拆除的部位、比例由检验人员确定。有以下情况之一者，可以不拆除保温层：

①外表面有可靠的防腐蚀措施；

②当采用不拆保温腐蚀检测和厚度测定技术时；

③对有代表性的部位进行抽查，未发现裂纹等缺陷。

壁板厚度测定：

罐壁板厚度检测是确定罐体总体腐蚀率的方法，罐壁板腐蚀检测的重点在于内壁自底板向上 1m 范围内和外壁裸露部位，一般应使用超声波测厚仪并按下述情况布置检测点：

①排版的每块板布点；

②按局部腐蚀区域布点；

③按点蚀布点。

第一种方式是检测每一块钢板的平均减薄量，第二种方式检测一个腐蚀区域的平均减薄量，第三种方式检测局部严重腐蚀处减薄量。每个检测区一般不少于 5 个测定点。

利用超声波测厚仪测定壁厚时，如遇母材存在夹层缺陷，应增加测定点或用超声波探伤仪查明夹层分布情况，以及与母材表面的倾斜度。

对于表面缺陷检查发现的可疑部位或壁厚检查发现异常部位，应在其周围增加检测点，以确定壁厚的真实情况。

7.5.2.3 焊缝检测

（1）表面缺陷检测

对第一圈壁板的纵焊缝，第一、二圈壁板的丁字焊缝，壁板开孔与接管的角焊缝进行表面无损检测抽查。对于防水层完好的，底板与壁板连接的外侧角焊缝可视其完好程度决定是否进行抽查。

在检测中发现裂纹，检验人员应当根据可能存在的潜在缺陷，确定扩大表面无损检测的比例；如果扩检中仍发现裂纹，则应当进行全部焊接接头的表面无损检测。内表面的焊接接头已有裂纹的部位，对其相应外表面的焊接接头应当进行抽查。

如果内表面无法进行检测，可以在外表面采用其他方法进行检测。

材料的屈服强度 ≥390MPa 的钢制危险品储罐，充水试验后应当进行表面无损检测抽查。

（2）埋藏缺陷检测

必要时，储罐清罐检修应当对下列部位进行射线检测或者超声检测抽查：

①下部壁板纵焊缝，容积小于 20000m³ 的只检查最下部一圈，容积大于或等于 20000m³ 的检查下部两圈，抽查焊缝的长度不小于该部分纵焊缝总长的 10%，但 T 字焊缝应 100% 检查；

②使用过程中补焊过的部位；

③检验时发现焊缝表面裂纹，认为需要进行焊缝埋藏缺陷检查的部位；

④使用中出现焊接接头泄漏的部位及其两端延长部位。

已进行过此项检查的，再次检验时，如果无异常情况，一般不再复查。

7.5.2.4 强度校核

（1）有以下情况之一的，应当进行强度校核：

①腐蚀深度超过腐蚀裕量；

②设计参数与实际情况不符；

③材质或名义厚度不明；

④检验人员对强度有怀疑。

（2）强度校核的有关原则：

①原设计已明确所用强度设计标准的，可以按该标准进行强度校核；

②原设计没有注明所依据的强度设计标准或者无强度计算的，原则上可以按当时的有关标准进行校核；

③按国外规范设计的，原则上仍按原设计规范进行强度校核。如果设计规范不明，可以参照我国相应的规范；

④剩余壁厚按实测最小值减去至下次检验期的腐蚀量，作为强度校核的壁厚；

⑤校核用液位高度，应当不小于常压储罐实际最高工作液位高度；

⑥进行强度校核时，还应当考虑风载荷、地震载荷等附加载荷；

⑦强度校核由检验机构或者设计单位进行。

7.5.3 储罐底板定期检验

内容如下：

①宏观检查：主要是检查外观、结构及几何尺寸等是否满足储罐安全使用的要求以及有无可能影响使用的腐蚀、宏观缺陷或环境因素。

②储罐腐蚀状况检查，区分均匀腐蚀和局部腐蚀。

③罐底缺陷及变形检查：储罐底板、焊接接头等处有无裂纹、变形、腐蚀、泄漏及其他缺陷；焊缝表面(包括近缝区)，以肉眼或者 5~10 倍放大镜检查裂纹；其他检查以目视、锤击为主必要时进行尺寸测量；

④底板排水系统是否正常，有无积液和堵塞现象；

⑤与底板相连接的内件角焊缝有无腐蚀、裂纹和变形；

⑥检查储罐罐底与罐内加热器、浮顶支柱、仪表卡子等附件相接触部位补强垫板的是否完好，垫板周边焊缝是否连续焊接，焊缝表面有无未焊满、裂纹、腐蚀等；

⑦罐内加热盘管腐蚀情况，有无渗漏，支架有无损坏，管线接头有无异常变形和开裂。

底板腐蚀状况检测：储罐底板土壤侧的局部点腐蚀检测，在线检验方式下推荐采用声发射检测方法，停工检验方式下推荐采用漏磁检测方法。罐底板的声发射和漏磁检测及评价方法按 JB/T 10764—2007《无损检测 常压金属储罐声发射检测及评价方法》和 JB/T 10765—2007《无损检测 常压金属储罐漏磁检测方法》的要求进行。

对声发射或漏磁检测发现腐蚀异常区域可采用超声等方法检查复验。

7.5.4 焊缝检测

(1)表面缺陷检测

对罐底板与壁板连接的内外侧角焊缝进行不小于 20% 焊缝长度的表面无损检测抽查，必要时可对底板焊缝(搭接或对接)进行表面无损检测抽查。

在检测中发现裂纹，检验人员应当根据可能存在的潜在缺陷，确定扩大表面无损检测的比例；如果扩检中仍发现裂纹，则应当进行全部焊接接头的表面无损检测。罐底板与壁板连接的角焊缝内表面已有裂纹的部位，应对其相应外表面进行抽查。

如果内表面无法进行检测，可以在外表面采用其他方法进行检测。

对于屈服强度值 ≥390MPa 的钢制危险品储罐，充水试验后应当进行不小于焊缝总长度 10% 的表面无损检测抽查。

(2)真空试漏

必要时，对储罐底板的焊缝应进行真空试漏，试验压力不得高于 53kPa(表压)。

(3)埋藏缺陷检测

必要时，应当对下列部位进行超声或超声导波检测抽查：

①底板的对接焊缝；

②检验时发现焊缝表面裂纹，认为需要进行焊缝埋藏缺陷检查的部位；

③使用中出现焊接接头泄漏的部位及其两端延长部位。

7.5.5 结果评价

当储罐检验结果表明该储罐与初始实际状态相比已发生某种变化时，应进行检验结果的评价以确定其继续使用的适宜性。以常压储罐的剩余寿命为依据，检验周期最长不超过储罐剩余寿命的一半，并且不得超过 9 年。根据实测的腐蚀速率，或者由基于类似运行中储罐的运行经验预期的腐蚀率确定定期检验的周期。根据测得或预计的腐蚀率和储罐顶板、壁板和底板最小允许厚度确定定期检验周期。当腐蚀率为未知，并且没有评估下一次检验时储罐顶板、壁板和底板最小厚度的类似运行经验时，定期检验周期应不超过 6 年。

整个罐体的定期检验周期按壁板、顶板及底板的检验周期的小者确定。储罐顶板剩余平均厚度小于 2.3mm 或有穿孔时，该块顶板应予以修补或更换。(注：对于内浮顶罐，仅指外顶的顶板。)

储罐顶板凹陷、鼓包、折皱允许值见表 7.5-1、表 7.5-2，超过允许值应进行修复。其他宏观检查结果不满足本规则要求，通常应设法进行修复方可重新投入使用，若无法进行修复，应采用有限元法或试验验证方法进行合于使用评价，判定是否满足继续安全使用的要求。

表 7.5-1 顶板与壁板凹陷鼓包允许值　　　　　　　　　　　　　　　　mm

测量距离	允许偏差值	测量距离	允许偏差值
1500	20	5000	40
3000	35		

注：测量距离指样板弧长。

表 7.5-2　顶板与壁板折皱允许值

壁板厚度	允许折皱高度	壁板厚度	允许折皱高度
4	30	7	60
5	40	>8	80
6	50		

储罐壁板的最小平均厚度不得小于该圈壁板的最小计算厚度与检验周期内腐蚀裕量之和；对于储罐罐壁分散的坑蚀深度超过表 7.5-3 中允许值时，应进行修补或更换。

表 7.5-3　储罐壁板坑蚀深度允许值　　　　　　　　　　　　mm

钢板厚度	允许坑蚀深度	钢板厚度	允许坑蚀深度
5	1.8	8	2.8
6	2.2	9	3.2
7	2.5	≥10	3.5

确定壁板的最小计算壁厚 t_{min}，按下式计算：

$$t_{min} = \frac{4.9D(H-0.3)\rho}{[\sigma]\varphi}$$

式中　t_{min}——储存介质条件下每一层壁板的最小计算壁厚，mm；

　　　D——储罐内径，m；

　　　H——计算液位高度，在评估某层时，从所考虑的那圈罐壁板底端至最高液位的高度，m；

　　　ρ——储液相对密度(取储液与水密度之比)；

　　$[\sigma]$——操作温度条件下钢板的许用应力，MPa；

　　　φ——焊接接头系数，取 $\varphi=0.9$；当标准规定的最低屈服强度大于 390MPa 时，底圈罐壁板取 $\varphi=0.85$；当评估距离焊缝 25mm 以上或两倍板厚时，$\varphi=1.0$。

储罐壁板厚度校核仅考虑了介质载荷，必要时，还需考虑以下载荷的影响，通常这些载荷包括：

①风载；

②地震载荷；

③80℃以上温度的运行；

④真空外压；

⑤由管道、储罐上安装的设备产生附加载荷；

⑥由地基沉陷引起的载荷。

罐壁变形包括不圆度、凹陷、鼓包、折皱、平斑和在焊缝上的尖峰和带斑。罐壁的几何变形应符合设计要求，但是在不影响安全使用时，可以适当放宽要求。罐壁不允许有渗漏穿孔，对有保温层的储罐，罐体无明显损坏、保温层无渗漏痕迹时，可不拆除保温层进行检查。储罐壁板焊缝、底板焊缝的无损检测结果按 JB/T 4730—2005《承压设备无损检测》的要求进行评定，其合格级别按制造标准进行。对检查出的超标缺陷，应采取相应的措施进行处理。储罐内壁的防腐涂层应无锈斑、粉化、脱落，其厚度、附着力和漏点检测应达到原设计要求。储罐底板的在线检验按 JB/T 10764—2007《无损检测 常压金属储罐声发射检测及评价方法》的要求进行，检测结果评价方法如下：

①储罐底板腐蚀状态等级为Ⅰ、Ⅱ级的，一般6年内重新进行检测评价；

②储罐底板腐蚀状态等级为Ⅲ级的，一般3年内重新进行检测评价；

③储罐底板腐蚀状态等级为Ⅳ、Ⅴ级的，一般1年内重新进行检测评价。

停车检验时储罐底板的厚度通常采用漏磁扫查仪器和超声波测厚相结合的方法测定，其检测评定方法按JB/T 10765—2007《无损检测 常压金属储罐漏磁检测方法》进行检测与评定。若采用其他方法进行厚度测定时，应考虑测量结果的有效性。

储罐底板中幅板局部腐蚀部位最小厚度应确保在下一次检验时的最小厚度不小于表7.5-4中所列数值；当储罐底圈壁板厚度不大于32mm时，储罐底板边缘板局部腐蚀部位最小厚度应不小于4.3mm，否则应进行补焊或更换。

表7.5-4 底板中幅板最小厚度允许值

下次检验时的底板中幅板最小厚度/mm	罐底/基础结构
2.5	不带罐底泄漏探测装置的罐底/基础结构
1.25	带罐底泄漏探测装置的罐底/基础结构

罐底的阴极保护按设计标准的要求进行检测和评价。对于采用了牺牲阳极法阴极保护的储罐，应检查阳极的溶解情况，与储罐的连接是否完好等，测量其保护电位，根据检查情况确定阳极是否需要重新安装或更换。

储罐底板内侧的防腐涂层应无锈斑、粉化、脱落，其厚度、附着力和漏点检测应达到原设计要求。

7.6 仓库设备

危险化学品专用仓库的安全设施、设备有消防车、消防泵消防栓、泡沫消防站、灭火器、灭火毯、消防水池水井、消防砂池、防洪设施，静电消电棒、避雷针、避雷网、接地装置、照明灯、各种防爆电器，空调、喷淋等降温设备设施，防晒罩棚、围墙、隔离墙、防爆墙、安全网，安全警戒线、警示标牌、减速带、禁止通行、防撞等设施，围堰、泄漏池、导流沟渠及其他防渗设施，可燃气体等有关的报警器、监视器、防盗设施等。

防爆灯、防爆插座、渗漏沟、二次防渗漏托盘、防渗漏地坪，通风设备，温湿度计，吸油棉，适当的灭火器、黄沙、报警器、防爆空调。MSDS，物料进出记录并有专人管理。

还应当配备一些个人防护用品，如防护眼镜，防护面罩，过滤式防毒面具，防腐蚀手套、服装、鞋，防尘口罩等。

7.7 液氨制冷设备

液氨为液化状的氨气，又称为无水氨；氨属于有毒气体。氨的临界量为10t，存用数量等于或超过规定的临界量，即被定为重大危险源；氨用量应为系统中氨液的总量。

氨作为制冷剂，低压氨蒸汽经过压缩机被压缩成高压气体，经过氨油分离器分离压缩机带出的冷冻油雾后，进入冷凝器被冷凝成高压液氨，进入贮氨器。高压液氨经过节流阀降压后，通过直接膨胀供液、氨泵强制供液（低压循环桶）、重力供液（氨液分离器）等方式送入蒸发器，吸收外界的热量（制冷）由液态转化为气态，再次被压缩机压缩。为确保制冷压缩机吸入气态制冷剂，通过氨液分离器、低压循环桶将未被完全蒸发的制冷剂液体留在容器中继续供给蒸发器吸热制冷；通过集油器收集压缩机带到系统中的冷冻油，适时排除系统；通过空气分离器，排除系统内空气等不凝性气体，避免影响换热效率。

制冷系统根据应用领域的不同，温度要求，场所要求等，采取不同的制冷方式，如直接蒸发制冷系统、载冷剂间接制冷系统、复叠式制冷系统等。

直接蒸发制冷系统如图7.7-1所示。压缩机排出高压氨蒸汽，经冷凝器冷凝后成为高压液体；高压液氨经节流装置后进入蒸发器，吸收热量（制冷）；离开蒸发器，气态制冷剂被压缩机吸入压缩成为高压的蒸汽。

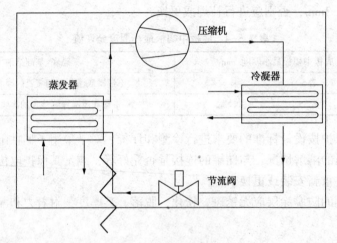

图 7.7-1　直接蒸发制冷系统简图

载冷剂间接制冷系统如图7.7-2所示。直接蒸发制冷系统的蒸发器被冷凝蒸发器替代，直接蒸发系统的制冷剂通过冷凝蒸发器吸收载冷剂的热量，载冷剂温度降低；低温载冷剂进入贮液器，经泵加压送至蒸发器，吸热后温度升高，再次进入冷凝蒸发器，进行放热降温过程。

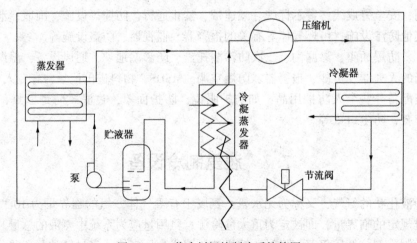

图 7.7-2　载冷剂间接制冷系统简图

7.7.1 设备安全检查要点

①建筑设计的防火方面应与民用建筑之间的间距不小于25m；与重要公共建筑之间的间距不宜小于50m。

②冷库应由具备冷库工程设计、压力管道设计资质的单位进行设计；由住建部颁发设计证书，分为：设计综合资质甲级(国内60~70家)，权限为所有行业、所有专业，如建设部设计院；按行业分，制冷归商物粮行业、农林、轻纺，专业是冷冻冷藏，压力管道纳入监管后，设计压力容器压力管道必须经质检部门认证许可的设计资质，管道设计需要压力管道设计资质。

因此，制冷设计资质需具备两个资质：综合甲级+压力管道或冷库工程设计+压力管道应选好安装单位；必须在质监部门GC二级的安装资质。《压力管道安装许可规则》中有规定。

组织好验收投产工作。《冷库设计规范》规定：未经过验收不允许投产。请设计单位、安装单位是不对的，应该是投资方组织验收。请当地技术监督、消防部门、设计、安装方面的专家进行正规验收。

保管好建设全过程的技术资料、图纸及调试、验收、试运行的技术参数。

③液氨制冷设备设施的液氨管线严禁穿过有人员办公、休息和居住的建筑物。

④包装间、分割间、产品整理间等人员较多生产场所的空调系统严禁采用氨直接蒸发制冷系统；应采用载冷剂间接制冷系统或采用其他制冷方式降温。

⑤热氨融霜工艺必须采用有效的超压导致泄漏的预防措施。

⑥氨制冷机房贮氨器等重要部位应安装氨气浓度检测报警仪器，并与事故排风机自动开启联动；当氨气浓度达到$100×10^{-6}$或$150×10^{-6}$时，应自动发出报警信号。

⑦采用氨直接蒸发的成套快速冻结装置，应在快速冻结装置出口处的上方安装氨气浓度传感器，在加工间应布置氨气浓度报警装置；食品加工间应设置黄色区域警示线、警示标识和中文警示说明(应当载明产生职业中毒危害的种类、后果、预防及应急救治措施)。

⑧压力容器、压力管道及安全附件应定期检验。

⑨氨压缩机房和设备间旁应设有消防车道，外门不小于2个，且两门水平距离不小于5m。

氨制冷机房和变配电所的门应采用平开门并向外开启。

⑩库区及氨制冷机房和设备间(靠近储氨器处)门外应按有关规定设置消防栓，应急通道保持畅通；主要用于救火、储氨器等设备漏氨时作为水幕保护人员疏散和保护抢救人员进入机房抢修；消防栓设在距氨压缩机房和设备间(靠近储氨器处)门外5~6m处。

⑪氨制冷机房储氨器上方应设置喷淋系统；喷淋水能覆盖整个储氨器区域，开式喷头设置高度应高于储氨器2m为宜；事故水池容积按布置的喷头个数总出水量与紧急泄氨液混合水量相加，使用时间按0.5h计。

⑫涉氨企业应在厂区便于各类人员看到的显著位置设立风向标；并设立事故应急疏散人员集结点。

⑬压力容器、非专业操作人员免进区域、关键操作部位(系统加氨站、集油器放油口、调节站操作阀组、紧急泄氨器、储氨器)等应设置安全标识。

⑭作业现场应配置空气呼吸器、橡胶手套等防护用具和急救药品；构成重大危险源的单

位应配置过滤式防毒面具、正压式空气呼吸器、隔离防护服、橡胶手套、胶靴和化学安全防护眼镜。

⑮企业应建立健全并落实液氨使用的有关安全管理制度和安全操作规程。

⑯涉及液氨制冷的特种作业人员应特有特种作业操作证(制冷与空调设备运行操作)、特种设备作业人员证(压力容器、压力管道)，持证上岗。

⑰企业的从业人员应经过液氨使用管理及应急处置等有关安全知识的培训。

⑱企业应建立健全液氨泄漏等事故应急救援预案，并定期组织演练。

⑲企业应建立设备管理档案，并妥善保存。

⑳氨制冷机房的制冷机组、储氨器、低压循环桶、中间冷却器、卧式蒸发器、氨液分离器、制冷管道、水管及制冷辅助设备等金属干管做等电位联接。

㉑氨制冷机房的事故排风机和应急照明(含备用照明和疏散照明)采用防爆电器，其灯具、开关和配电线路均应按防爆施工。

7.7.2 科学操控管理

①操作工人、值班做好巡视、监护工作；每 2h 走一圈，一听二看三摸。已经发生的情况及时记录在记录表上：电流、排气温度、排气压力、库内情况、温度、融霜情况等。现在有监控室，最好每班走一圈。

②交接班时，将运行需要操作的、有故障的设备必须交代清楚，做记录留痕迹。

③阀门操作要对阀的走向搞清楚，先开出的、再开进的。

④对采用配合双机操作，先开高压机，后开低压；停机应先停低压，后停高压。

⑤操作时，先戴好护目镜等防护用品，做到两人操作，一人操作一人监护。

⑥应该有安全操作规程，纳入质量保证体系中，常学习。

⑦建议：尽快组建氨制冷培训基地，建设氨模型、氨装置进行实训；提高 10t 以上(重大危险源)入职门槛；进一步完善使用、设计、制造、安装单位的名录。

7.8　气瓶储存与使用

7.8.1 储存

气瓶的放置地点不得靠近热源，应与办公、居住区域保持 10m 以上，气瓶应防止曝晒、雨淋、水浸，环境温度超过 40℃时，应采取遮阳等措施降温。

7.8.2 气瓶与字的颜色

气瓶与字的颜色如表 7.8-1 所示。

表 7.8-1　气瓶与字的颜色

序号	充装气体名称	瓶色	字样	字色
1	氧气	蓝	氧	黑
2	氢气	绿	氢	红
3	氮气	黑	氮	黄

序号	充装气体名称	瓶色	字样	字色
4	氨气	黄	液氨	黑
5	乙炔	白	乙炔不可近火	红
6	二氧化碳	铝白	液化二氧化碳	黑
7	惰性气体(氩、氦等)	银灰	(氩、氦等)	绿

7.8.3 检验周期

应委托具有气瓶检验资质的机构对气瓶进行定期检验,检验周期如下:

盛装腐蚀性气体的气瓶(如二氧化硫、硫化氢等),每两年检验一次。

盛装一般气体的气瓶(如空气、氧气、氮气、氢气、乙炔等),每三年检验一次。

氧气、煤气瓶四年。

盛装惰性气体的气瓶(氩、氖、氦等),每五年检验一次。

7.8.4 混存

瓶内气体相互接触能引起燃烧、爆炸、产生毒物的气瓶,不得同车运输,如氢气和氧气,乙炔和氧气瓶等。乙炔气瓶不得与氧气瓶,氯气瓶及易燃物品同室储存。

特种气体气瓶存放区应比较干燥,并有良好通风,严禁明火和其他热源,严禁曝晒。

可燃气瓶或氧气瓶附近严禁吸烟,气瓶不应接触到火花、火焰、热气及电路。

7.8.5 作业

使用气焊割动火作业时,氧气瓶与乙炔气瓶间距不小于 5m,二者与动火作业地点均不小于 10m,并不准在烈日下曝晒;

乙炔、甲烷、丙烷等可燃气体钢瓶放置点与明火的距离不得小于 10m(高空作业时,应是与垂直地面处的平行距离);气瓶要直立存放,且有防止倾倒的措施;

不应在封闭空间内用惰性气体(如氮气、二氧化碳等)进行实验分析、烧焊、低温冷藏、吹除等。

移动作业时,应采用专用的小车搬动,如需乙炔瓶与氧气瓶放在同一小车上搬运,必须用非燃烧材料隔板隔开。

7.8.6 使用

所有使用乙炔、甲烷、丙烷等可燃气体的用户必须在减压器出口部位接装单向阀和阻火器以防止回流及回火,同时在氧气瓶减压器出口部位接装单向阀以防止乙炔气回流。

瓶内气体不得用尽,必须留有剩余压力或质量,永久气体气瓶的剩余压力不小于 0.05MPa,液化气体气瓶留有不少于 0.5%~1.0% 额定充装量的剩余气体。

7.9 空气分离装置设备

空气分离即利用空气中氧气、氮气的沸点不同,用深度冷冻方法将其分离为氧气和氮气。由于空气的液化和精馏是在很低的温度(-170℃)以下进行的,所以叫深度冷冻法。

空气分离装置中关键部位(设备)主要有以下几种:

空压机,危险部位:各支承轴瓦、压缩机体、增速器、电机、油泵润滑系统。危险性:由于停电、停水、仪表失灵、超温超压等因素,可能会造成轴瓦烧坏,机体爆炸、电机烧坏、油泵润滑系统着火、压缩机喘振或损坏等危害。

氧压机,设备性能:直流电机驱动,四段压缩,活塞式,禁油。危险性:一旦发生氧气泄漏,可导致燃烧,爆炸,超温超压易发生燃烧、爆炸。

液氧循环系统,液氧泵是单级吸单吸立轴离心泵,起强制液氧进循环吸附器的作用。循环吸附器是内装细孔硅胶的容器,起吸附乙炔等杂质的作用。危险性:遇静电易着火爆炸,超压易造成液体泄漏。

主冷凝蒸发器,性能:主冷凝蒸发器是联系上、下塔的纽带,它用于液氧和气氮之间进行热交换。危险性:如果液氧中有机物含量积聚过多,超过一定标准,遇火花可导致爆炸。需液氧定期排放,定期分析有机物,确保连续排放阀门有开度,液氧循环系统确保投用,保持液面平稳。

7.9.1 空气分离装置安全监督要点

①对于新建的空分装置,厂址应选择在空气清洁的地区,布置在化工生产装置区主导风向的上方。

②为防止空分装置爆炸事故的发生,必须对空分装置的吸入空气的条件严格控制,尤其是碳氢化合物含量。

③新建空分装置的吸气的位置应与乙炔、碳氢化合物等有害气体发生源之间的安全间距要符合规定。

④碳氢化合物含量的分析。对于主冷液氧要每24h分析一次。

⑤所有转动机械的转动部分必须安装防护罩。

⑥空分装置中的仪表风必须是无油、无尘、无水分,露点在-40℃以下。

⑦空分装置界区内要严格禁止烟火。如有检修必须动火时,必须办理火票。

⑧氧压机系统应配防爆电机和其他防爆电器。

⑨空分装置与氧气接触部位一定要严格禁油。设备、管道要严格脱脂处理,分析合格后方可使用。

⑩氧压机的活塞杆每季要进行一次脱脂性的擦洗。并且要每天测试一次压塞杆的温度,如果有条件最好用远红外线监测。

⑪空分装置要配备有足够的消防器材。

⑫进入氧压机厂房,禁止穿带钉子的鞋,以防止火灾的发生。

⑬氧系统禁止用铁制品敲击管道和设备。

⑭每月对氧气管线的含油量要分析一次。超标时要进行脱脂处理。处理标准规定为<125mg/m³。

⑮空分装置应设有避雷设施。

7.9.2 空分装置安全检查内容

逐条检查防止碳氢化合物进入液氧系统和积聚的要求执行情况;排放液氧的安全要求执

行情况。在噪声超过 80db（A）的岗位需设立警示标志、职工需配备有效的护耳器，并记录存档，定期检查使用情况。

7.9.3 供氧系统安全监督管理

氧气供给由空分装置送出的氧气，经常压球罐，不锈钢过滤网至 3 台活塞式压缩机压至用户所需压力，然后经过缓冲罐稳压后，经氧气管道送至用户。常温下氧气是比空气略重。在氧气大量放散时，高浓度的氧气会"下沉"，使周围空气中的氧含量上升。当空气中氧浓度达到 25% 时，已能激起活泼的燃烧，达到 27% 时，火星将发展成为火焰。易与常温下活泼的非金属物质起氧化反应，同时放出大量的热能。各种油质与压缩氧接触，温度超过燃点可发生自燃，被氧气饱和的衣服及其他纺织品与火种接触时立即着火。

7.10 氧气供给系统

7.10.1 氧压机及氧气管道安全监督要点

①氧气机压缩介质为氧气，若有泄漏，极易引起着火爆炸，要加强巡检。

②送出压力要求平稳，波动小。

③在氧压机入口处、氧气管中加过滤网，并定期吹扫，防止铁锈入机，发生燃爆。

④每次检修凡与压缩空气接触的零部件，装入前必须严格脱脂脱油，回装时用干净无油手套，不得裸手干活。

⑤阀门操作宜缓慢，以免造成氧流速过快引起着火爆炸。

⑥检修完后，气罐内不得有任何杂物。

⑦转动设备运转时严禁擦拭转动部位。

⑧严禁超温。

⑨氧气系统操作必须使用有色金属工具，且动作不易过大，防止着火爆炸。

⑩氧气管道要有良好的防静电接地措施。

⑪在含氧气多的地方工作或停留时间过久，衣服易被氧饱和，必须经通风除吹 5min 以上，方能接近火源。

⑫定时分析氧含量，严禁碳氧化合物超标，尤其是乙炔（C_2H_2）含量。

⑬严格贯彻执行氧气管理制度 TSG D0001《压力管道安全技术监察规程——工业管道》。

⑭严禁用普通压力表代替氧气压力表。

⑮进入氧气设备内检修用的安全灯一律不超过 12V 安全电压。不得用一般灯泡代替。

7.10.2 氧气充瓶安全监督要点

①充填工必须熟悉氧气、氮气的性质及操作充填的技术，填充前必须按"钢瓶检查条例"对钢瓶进行检查，不合格者不予充填。

②氧气充瓶站周围禁止堆放易燃易爆物品，如工作需要动火者，需办理动火手续。

③禁止在室内排放大量氧气。

④进入工作室，禁止穿戴有油衣服、有油手套和穿有钉的鞋。非充填工不得进入充瓶台

操作间。

⑤凡属运转设备必须有牢固的安全罩，工作通道应保持畅通无阻。

⑥凡与氧气接触的管道、阀门、瓶身、瓶嘴应脱脂合格，方能使用。

⑦禁止用普通压力表代替氧压表。

⑧禁止在充氧间内用铁器敲打东西，禁止钢瓶互相撞击。

⑨充氧阀开启时应缓慢，以免氧气流速太快，产生静电；在倒排时，开关阀门要配合得当，防止压缩机超压和气体倒流。

⑩不许随时插瓶充氧，特别是在充氧压力已高时，一律不准中途插进空瓶进行灌充。

⑪在充填过程中，如发现泄漏，应停止充填，对泄漏部分应泄压后进行修理。

⑫不同压力的气瓶、空瓶与重瓶应分开存放，不得混在一起，气瓶库温度不得超过35℃，否则应采取措施降温。

⑬重瓶应存放在室内，如果露天放置，应有特制的小棚，避免太阳曝晒。

⑭充填厂房内的电器应有良好的绝缘，照明灯应有完好的安全罩。

⑮对无余压或颜色字体不清楚等可疑气瓶在充填前应测定瓶内是否有可燃性气体，凡发现有装其他气体的气瓶一律不予充填。

⑯发现瓶箍脱落、底座严重不平或有其他严重缺陷者不予充填。

⑰检查气瓶内外部，发现有腐蚀洞口、裂缝、伤痕、重皮、结疤或其他变形现象，经鉴定后方可决定使用与否。

⑱检查合格的气瓶应紧好盖，整齐放好，以备依次充填。

⑲凡报废或水压试验不合格的气瓶一律不予充填。

⑳检查最后一次水压试验的年、月、日，发现过期或无水压试验日期者不予充填。

㉑检查瓶嘴发现有胶皮垫或麻绳、瓶子发生变形或各零部件不合格等其中任何一项者，不予充填。

㉒钢瓶充填需符合操作程序。

7.11 供风系统

空气经空气过滤器除去灰尘杂质，经过三级空气压缩机压缩，经冷却降至一定温度后，进入气液分离器、干燥器除水，去除尘器进一步除尘，最后去各系统作净化风或非净化风用。

供风系统中根据风的用途不同，分为仪表风和杂用风。

仪表风要求空气干净、无水，无油、无杂质、压力保持稳定。

杂用风一般用于反应器裂解、催化裂化等作为烧焦用；另一作用为加压吹扫管线、设备、容器等，使其净化。净化质量的好坏，以空气的露点温度为准(设备使用地点最低温度下 5~10℃)。

供风系统安全监督要点：

①空气压缩机要经常检查油槽油位保持在 2/3 以上。

②空气压缩机要控制油压，空气系统压力要在指标之内。

③空气压缩机要经常检查油温、水温，出口温度，保证在指标之内。

④空气压缩机要经常检查压缩机及电机工作情况是否正常。

⑤空气压缩机所用润滑油要坚持三级过滤，保证机器的运转安全。

⑥受压容器必须安装压力表和安全阀，严防超压操作。

⑦不准用汽油洗衣服和擦洗设备。

⑧装置停工检查要认真处理设备，做到"四净"，即"容器净、管线净、地面净、地沟净"。

⑨用火设备、容器、管线、下水系统必须彻底吹扫，将所连通的管线设备加上盲板，不许带油，带可燃气，带压用火。

⑩冬季，空气压缩机出口放空控制阀必须稍开，以便使水排出。

⑪冬季，净化风、非净化风压力控制阀排凝必须稍开，以便随时排液。

⑫冬季，后冷器电磁阀要灵活好用，否则每小时手动排凝一次。

⑬冬季空气储罐底部排凝两小时必须切水一次。

7.12 污水处理系统

根据石油炼制和石油化工生产排出的工业废水中所含污染物的性质和程度的不同，一般常用的处理方法有：物理、化学、生物化学处理法和焚烧法等。

主要设施有：格栅、隔油池、中和池、均质池、调节池、浮选池、曝气池、二沉池、油罐、溶气罐、酸罐、碱罐等。

主要设备有：机械格栅、刮油刮渣机、空压机、鼓风机、离心脱水机、带式过滤机、焚烧炉等。

主要原材料有：酸、碱、无机絮凝剂、高分子絮凝剂、燃料油、氮肥、磷肥等。

7.12.1 污水储运系统安全监督要点

①可燃浓缩废液的储池基础、隔堤、管架和管墩等，均应采用非燃材料。

②燃料油和易燃气体(丙烷)等的储罐隔热层，须用非燃材料，防止引燃。

③在易燃气体和可燃废液体的罐组内，布置热力管道应加保温层。

④设蒸汽加热器的储罐，应有防可燃性液体超温的措施。

⑤电机和储槽的接地设施要完好和挂有警示牌，不能随意拆除。

⑥储罐的进料管，应从罐体下部接入；若必须从上部接入时，应延伸至距罐底200mm处，以防引发伤害。储罐应装有液位超高报警系统。

⑦在储浓缩废液池的周围10m内不得动火，并设警示标志，如若必须动火，须采取防护措施，并有监护人监护方可动火，以防引发伤害事故。

⑧储槽顶部的呼吸阀要保证畅通好用，防止引发伤害。

⑨在清理储池沉积物时，戴好防护眼镜，穿好耐酸护具，要一人作业，一人监护，防止伤害。

⑩储池顶上要有警示信号，一般不得在池顶上作业或随意行走和坐卧。如确系在储池顶上作业时，须经负责人同意并采取相应安全措施方可作业，防止伤害事故发生。

7.12.2 污水预处理与中和处理系统安全监督要点

①在硫酸和烧碱储罐上设置信号牌，停止硫酸罐内进水和烧碱，储碱罐内进硫酸，造成

酸碱混装，以致引发伤害事故。

②在污水池上作业时，不得用铁制工具或易产生火花的用具。

③非必须在池上及附近动火或下池内作业时，事前必须在池内取样做空气分析，且确认各项指标均合格；并设有安全防护措施，方可进行作业，以防燃爆事故发生。

④各污水池宜设液位超高报警和自控安全装置，在突然停电时，可将污水自动引入事故池里，防止污水外溢引发事故。

⑤为防止各池新进污水酸、碱和甲醇等各种物质成分含量突加，应设 pH 计、COD 在线监测仪以及 H_2S 可燃气体报警仪等自动监测仪表报警装置，并能自动切换控制装置，将严重超污染指标的污水引入事故池(事故池采用密闭结构，顶部设放空管)。

⑥为使集油池中浮油层厚度不超标高油层厚 20mm，宜设报警和自动操作控制装置，将浮油及时撇出送入储油罐里，以防因此而引发伤害事故。

⑦在对各污水池、储罐等进行现场巡检时，应由两人结伴检查，并不得在池沿顶上或危险地方行走。

⑧生产用的转动机械要配备安全防护罩，不得对正在运行的转机等进行紧固螺丝或擦拭设备等。

⑨在试剂计量泵与泵的出口处，设联锁安全保护装置。

⑩对使用中的硫酸泵，烧碱泵要设置隔防设施，防止因泄漏而喷射伤害在场工作人员。

⑪为防止意外试剂冒罐，应在其附近建有冲洗水设施，以及能及时对冒罐外溢的罐表面与地面的试剂进行彻底的冲洗后，流入专用下水道。

⑫在试剂储罐和卸料泵之间，宜设超液位报警和泵的自动控制安全联锁装置，防止试剂超液位冒罐外喷导致人身伤害。

7.12.3 曝气与污泥处理系统安全监督要点

①为防止本岗位粉石灰和三氯化铁(酸性物)刺激人呼吸道和灼伤皮肤，上岗前要佩戴好防护眼镜、口罩等劳动防护用具，方可作业。

②在曝气池沿上设置警示信物，防止人在池上行走。

③为了防止不开启空气出口阀门而先开启风机造成超压运行的误操作发生，设置风机与阀门的自动联锁装置。

④为了防止不开试剂出口阀，而先启动试剂泵，在阀与泵之间设自动联锁装置。

⑤在检查带滤机运行状况时，不得把手伸入挤压带区域。

7.13 锅炉焚烧设备

①在使用蒸汽输入废液浓缩器内加热含盐和不含盐废液时，蒸汽管和管接头以及管件等，要经检验合格后方可使用。

②用碱性废水冲洗管道时，要戴好面罩、手套等护具，并有净水冲洗设施。

③为使脱氧器头放空阀保持常开状态，防止人的误操作而排空阀关闭，宜设制动和报警联锁装置，以防引发人身伤害。

④锅炉焚烧人员应尽可能避免靠近和长时间停留在可能到受到烫伤的地方，如汽、水、燃油管道的法兰盘、阀门、防爆门、安全阀、热交换器、汽包、水位计等处。如因工作需

要，必须在上述等处停留时，应做好安全措施，以防伤害事故发生。

⑤观察锅炉燃烧情况时，要戴防护眼镜或用有色玻璃片遮挡眼睛。在锅炉升火期间或燃烧不稳定时，人不可站在看火门、检查门或喷燃器检查孔的正对面。

⑥当锅炉运行突然失火时，禁止用关小风门、继续给燃料油和使用爆燃方法重新点火等。此时，必须立即停止供油和供气，只有经过充分通风后，方可重新点火以防伤害事故发生。

⑦排污管道易被人碰触部分，应加保温层，防止人员烫伤。

⑧汽包液位计应保持畅通和清洁，应设报警装置，防止出现假液位。

⑨汽包上的压力表要确保持灵敏和准确，并设有防止失灵后出现超压运行的报警装置。

⑩为防止锅炉"满水"、"缺水"、"汽水共沸"以及安全阀失灵等事故的发生，应设相应自动报警装置，以防引发重大事故发生。

7.13.1 操作控制系统安全监督要点

①对转动机械在运行突停，应设有报警装置，并且不要在突停原因没查清的情况下又立即启动。

②选用精度高、灵敏度好、刻度(标志)清晰、造型美观、结构合理等性能良好和科学的各种仪器仪表，提高整体控制质量。

③保证控制室内有较好的照明和足够的亮度，尤其是装有各种记录仪表等的仪表盘、楼梯、通道和有障碍等的狭窄地方照明要好，要保证光亮充足，以及宜人的室温和新鲜的空气，以方便工作，防止疲劳，避免操作失误而诱发人身伤害和设备损坏事故发生。

④如需对室内外设备进行巡检时，必须两人结伴进行，而且着装要规范。

⑤在操作盘、重要仪表、主要楼梯、通道等地点，还须设置事故照明。此外，还应备有一定数量的完好手电筒，以备必要时使用。

⑥在工作场所门口、通道、楼梯和平台等处，不得放置杂物，以防伤害事故发生。

⑦在进行污水泵等转机开停时，必须一人唱票(工作票)监护，一人按程序和指令操作，以防人的不安全行为引发事故发生。

7.13.2 防止 H_2S 中毒措施

①保持良好通风，定时检测 H_2S 浓度。

②配戴适用的符合国家职业卫生标准要求的个人防护用品。

③设置现场监护人员和现场救援设备。

④对存在可能造成 H_2S 中毒场所应设置符合国家职业卫生要求的防护设施。

7.14 储运系统装卸设施

(1)铁路装卸油设施设备

包括铁路专用线、油品装卸栈台、铁路油罐车、鹤管及卸油臂、栈桥、机泵、集油管、零位油罐、真空管和抽底油管、洗罐站等。

(2)公路装卸油设施设备

包括汽车油罐车、汽车装卸油鹤管、集油管和输油管、装卸油站台、机泵、灌油栓(用于向油桶灌油）、灌桶间等。

（3）水运装卸油设施设备

包括油船、装卸油码头、装卸油泵房、装卸油导管、输油臂、放空罐、沉淀罐和缓冲罐等。

储运系统装卸设施安全监督要点如下：

铁路装卸设施应符合下列安全规定——

①铁路装卸栈台两端和沿栈台每隔60m左右，应设安全梯；

②甲$_B$、乙、丙$_A$类的液体，严禁采用沟槽卸车系统；

③顶部敞口装车的甲$_B$、乙、丙$_A$类的液体，应采用液下装车鹤管；丙$_B$液体装卸栈台宜单独设置；

④装卸泵房至罐车装卸线的距离，不应小于8m；

⑤在距装车栈台边缘10m以外的可燃液体输入管道上，应设便于操作的紧急切断阀；

⑥零位罐至罐车装卸线不应小于6m；

⑦液化烃的铁路装卸栈台，宜单独设置；当不同时作业时，也可与可燃液体装卸共台设置；

⑧装卸液化烃过程中，严禁将液化烃就地排放；

⑨必须对铁路槽罐车有关资料进行检查(主要有：货物运单、罐车使用证、装车前检查合格证、合格的分析化验单)检查必须携带的所有证件，如驾驶证、押运证、消防培训合格证、危险品准运证、槽车检验合格证等；

⑩洗罐站的安全管理，可按同类可燃液体装卸设施的有关规定执行。

汽车装卸设施应符合下列安全规定——

①装卸站的进、出口，宜分开设置；当进、出口合用时，站内应设回车场；

②装卸车鹤位之间的距离，不应小于4m；装卸车鹤位与缓冲罐之间的距离，不应小于5m；

③甲$_B$、乙$_A$类液体装卸车鹤位与泵的距离，不应小于8m；

④站内无缓冲罐时，在距装卸车鹤位10m以外的装卸管道上，应设便于操作的紧急切断阀；

⑤甲$_B$、乙$_A$类液体的装卸车，应采用液下装卸车鹤管；

⑥当采用上装鹤管向汽车油罐车灌装甲、乙、丙$_A$类油品时，应采用能插到油罐车底部的装油鹤管；

⑦必须检查罐车的安全阀及罐体检测情况进行检查；

⑧槽车的静电接地线应设报警，当接地不符合要求时会报警或装车阀门打不开，以保证安全装车；

⑨在完成装车之后，与装车设施断开连接之前必须让金属连接保留一段时间，以消除积聚的静电荷；

⑩在任何雷电暴风雨期间都必须中止装车操作；

⑪液化烃汽车装卸车鹤位之间的距离，不应小于4m；

⑫装卸液化烃过程中，严禁将液化烃就地排放。

水运装卸油设施应符合下列安全规定——

①平台和引桥：不论固定式平台或引桥、升降式平台或引桥，都要定期对坚固情况和升

降情况及其结构、装置进行检查，发现支撑结构有破损、断裂和倾斜时，必须及时修复加固，防止塌落、倾倒，升降装置损坏失去作用。经常检查防撞、防风和防浪等设施设备是否齐备完好；

②趸船：要经常检查船体变形和腐蚀情况、栓系锚固情况；

③装卸设备：海运和江运装卸码头的设备配置各地各不相同，主要有油泵、管组、阀门、电气设备、输油臂、量测仪器仪表、吊升装置和金属或橡胶软管及其接口等，其中任何一种设备工作失控，发生泄漏、撞击打火、误动、短路等，都会导致跑油和火灾；

④绝缘连接和静电接地：为了防止杂散电流窜入油船，在重要码头的输油干管上要安装绝缘法兰或橡胶软管，油船厂和码头分别接地，绝缘管路进行屏蔽，每次停靠油船和作业之前，都要严格检查；

⑤码头相邻泊位的船舶间的最小距离，应根据设计船型按表7.14-1的规定执行；

表7.14-1　相邻泊位的船舶间的最小距离

油船长度/m	279～236	235～183	182～151	150～110	<110
最小距离/m	55	50	40	35	25

注：船舶在泊位内外档停靠时，不受此限。

⑥油品装卸码头与相邻货运码头、与相邻客运站码头、与公路桥梁、铁路桥梁等建筑物、构筑物的安全距离应符合《石油库设计规范》(GB 50074—2014)；

⑦停靠需要排放压舱水或洗舱水油船的码头，应设置接受压舱水或洗舱水的设施；

⑧在距泊位20m以外或岸边处的装卸船管道上，应设便于操作的紧急切断阀；

⑨在距泊位20m以外或岸边处的装卸船管道上，应设便于操作的紧急切断阀；

⑩油品装卸码头的建造材料，应采用非燃烧材料(护舷设施除外)；

⑪液化烃泊位宜单独设置，当与其他可燃液体不同时作业时，可共用一个泊位；

⑫液化烃的装卸管道，应采用装油臂或金属软管，并应采取安全放空措施。

油(气)输送设备安全监督要点：

①泵房：是机电设备集中、操作频繁、最容易泄漏和散发油气的场所，是着火、中毒、触电和机械性损伤最容易发生的地点。因电气设备不符合要求，油气形成爆炸性混合气体、油气窜入配电间等原因，火灾爆炸事故常有发生。

②各种油泵：油泵超温超压运转，泵体、轴封泄漏严重，噪声过大，防爆等级不够，操作失误等原因引起着火燃烧、跑油、机泵损坏、甚至机毁人亡事故。寒冷地区不采暖泵房的油泵，运转后不排空，泵壳内积水而发生冻裂的事故也经常发生。

油库用泵主要有离心泵、齿轮泵、螺杆泵三种，构造上各有特点。静态安全监督，按设备的完好标准进行检查；动态安全监督，主要对运行状态和技术参数进行检查。

③压缩机房：室内安装各种压缩机时，除进行一般安全监督外，还应按其压缩介质种类，如空气、石油气体、氨、氢等，监督某些特定参数。压缩机房是压缩机的工作间，因介质泄漏、超温、超压、噪音超过规定、防爆电气的配置不符合要求等原因，会发生着火爆炸、机毁人亡、急慢性中毒等事故。

④各种压缩机：超压运行设备破裂、撞机，超温运行使机体转动件烧坏，以及设备泄漏，会发生着火爆炸和中毒甚至窒息。操作失误，将致使机毁人亡。因此要对空气压缩机、液化石油气压缩机、氨压缩机、氢压缩机以及不同介质的其他压缩机，进行静态和动态监

督，以确保安全。

⑤管道铺设和连接：铺设方式不正确，挠度与坡度不符合要求，温度补偿不足等都是不安全因素，会导致灾情扩大。不能排空而混油，甚至积水冻裂，连接不严密而渗漏，缺少保护设施，发生突发性开焊或胀坏管件与垫片而跑油等。

⑥管道的保温、防腐及接地：保温层脱落损坏，推动保温作用，或保温材料风化才华，不起保温作用，造成能源浪费，甚至冻塞影响运行。防腐层损坏，电化学保护受到破坏或效果降低，致使管道局部或全部腐蚀加重，甚至蚀穿漏油。接地不良或接地断开，静电不能排除，使进入容器油品的静电位增高，遇有各种条件同时具备时而产生静电放电，引起着火爆炸。

⑦阀门：阀门是管道的重要附件。渗漏几乎是阀门的通病。胀裂和冷脆性冻裂，闸板脱落、丝杠变形、填料垫片老化破损，关闭件和阀座腐蚀严重维修时不分场地和用途随意选用等，造成漏油、跑油、混油，污染环境，酿成火灾。因此，阀门是管道监督的重点。

参 考 文 献

[1] 胡永宁，马玉国，付林，俞万林．危险化学品经营企业安全管理培训教程(第二版)．北京：化学工业出版社，2011.

[2] 周志俊．化学毒物危害与控制．北京：化学工业出版社，2007.

[3] 李荫中．危险化学品企业员工安全知识必读．北京：中国石化出版社，2007.

[4] 蒋军成．危险化学品安全技术与管理．北京：化学工业出版社，2009.

[5] 张荣．危险化学品安全技术．北京：化学工业出版社，2008.

[6] 方文林主编．危险化学品基础管理．北京：中国石化出版社，2015.

[7] 方文林主编．危险化学品法规标准．北京：中国石化出版社，2015.

[8] 方文林主编．危险化学品应急处置．北京：中国石化出版社，2015.

[9] 方文林主编．危险化学品生产安全．北京：中国石化出版社，2016.

[10] 方文林主编．危险化学品经营安全．北京：中国石化出版社，2016.

[11] 方文林主编．危险化学品储运安全．北京：中国石化出版社，2017.

[12] 方文林主编．危险化学品使用安全．北京：中国石化出版社，2018.